I0818851

AGOTAMIENTO DIGITAL

AGOTAMIENTO DIGITAL

REGLAS SIMPLES PARA RECUPERAR TU VIDA

PAUL LEONARDI

El papel utilizado para la impresión de este libro ha sido fabricado a partir de madera procedente de bosques y plantaciones gestionadas con los más altos estándares ambientales, garantizando una explotación de los recursos sostenible con el medio ambiente y beneficiosa para las personas.

Agotamiento digital
Reglas simples para recuperar tu vida

Título original: *Digital Exhaustion. Simple Rules For Reclaiming Your Life*

Primera edición: noviembre, 2025

This edition published by arrangement with Riverhead Books, an imprint of Penguin Publishing Group, a division of Penguin Random House LLC

penguinlibros.com

ISBN: 978-607-386-692-7

Impreso en México – *Printed in Mexico*

Para Norah, quien casi nunca resulta agotadora

Índice

TERCERA PARTE: ENTORNOS COMPLEJOS

Introducción

Suspira, desliza, haz clic. Repite

Era junio de 2000, bajaba por la escalera eléctrica de la estación Montgomery Street del BART (Transporte Rápido del Área de la Bahía), en el distrito financiero de San Francisco, me dirigía a mi primer trabajo corporativo. Alzar la vista hacia los rascacielos en Market Street y ver el ajetreo de la gente por todos lados fue emocionante. Ese es uno de los dos recuerdos que conservo de aquel día. El segundo de ellos es la cara de mi nuevo jefe. Se llamaba Brian,[1] que sonreía de oreja a oreja al saludarme con un cálido apretón de manos y un efusivo "¡Hola!". No recuerdo de qué hablamos (quizá de cómo iniciar sesión en mi computadora o dónde estaba el café), pero no he podido olvidar la energía y entusiasmo que irradiaba mientras me contaba cuánto adoraba su trabajo y lo buena que era la empresa.

Estoy seguro de que esa imagen se me quedó grabada por lo mucho que contrastaba con su actitud al final del día. Cuando entré a su oficina para despedirme tuve que mirar dos veces para asegurarme de que era la misma persona que había conocido esa mañana. Estaba desparramado en su silla, con la mirada perdida y los ojos vidriosos, viendo fijamente la pantalla; pasaba sin parar lo que parecían ser páginas y páginas de texto. Todavía puedo escuchar el suspiro que soltó antes de dejar caer la cabeza. Entonces se dio cuenta de que estaba ahí. Trató de animarse y fingir que tenía energía, pero de nada sirvió. Se le notaba el agotamiento. Casi todos los días eran iguales: por la mañana me encontraba con un Brian entusiasta y, al final del día, me despedía de un hombre hecho polvo.

A unas cuantas semanas de haber empezado, me armé de valor para preguntarle sobre su transformación diaria. "¿Se me nota tanto?", me respondió con algo de pena. "Me encanta mi trabajo, no me malinterpretes, pero todo el día... los correos, las llamadas, los datos del sistema, los reportes... me van agotando. Llega un momento en que solo estoy viendo la pantalla sintiéndome fatal, porque sé que en la mañana estaba realmente concentrado y productivo, pero ya para el final del día estoy acabado". Entonces dijo algo que aún me resuena en la cabeza después de dos décadas: "Es como si me vaciara. No me siento físicamente agotado, porque puedo irme a jugar básquetbol después del trabajo sin problema, y no es que tenga *burnout*. Pero algo tiene toda esta tecnología y todo lo que me llega durante el día que me deja exhausto".

Entendí cómo se sentía. Aunque era mi primer trabajo, yo también lo experimentaba. Demasiadas tecnologías por aprender, demasiadas fuentes de información, la mirada perdida frente a la pantalla, el deslizamiento sin rumbo; saber qué tarea deberías estar haciendo, pero no poder empezar. La sensación de que no importa cuántos mensajes respondas, cuántas publicaciones leas o cuántos datos revises, nunca logras ponerte al día. Aunque quizá lo peor es darte cuenta de que en la mañana estabas más enfocado y con más energía que ahora, y que ayer sentías tener todo más bajo control que hoy.

Después de dos años, ya estaba en el posgrado. Para ese punto, había entrevistado a casi cien personas que trabajaban en lo que normalmente llamaríamos "trabajos del conocimiento", en industrias que iban desde la banca hasta la educación, la consultoría y el marketing. Sin importar con quién hablara, las historias sobre su trabajo terminaban sonando como la de Brian: les gustaban sus empleos y se sentían entusiasmados con lo que hacían, pero acababan el día con un tipo de agotamiento difícil de describir. El único elemento en común que pude identificar era que su descripción del cansancio se volvía más intensa cuando hablaban sobre las tecnologías digitales que usaban tanto en el trabajo como en casa.

Así que, a principios de 2002, decidí hacer siempre una pregunta simple en cada estudio: "¿Qué tanto te agotan las tecnologías digitales que usas?". A veces la incluía al final de una encuesta; otras, la lanzaba de manera casual durante una entrevista. Siempre pedía que respondieran en una escala del 0 (nada) al 6 (tan agotado que ya ni siquiera puedes seguir viendo la pantalla).[2] Quería saber quiénes sentían que sus herramientas digitales los estaban drenando y entender por qué se sentían así. Con los años, nadie tuvo problemas para responder esa pregunta, y casi nunca me pidieron que explicara a qué me refería con "agotado". La pregunta daba en el clavo.

Más adelante, con la llegada de la pandemia provocada por el COVID-19, en el punto más alto del encierro, cuando la mayoría de los países habían cerrado sus fronteras y casi todos los trabajos del conocimiento se habían vuelto remotos, las noticias empezaron a llenarse de historias respecto a la relación desgastante entre las personas y sus tecnologías. Un estudio sobre la "Fatiga de Zoom"[3] tuvo mucha difusión; *The New York Times* publicó un artículo muy leído titulado "It's Time for a Digital Detox (You Know You Need It!)", y el *World Economic Forum* lanzó un informe titulado "Are You Suffering from Digital Exhaustion?". Todos mis amigos y colegas intensificaron sus quejas sobre el tiempo que pasaban frente a herramientas digitales, y la gente que entrevistaba o encuestaba solía hablar del malestar que les causaba la tecnología antes de que pudiera hacerles mi pregunta habitual.

Para ese momento ya había pasado casi veinte años aprendiendo qué causaba el agotamiento digital y cómo la gente lograba lidiar con él, pero nunca había contabilizado las respuestas. Era hora de revisar los datos. Entonces lo hice.

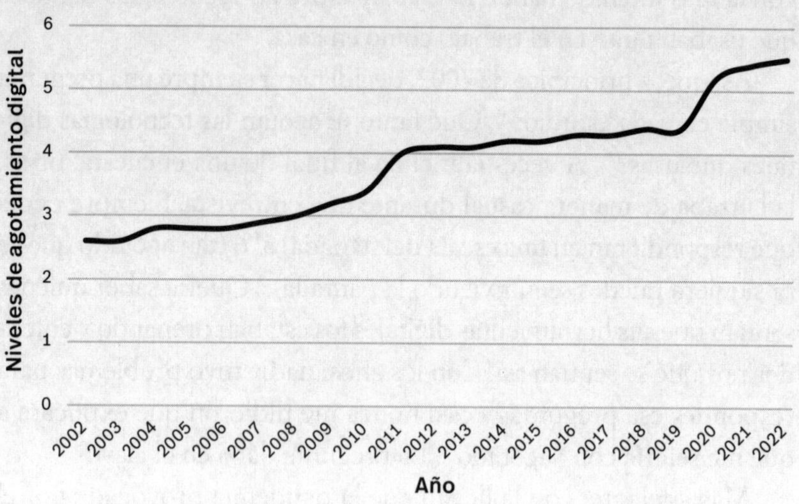

Esta gráfica muestra las respuestas promedio de 12 643 adultos en doce países a lo largo de veinte años: desde 2002 hasta 2022.[4] Incluye a personas de entre veintiuno y setenta y cinco años que trabajaban en más de quince industrias distintas y en todo tipo de puestos. En el eje horizontal aparecen los años en los que recolecté los datos, mientras que el eje vertical muestra los puntajes (de 0 a 6) que la gente eligió para expresar su nivel de agotamiento digital. En 2002, el promedio reportado por 426 personas fue de 2.6, apenas por debajo de la línea media de sentirse agotado por la tecnología digital. Pero para 2022, el promedio entre 739 personas subió a 5.5, lo que indica que los entrevistados se sentían agotados en extremo. Cuando le mostré esta gráfica a mi familia, pensé que comentarían lo clara que era la tendencia o que se sorprenderían de que hubiera hecho la misma pregunta a tanta gente durante tanto tiempo. En lugar de eso, mi hija (que entonces tenía nueve años) dijo: "Parece una serpiente a punto de atacar".

Los datos muestran una tendencia preocupante: las personas terminan cada vez más agotadas por el uso de tecnologías digitales tanto en el trabajo como en casa. Lo importante aquí es que esta tendencia no comenzó con el COVID-19 ni se detuvo cuando se levantaron los confinamientos y volvimos a salir al mundo. Incluso a inicios de los 2000, antes de que existieran redes sociales como Facebook, Twitter o YouTube, ya se registraban niveles moderados de cansancio por el uso intensivo de herramientas digitales. El agotamiento digital nos acompaña desde hace tiempo, pero en la gráfica se observan dos saltos importantes.

El primero ocurrió entre 2010 y 2011, un momento de transformación radical en nuestro entorno digital. Los usuarios activos mensuales de Facebook y YouTube (un indicador clave para los productos de suscripción en línea) superaron los quinientos millones, casi el doble que dos años atrás. Al mismo tiempo, en Estados Unidos, más de cien millones de personas ya usaban *smartphones*, lo que les dio acceso constante a contenidos en línea y redes sociales.[5] Aunque ya veníamos aumentando el uso de tecnologías digitales para acceder a información y comunicarnos, la combinación de empresas de software, que monetizan vendiendo nuestra mirada a los anunciantes y fabricantes de dispositivos que se infiltran en nuestros bolsillos y carteras, provoca un aumento en nuestra sensación de agotamiento.

El segundo salto, como era de esperarse, llegó con la propagación del SARS-CoV-2 y el cambio global al trabajo remoto en 2020. Trabajar desde casa, comunicarnos con colegas, amistades y familia por Zoom, FaceTime o Microsoft Teams, y el límite difuso (si no es que la desaparición total del límite) entre el trabajo y la vida personal, nos rebasó. Lo más sorprendente no es ese aumento, sino que, aunque el mundo se reactivó y ya existe una conciencia general sobre el desgaste que provocan las herramientas de nuestra economía digital, los últimos datos muestran que el agotamiento no disminuyó. Al contrario, parece que la serpiente del agotamiento digital no está esperando para atacar. De hecho, ya lo hizo. Con fuerza.

Hoy en día, si queremos tener un trabajo corporativo, ser buenos amigos o hermanos, interactuar con la mayoría de nuestras instituciones cívicas o mantener vínculos con personas cercanas y lejanas, no podemos escapar de las tecnologías digitales ni de la amenaza de agotamiento que suponen, pero sí podemos aprender a usarlas de manera más saludable.

Para combatir este problema, se ha vuelto común hablar de adoptar una filosofía de "minimalismo digital", como la llama el autor Cal Newport.[6] Tal como me han dicho muchos usuarios de la tecnología digital, Newport señala que "casi todos" con quienes habló en su investigación "sentían que su relación con la tecnología era insostenible, al grado de que, si algo no cambiaba pronto, también se romperían. Una palabra común en estas conversaciones sobre la vida digital moderna era agotamiento". Coincido con la idea del minimalismo digital: cuanto más logremos reducir el uso de las tecnologías que crean las condiciones para nuestro agotamiento digital (sin dejar de aprovechar sus beneficios), mejor estaremos. Algunas personas proponen que una buena estrategia es hacer una "desintoxicación digital", eliminando por completo (o, si no es posible, al menos tomando un descanso prolongado) de nuestros dispositivos. Aunque una pausa tecnológica puede traer beneficios, ni yo ni la mayoría de las personas que he entrevistado en estos veinte años lo vemos como una opción sostenible a largo plazo.

Incluso si pudieras tomarte un tiempo para hacer una desintoxicación digital, el problema es que todas las vacaciones terminan. "Salir de Las Vegas durante diez días si eres un jugador compulsivo está genial", dice Alex Pang, quien ha escrito libros sobre la distracción y la importancia del descanso. "Pero si al onceavo día ya estás de vuelta en las máquinas tragamonedas, entonces ya no está tan genial".[7] La evidencia muestra que alejarte por un tiempo de tu celular o tu computadora no resuelve gran cosa.[8] En mi propia investigación he visto que quienes se alejan de sus tecnologías digitales por un buen tiempo suelen tener un regreso complicado cuando deciden volver a usarlas. El mundo siguió girando mientras no estaban y ahora hay demasiado por ponerse al día. La presión por recuperar el tiempo perdido, sumado al recuerdo placentero de unas vacaciones sin pantallas de por medio, puede generar una sensación aún más desesperante de agotamiento.

Existen muchos estudios sobre nuestras respuestas fisiológicas a los dispositivos digitales que discuten cómo mirar pantallas nos cansa la vista o cómo la luz azul que emiten puede alterar nuestro ritmo circadiano. Aunque son temas relevantes, ese no es el enfoque de este libro. Mi objetivo es entender cómo el acceso constante a información, datos y personas que nos brindan estos dispositivos contribuye a nuestro agotamiento digital. El problema no son los aparatos, es la manera en que los usamos y las expectativas sociales, organizacionales y culturales que condicionan nuestros hábitos.

En este mundo hiperconectado, nuestra mejor herramienta es aprender a tener una relación más sana con la tecnología. No podemos dejar de usarla, pero sí podemos hacerlo de formas que no nos drenen y, lo más importante, que incluso nos recarguen de nueva energía. Si recuperamos el control de nuestras herramientas digitales, podremos usarlas para lo que originalmente las adoptamos: conectar mejor con las demás personas, ser más creativos, más eficientes, trabajar mejor y vivir con más alegría. Esas son las promesas que hace la tecnología: reimaginar nuestra relación con ella para que deje de agotarnos es la única forma en que podemos cumplirlas.

Así que empecemos por definir qué es el agotamiento digital.

EL AGOTAMIENTO BAJO LA LUPA

La sensación de agotamiento digital es fácil de reconocer, pero mucho más difícil de definir. Anna Schaffner, profesora en la Universidad de Kent, reconocida coach en temas de agotamiento y autora del libro *Exhaustion: A History*, nos recuerda que, aunque las sociedades occidentales han escrito sobre el concepto de agotamiento desde al menos el 350 a. C., nunca se ha definido con claridad. Tras revisar más de dos mil años de textos sobre el tema, concluye: "El agotamiento suele sugerir una especie de drenaje vampírico o consumo nocivo de un recurso limitado (y por lo general no renovable), que deja a una persona, objeto, sistema o territorio originalmente funcional en un estado debilitado o disfuncional”.[9] Me encanta el término “vampírico”. Aunque el agotamiento sea difícil de definir con precisión, la imagen de una bestia insidiosa que chupa la energía de su huésped parece bastante acertada.

Existe un consenso general en que los síntomas del agotamiento incluyen cansancio, desilusión, apatía, desesperanza, inquietud, irritabilidad y una falta general de motivación. El agotamiento es de manera simultánea un fenómeno mental y físico. Cuando sobrecargamos el cerebro, el cuerpo intenta reservar energía para recuperar nuestras capacidades cognitivas, y nos sentimos físicamente drenados. El agotamiento reduce nuestra energía, nuestro deseo de actuar y nuestra capacidad de enfocarnos y concentrarnos. El agotamiento mental es un problema especialmente grave porque, a diferencia del cuerpo, el cerebro rara vez envía señales claras de que está cansado. No siempre es fácil saber cuándo hemos alcanzado nuestro límite y necesitamos un descanso. Si estás haciendo algo físico como mover cajas o usar un martillo, tu cuerpo te avisará cuando esté cansado y necesite descansar. Sabemos interpretar bien las señales de fatiga provenientes de nuestros músculos, reconocer el dolor articular y notar que no golpeamos al clavo con la misma fuerza o precisión que antes, pero nos cuesta mucho más identificar el agotamiento mental. Tal vez notemos, en el momento, que estamos cometiendo más errores de lo habitual, aunque, por lo general, son los síntomas físicos (como la tensión en el cuello, el dolor de espalda o la resequedad de los ojos) los que nos alertan de que estamos mentalmente exhaustos. A menudo exigimos más a nuestro cerebro de lo que podríamos exigirle al cuerpo y, en una cruel paradoja, mientras más sobrecargamos el cerebro y le negamos descanso, menos capaz será de descansar cuando más lo necesitamos.

Ahora sumemos las tecnologías digitales. Vivimos en una era de abundancia informativa. Donde sea que miremos o vayamos, estamos rodeados de datos. En el trabajo, el correo electrónico, Excel, bases de datos, mensajes de texto, Slack, Zoom, ChatGPT y muchas otras herramientas digitales que invaden nuestra rutina nos saturan de información y datos. Numerosos estudios sobre el impacto de estas llamadas "herramientas de productividad" demuestran que su uso creciente contribuye al agotamiento.[10] Fuera del trabajo (o, en secreto, durante el trabajo), los sitios donde compramos como Amazon y Alibaba, las plataformas de música como Spotify o Pandora, y los servicios de streaming como Netflix, Hulu y Disney+ nos ofrecen oportunidades infinitas para consumir. La investigación también indica que estas plataformas nos agotan, ya que ofrecen tantas opciones y tantas reseñas para considerar que tomar una decisión se vuelve abrumador.[11]

Ningún tipo de tecnología en el entorno digital tiene un vínculo tan estrecho con el agotamiento como las redes sociales. Los mensajes, las fotos, los videos, los memes, los "me gusta", las recomendaciones, las alertas de noticias, las puertas abiertas a la vida de los demás, la publicidad. Participar en redes sociales es como beber de una manguera de datos. Pero no es solo la cantidad de información lo que nos agota, sino el hecho de que no podemos escapar. Hoy es evidente que plataformas como TikTok, YouTube, Facebook, Instagram, Snapchat, Reddit y otras, son extremadamente adictivas y fueron diseñadas para serlo.[12] Ese impulso por volver a nuestros dispositivos y exponernos una y otra vez a más datos es lo que nos lleva con facilidad al agotamiento.

En nuestra búsqueda por definir el agotamiento digital, conviene detenernos un momento para ubicar el agotamiento en relación con otros dos conceptos bien conocidos: el estrés y el *burnout*.

Comencemos por trazar una distinción entre estresores y estrés. Los estresores son eventos o condiciones externas que pueden desencadenar una respuesta de estrés en nuestro cuerpo. Suelen ser situaciones que percibimos como una amenaza o un desafío a nuestro bienestar físico o emocional. Algunos ejemplos comunes de estresores son la presión laboral, dificultades financieras, problemas de pareja, cuestiones de salud o cambios importantes en la vida como una mudanza, un nuevo empleo o el nacimiento de un hijo. Al enfrentarte a un estresor, tu cuerpo inicia una compleja respuesta biológica y fisiológica conocida como "respuesta al estrés".[13] Una exposición prolongada a estresores puede llevar a tu cuerpo a la etapa de agotamiento de la respuesta al estrés. En esta etapa, los recursos del organismo se agotan y se experimenta agotamiento y una menor capacidad para lidiar con el estrés. Si vivimos con demasiado estrés por mucho tiempo, ya sea positivo o negativo, nuestra mente y cuerpo dejan de funcionar de manera eficiente porque estamos agotados.

Aunque el estrés puede ser precursor del agotamiento, el *burnout* es una de sus consecuencias más perversas. El *burnout* suele definirse como un estado de agotamiento emocional, físico y mental causado por estrés prolongado o excesivo.[14] Por lo general, se asocia con el trabajo y se piensa que los estresores que desencadenan esta cadena de estrés-agotamiento-*burnout* se encuentran en el ámbito laboral. Las investigaciones más recientes indican que el *burnout* se reconoce por tres características: agotamiento, cinismo (a veces llamado "despersonalización") e ineficacia. Aunque el agotamiento es un componente clave del *burnout*, este último es más amplio y complejo. Pero eso no significa que el agotamiento no sea importante. De hecho, la psicóloga Christina Maslach ha demostrado que el agotamiento es el principal detonante del *burnout*, porque inicia un proceso de despersonalización y reduce la sensación de autoeficacia. Ella y sus colegas escriben: "El agotamiento no es algo que solo se experimenta; más bien, lleva a tomar medidas para distanciarse emocional y cognitivamente del trabajo, tal vez como una forma de lidiar con la sobrecarga laboral".[15]

Tratar el agotamiento por sí solo no resuelve el *burnout*, ya que también influyen factores como las asignaciones laborales, la carga de trabajo, las relaciones con colegas y jefes, y elementos contextuales, como cuando se trabaja desde casa o en la oficina. Pero también es cierto que, para abordar el *burnout*, hay que enfrentar el agotamiento.

El agotamiento puede tener muchos orígenes. Mi objetivo es convencerte de que una parte significativa de tu agotamiento proviene de la manera en que usas las tecnologías digitales, y que es necesario reducir los estresores que lo generan antes de que se convierta en un factor que contribuya a tu propio *burnout*.

NIVELES DE AGOTAMIENTO DIGITAL

Hace unos años, comencé a trabajar como consultor para una importante empresa de desarrollo de software que diseñaba herramientas de colaboración digital para medianas y grandes empresas. A lo largo del proyecto, me reunía el primer martes de cada mes con una gerente de producto llamada Andi. Tenía poco más de treinta años y estaba llena de energía y entusiasmo por el proyecto. Con el transcurso de nuestras conversaciones, me enteré de que se había incorporado recientemente a la empresa tras ser reclutada desde una pequeña *startup* que había desarrollado un producto para la competencia. Andi era la gerente de producto ideal: tenía un dominio técnico impresionante y sabía cómo impulsar un proyecto. En cada reunión que la veía liderar, se mostraba atenta con los miembros de su equipo y trabajaba con esmero para que su trabajo fuera interesante y gratificante, sin perder de vista los plazos ni el presupuesto.

Pero poco más de un año después, noté un cambio drástico en su actitud. Parecía que había perdido el entusiasmo que sentía antes por el producto. Cuando la observaba interactuar con su equipo, notaba que le faltaba paciencia y que estaba irritable. Una mañana le pregunté si se encontraba bien. “La verdad, no”, me contestó. “No puedo con todo. Nunca me había sucedido algo así, me agoto yendo de una tarea a otra, de una herramienta a otra, lidiando con datos por todos lados. Es demasiado. Me encuentro mirando mucho tiempo a la pantalla, navegando sin rumbo y haciendo clic, y por lo general sin motivación. Me siento como si mi batería estuviera descargada y, haga lo que haga, ya no logra retener energía". Al no ser de los que pierden ninguna oportunidad para recopilar datos, le pregunté: "Del cero al seis, ¿qué tanto te hacen sentir agotada las tecnologías digitales que usas?", se rio por un momento y dijo: "Seis, sin duda, pero ¿por qué la escala no llega más alto?".

Con los años, muchas personas me han descrito su agotamiento con la imagen de una batería descargada que necesita recargarse. Es una metáfora que yo mismo he encontrado útil para hablar del agotamiento digital, y para lidiar con el mío. Tenemos mucha experiencia con baterías porque alimentan los dispositivos de los que dependemos: nuestros teléfonos, computadoras portátiles y, cada vez más, nuestros autos. Una batería tiene una capacidad limitada, puede almacenar solo cierta cantidad de energía, y la velocidad con la que se agota depende de las exigencias que le hagamos al dispositivo que alimenta. Si usamos mucho el teléfono, o ejecutamos varias aplicaciones que consumen muchos recursos al mismo tiempo, la batería se descargará más rápido que si lo usamos con mayor moderación. Cuando comenzamos el día descansado y con entusiasmo, nos sentimos cargados. Pero con cada correo que recibimos, cada informe que leemos, cada foto que comentamos, cada lista de reproducción que elegimos, vamos consumiendo esa energía valiosa que tenemos almacenada. Cuanto más interactuamos con los datos, la información y las personas con las que nos conectan nuestros dispositivos digitales, más vacíos nos sentimos. Sabemos que estamos agotados porque reconocemos las señales de las que hablábamos antes. A veces pasan semanas hasta que nos sentimos exhaustos, a veces bastan unas pocas horas.

Ese proceso normal de pasar de estar cargados a sentirnos drenados es lo que llamo "agotamiento de nivel 1". Esperamos que nuestras reservas de energía bajen en función de nuestras actividades y sabemos que necesitamos descansar para recuperarlas. El uso de tecnologías digitales, por supuesto, no es la única fuente de demanda energética. Pero como mostraré en la primera parte de este libro, su uso se ha convertido en el principal factor de agotamiento hoy, porque gran parte de nuestra vida está mediada por estas tecnologías, y nuestras decisiones sobre cómo las usamos influyen de manera directa en cuánta energía nos exigen. La elección es clave. En cada ciclo de recarga, podemos decidir cómo gastar nuestra energía. Así como podemos optar por no tener activados el wi-fi, la lámpara, escuchar música y navegar por las redes sociales al mismo tiempo, también podemos decidir relacionarnos con nuestros dispositivos y con el contenido y las personas con quienes nos conectan de formas que demanden menos energía. Tenemos una gran capacidad para decidir cuánto tiempo durará nuestra energía antes de necesitar una nueva recarga.

La razón por la que estas elecciones son tan importantes es que la cantidad de veces que podemos gastar energía y recuperarla es limitada.[16] El ciclo constante de agotamiento y recarga, característico del agotamiento de nivel 1, nos pasa factura. Con el tiempo, notamos que nuestra energía no dura tanto como antes y nos descubrimos más ansiosos, irritables y desmotivados. Esta experiencia crónica es lo que llamo "agotamiento de nivel 2".

Los signos del agotamiento de nivel 2 están por todas partes. Una encuesta de 2023, realizada a 3 400 personas en diez países, mostró que el 43 % de los empleados afirmó sentirse "con frecuencia" o "siempre" agotado, y el 46 % de los mandos intermedios (el grupo más afectado en el ámbito laboral por el agotamiento digital) dijo que planeaba renunciar a su trabajo en los siguientes doce meses debido al estrés laboral.[17] Jivan, un gerente técnico de ventas con quien hablé, forma parte de este grupo. Tiene casi cincuenta años, cambió de trabajo recientemente y comenzó a ver a un terapeuta para abordar su agotamiento de nivel 2. Me lo explicó así: "Llegué a un punto de quiebre donde ni siquiera podía hacer bien tareas simples. Estaba demasiado agotado de estar agotado todo el tiempo. Sentirme drenado por tanta información, tantas interacciones, pasar de una cosa a otra y después necesitar buscar energía para volver a empezar, era muy difícil. Pero tener que encontrar esa energía una y otra vez se volvió insoportable".

La salud de una batería suele medirse por su ciclo de vida útil, es decir, la cantidad de ocasiones que puede cargarse y descargarse (agotamiento de nivel 1) antes de que su rendimiento empeore (agotamiento de nivel 2). Las baterías de iones de litio (como las que alimentan nuestros teléfonos y computadoras) suelen durar entre trescientos y quinientos ciclos antes de degradarse de forma significativa y, eventualmente, morir. La buena noticia es que, aunque la metáfora de la batería nos ayuda a comprender el agotamiento, no somos baterías de consumo. Si experimentamos agotamiento de nivel 2, podemos recuperarnos. Pero la metáfora sigue siendo útil. Nuestro objetivo es reducir la cantidad de ciclos de agotamiento y recarga de nivel 1. Para lograrlo, debemos aprender a conservar energía y encontrar nuevas fuentes que nos permitan evitar, en primer lugar, un desgaste tan profundo. Para lograr ambas cosas, tenemos que reinventar la relación que tenemos con nuestros dispositivos.

ALGUNAS REGLAS SENCILLAS

Si hubiera una ley universal sobre el uso de las tecnologías digitales, sería esta: las personas adoptan patrones de uso con rapidez. Tanto si ese hecho te entusiasma o te inquieta, la evidencia muestra que la mayoría experimenta con nuevas tecnologías durante un corto periodo de tiempo. Pasadas unas doce a dieciséis semanas de explorar las capacidades de una herramienta digital nueva,[18] la mayoría ya se habrá instalado en una rutina, y los efectos de su uso se vuelven bastante predecibles. La duración de esa ventana de incertidumbre (o de oportunidad) ha permanecido constante durante los últimos treinta años. La llegada de las redes sociales y de las tecnologías basadas en la inteligencia artificial que utilizan modelos de lenguaje de gran escala (LLM, por sus siglas en inglés) no solo ha impedido que se cierre la ventana cuando debería, sino que ha destrozado el vidrio por completo. A diferencia de casi cualquier otra tecnología digital a la que estamos acostumbrados, las herramientas digitales impulsadas por IA (y hoy prácticamente toda herramienta que se diseña o comercializa incluye capacidades de inteligencia artificial) están hechas para cambiar por sí mismas, de manera continua. Cada vez que se le proporciona nueva información a un LLM para que genere texto o código, la tecnología aprende y amplía sus capacidades. Eso significa que en realidad nunca usamos dos veces la misma herramienta. Lo que puede hacer por ti esta semana será distinto la próxima. Gracias al aprendizaje autónomo que caracteriza incluso a las herramientas digitales más básicas, no aprendemos a usar una tecnología una sola vez, sino casi cada vez que interactuamos con ella. En resumen, vivimos en un mundo digital cada vez más veloz e impredecible.

Kathy Eisenhardt, profesora en la Escuela de Ingeniería de la Universidad de Stanford, lleva casi cuatro décadas estudiando cómo triunfan las empresas en mercados caóticos y de alta velocidad, y es ampliamente reconocida como máxima autoridad en estrategia tecnológica. Su investigación muestra que las compañías que mejor se desempeñan en entornos de cambio tecnológico acelerado tienen algo en común: se basan en un conjunto de reglas sencillas.[19] Cuando los mercados no se quedan quietos porque las tecnologías cambian todo el tiempo, intentar formular una estrategia detallada resulta inútil: para cuando la tengas lista, el mercado ya no será el mismo y todo tu esfuerzo habrá sido en vano. Pero cuando las empresas crean, adoptan y mantienen un conjunto de reglas sencillas, saben qué hacer cuando llega el cambio y están preparadas para adaptarse.

Esta estrategia resulta útil como guía para repensar nuestra relación con las herramientas digitales. Si las aplicaciones y dispositivos que usamos cambian con rapidez y no podemos anticipar qué capacidades o riesgos nos presentarán, estaremos mejor preparados para evitar el agotamiento digital si contamos con algunas reglas sencillas de seguir.

Para definir qué reglas sencillas pueden ser más eficaces, primero necesitamos comprender de dónde proviene nuestro agotamiento digital. En la primera parte de este libro, analizo las raíces del problema, lo que llamo la “tríada del agotamiento”: las tres grandes fuerzas que dan forma a nuestro agotamiento digital. Estos capítulos analizan los nuevos drenajes energéticos de nuestra época, y muestran cómo las formas en que prestamos atención, las inferencias que hacemos sobre nosotros mismos y los demás, y las emociones que experimentamos frente a las pantallas actúan de manera conjunta para mermar nuestra energía. Este es un punto de partida clave porque no podemos moderar nuestro gasto de energía ni encontrar la forma adecuada de recuperarla si no entendemos qué es lo que nos está drenando. Al final de la primera parte, verás el agotamiento digital de una forma mucho más matizada, más allá de la idea de que proviene directamente de nuestros dispositivos.

La segunda parte presenta ocho reglas sencillas para desarrollar resiliencia digital que pueden ayudarte a redefinir tu relación con ese conjunto cambiante de tecnologías que utilizas en el trabajo y en casa. Al igual que la función de tu teléfono que impide que ciertas aplicaciones se ejecuten en segundo plano, modificar la forma en que utilizas las tecnologías digitales puede ayudarte a prevenir el agotamiento de nivel 1. Los capítulos de esta sección te explican cómo hacer esos cambios y cómo construir rutinas que sean sostenibles en el tiempo. Algunas de las reglas presentadas en esta sección te ayudarán a recuperar tu energía y entusiasmo al ser más consciente sobre tu uso de la tecnología digital. Te daré ejemplos de nuevos usos para las herramientas digitales que revitalizarán tu energía y también te mostraré algunas de las investigaciones más recientes sobre cómo obtener dosis constantes de dopamina no digital, que te animarán a usar tus dispositivos solo para aquello en lo que realmente son útiles.

En la tercera parte vamos a explorar cómo aplicar estas reglas en tres contextos diferentes: en el trabajo, en la crianza y en la interacción con la inteligencia artificial. Vamos a ver cómo crear una cultura saludable en el uso de la tecnología dentro de nuestro lugar de trabajo, y a analizar las causas, los efectos y las soluciones frente al agotamiento digital, cada vez más frecuente en entornos de trabajo híbrido o remoto. También analizaremos cómo madres y padres pueden aplicar las reglas de la segunda parte para reducir su propio agotamiento digital mientras intentan desenvolverse en un mundo que les exige más que nunca y, al mismo tiempo, les demanda dar un buen ejemplo a sus hijos sobre cómo utilizar las tecnologías digitales de forma saludable. Por último, analizaremos el papel emergente de la inteligencia artificial y su posible impacto (tanto positivo como negativo) sobre nuestro agotamiento. La irrupción repentina de la IA en nuestras vidas tendrá implicaciones importantes en nuestro agotamiento no solo porque representa un nuevo conjunto de herramientas digitales con las que interactuamos, sino también porque su forma de procesar y presentarnos la información no tiene precedentes. También vamos a ver de qué manera se puede usar la IA para reducir el agotamiento digital, y cómo evitar que se convierta en otro factor de desgaste.

Es muy fácil satanizar nuestras herramientas digitales y querer alejarnos de ellas cuando empezamos a darnos cuenta de que son grandes responsables de nuestro agotamiento. Pero hay que recordar que empezamos a usarlas por una razón. En la mayoría de los casos, nos permitieron hacer algo mejor o algo nuevo. Eso es, justamente, lo que las nuevas tecnologías deberían ofrecernos. De hecho, muchas de ellas mejoran aspectos importantes de nuestra vida. Pero ese acceso constante a la información, a otras personas y a las múltiples distracciones que traen los dispositivos también nos agota. Una vez más, no son las tecnologías en sí el problema, sino la manera en que las usamos. Y, para empeorar las cosas, no siempre podemos elegir cómo las usamos. Nuestros jefes, colegas, amistades, madres y padres de los compañeros de nuestros hijos, así como muchas otras personas, nos arrastran hacia relaciones con la tecnología que terminan por drenarnos.

La buena noticia es que, a pesar de estas limitaciones, existe un camino simple para reducir el agotamiento digital. Por supuesto, solo porque sea simple no significa que sea fácil. Pero si entendemos por qué la tecnología nos drena, seguimos las reglas respaldadas por evidencia que presenta este libro y aprendemos a aplicarlas en distintos contextos, vamos a estar en el buen camino para vencer el agotamiento digital y vivir con más energía. Es hora de repensar nuestra relación con los dispositivos.

[illegible] a los personajes principales de [illegible]

[illegible]

PRIMERA PARTE

La tríada del agotamiento

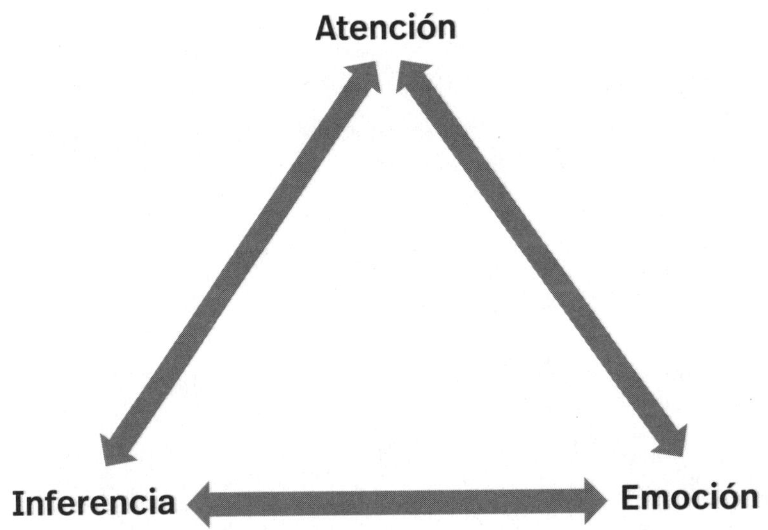

Capítulo 1
Atención: la moneda de cambio

Maya despierta sobresaltada a las 5:50 a. m. por un zumbido en su oído derecho. El zumbido y la luz que lo acompañan provienen de su teléfono inteligente que está sobre su mesa de noche a centímetros de su cabeza. Toma su teléfono, apaga la alarma y mira la hora y, como casi todas las mañanas, se queja y deja caer el teléfono de nuevo en su mesa de noche. Pero, segundos después, aunque aún está medio dormida, instintivamente lo toma, pone su contraseña y abre Instagram. Pasa varios minutos revisando las fotos publicadas por sus amigos y familiares (así como las de desconocidos que nunca ha visto) hasta que aparece una notificación que le avisa que ha recibido un correo electrónico de *The New York Times* con una vista previa de las noticias más importantes del día. Hace clic en la notificación, la cual abre la app de su correo. Antes de que pueda mirar el *Times*, nota varios correos que llegaron de colegas en Europa mientras ella dormía. Hace clic en el primero de ellos y comienza a leerlo mientras su pareja, acostada al otro lado de la cama, gruñe algo que ella no escucha. Está a punto de preguntarle qué dijo, cuando se desactiva el modo "no molestar" que había configurado y se percata de que tiene tres mensajes de texto y un mensaje de WhatsApp. Abre uno de los mensajes de texto, pero antes de leerlo piensa que quizá el mensaje de WhatsApp podría ser más importante, así que cambia a esa app. Resulta que es solo un mensaje grupal de algunos amigos en el extranjero. Entonces vuelve a sus mensajes y lee uno de una amiga cercana que pregunta si puede creer la reciente sentencia de la Corte Suprema. Su pareja refunfuña algo nuevamente, y Maya sigue sin escuchar lo que quiere porque está ocupada haciendo clic en la aplicación de *The New York Times* para ver qué noticias puede encontrar sobre la Corte Suprema. "¡Mierda!", dice al percatarse de la hora. Maya me cuenta que así suele empezar sus mañanas. Se levanta de la cama, abre la regadera y, justo cuando está lista para meterse bajo el agua caliente, finalmente escucha lo que su pareja le está preguntando en su tercer intento por llamar su atención: "Oye, Maya, ¿sabes dónde está mi teléfono?".

La historia de Maya podría ser mi historia, tu historia o en realidad la historia de cualquiera. Casi no hay momento en el día en que estemos libres de alguna fuente de noticias, aplicación o dispositivo digital que esté intentando captar nuestra atención. Vivimos en una economía de la atención. Nuestra atención es valiosa porque es un recurso limitado que las empresas pueden monetizar. Maya sabe que, si hace clic en uno de los anuncios de ropa deportiva Skims que parecen haber invadido su muro de Instagram, la empresa de Kim Kardashian pagará a Instagram una pequeña tarifa por la referencia, pero lo que ella (y la mayoría de las personas) no termina de comprender es que existe toda una serie de transacciones económicas lucrativas que no dependen de si hacemos clic en un anuncio; los dueños del sitio web o la aplicación reciben un pago si pueden proporcionar pruebas de que simplemente vimos el anuncio. Esto es lo que el mundo del marketing digital denomina "impresiones". Si Instagram, *The New York Times* o cualquier otro sitio web comercial pueden mostrar a los anunciantes que personas como tú y yo probablemente permaneceremos mucho tiempo en su página, pueden cobrar más por la colocación del anuncio, ya que más tiempo en el sitio significa una mayor probabilidad de que el anuncio nos cause una impresión. Desde el momento en que despiertas, los mercaderes de la atención te están acechando.

Pero no todo se trata de dinero. Esos correos de colegas en Europa y los mensajes de amigos también compiten por tu atención. También lo hace esa voz que viene del otro lado de la cama. Recibimos y enviamos tantos mensajes y correos (y tenemos que llamar desde el otro lado de la cama varias veces) porque sabemos que la atención de otras personas es limitada y estamos compitiendo por captar una parte de ella. Los datos muestran que saturar a las personas funciona. Uno de los primeros trabajos de investigación que realicé fue con los *project managers* de seis empresas diferentes.[1] Los *project managers* suelen tener la poco envidiable tarea de tratar de coordinar a las personas y lograr que hagan cosas sin tener autoridad directa sobre ellas. Eso significa que están en una batalla constante para captar y mantener la atención de las personas. Descubrimos que los *project managers* que tuvieron más éxito en hacer avanzar sus proyectos a tiempo y dentro del presupuesto fueron aquellos que enviaron el mismo mensaje a las personas de su equipo varias veces por distintos medios tecnológicos. Enviaban correos, llamaban y pasaban por los escritorios de sus colegas para decirles lo mismo tres veces, a través de tres medios distintos. Y funcionaba. Los *project managers* que recurrían en este tipo de comunicación redundante lograban reducir las diversas demandas sobre la limitada cognición de los demás y conseguían captar su atención con mayor frecuencia que quienes se abstenían de lanzar ataques similares a la atención de las personas. Por desgracia, los *project managers* en nuestro estudio se terminaron dando cuenta de lo que tú y yo hemos aprendido por las malas: con el tiempo, toda esa comunicación extra se sumó a la carga de datos que tenían que procesar aquellos con quienes se intentaban comunicar, lo que los llevó a sentirse más distraídos y dificultó aún más captar su atención.

El dilema en el que se encuentra la mayoría de las personas hoy en día está bien documentado: nuestra atención está fragmentada. Perdemos el enfoque y nos distraemos con facilidad. No conseguimos hacer las cosas tan rápido o tan fácilmente como deberíamos,[2] y a menudo la calidad se ve comprometida. De manera más insidiosa, las múltiples demandas sobre nuestra atención determinan no solo si podemos prestar atención, sino también cómo lo hacemos. Como Nicholas Carr describió con elocuencia en *Superficiales: ¿Qué está haciendo el internet con nuestras mentes?*, uno de los primeros libros en documentar cómo el internet está cambiando nuestros patrones de atención: "Los medios no son solo canales de información. Proveen el contenido del pensamiento, pero también moldean el proceso de pensar. Lo que parece estar haciendo la red es erosionar mi capacidad de concentración y reflexión. Esté o no conectado, mi mente ahora espera recibir la información del mismo modo en que la red la distribuye: en una corriente rápida de fragmentos. Antes era un buzo en el mar de las palabras. Ahora me deslizo por la superficie, como un tipo en una moto acuática".[3]

Desde que Carr publicó su importante libro hace quince años, nuestra atención, sin duda, se ha fragmentado todavía más, a medida que más empresas y más personas intentan encontrar formas de captarla. En los últimos años han aparecido varios libros importantes para ayudarnos a descubrir cómo redirigir nuestra atención.[4] Cal Newport, autor de *Minimalismo digital*, nos exhorta a mitigar los asaltos a nuestra atención para que podamos hacer un "trabajo de concentración profunda", y Johann Hari, autor de *El valor de la atención*, nos insta a encontrar formas de recuperar nuestra concentración para que podamos "volver a pensar con profundidad". En este capítulo, propongo un enfoque ligeramente distinto. En lugar de decirte que deberías prestar más atención para no sentirte tan agotado, voy a mostrarte que prestar atención es en sí mismo agotador.

CÓMO PRESTAMOS ATENCIÓN MARCA LA DIFERENCIA

La rutina antes de bañarse de Maya resulta familiar para la mayoría. De acuerdo con un importante estudio nacional realizado en 2010, el 65 % de los adultos estadounidenses afirmaron que dormían con su *smartphone* prendido o justo al lado de su cama.[5] Para el 2023, los investigadores dejaron de preguntar si las personas dormían con sus teléfonos *junto* a la cama y comenzaron a preguntar si dormían con ellos *en* la cama. El 60 % de los adultos admitieron hacerlo, y un impresionante 89 % reportó que revisaban sus teléfonos durante los primeros diez minutos después de despertar.[6] Si Maya, y el resto de nosotros, solo echáramos un vistazo a la hora o despertáramos para leer un artículo en nuestro teléfono, estas estadísticas podrían parecer poco notables. Lo verdaderamente preocupante es que dividimos sin piedad nuestra atención entre tantas fuentes de información diferentes e inconmensurables, que literalmente estamos fatigando nuestros cerebros desde el momento en que despertamos.

Una extensa línea de investigación en neurociencia muestra que el cerebro humano no está hecho para hacer varias cosas a la vez.[7] Cuando nos enfrentamos a nueva información o iniciamos alguna tarea nueva, la sangre fluye hacia nuestra corteza prefrontal, que es como el centro de mando de nuestro cerebro. Este centro de mando emite una alarma de dos tonos que indica que necesitamos cambiar nuestra atención: el primero inicia un proceso de búsqueda de neuronas capaces de dar sentido a la información o realizar la tarea. El segundo envía una orden que dirá a esas neuronas qué hacer. Este proceso se llama "activación de reglas de tarea", y tarda apenas unas décimas de segundo en desarrollarse. Cuando algún estímulo nuevo demanda nuestra atención, el cerebro debe desconectarse de la primera tarea (leer las noticias) para iniciar la segunda (revisar nuestros mensajes de texto). El centro de mando avisa al cerebro que va a ocurrir otro cambio de atención y envía otra alarma de dos tonos, con la cual inicia otro protocolo de activación de reglas. Lo extraordinario es la consistencia con la que se desarrolla este proceso: ocurre en la misma secuencia cada vez que cambiamos nuestra atención de una entrada a otra.[8]

Aquí está la razón por la que eso es importante: cada vez que nos exponemos a un nuevo estímulo y participamos en el proceso secuencial de desconexión y reasignación de nuestra atención, estamos gastando valiosa energía metabólica. Nuestro cerebro constituye alrededor del 2 % de nuestra masa corporal, pero quema, en promedio, el 20 % de las calorías que ingerimos diariamente. La mayor parte de ese gasto energético se dedica a controlar nuestros cuerpos; el cerebro reserva muy poca energía para alimentar su propia cognición activa. Como señala el neurólogo Richard Cytowic: "Precisamente porque es tan eficiente, los márgenes de reserva [de nuestro cerebro] son escasos y con rapidez consumidos por las demandas provocadas por el constante cambio de atención".[9]

Cada cambio en la atención supone un costoso gasto de energía, y el agotamiento de cada cambio sucesivo se acumula. Piensa en correr carreras cortas. Corres lo más rápido que puedes durante diez segundos, cubres 60 metros y te sientes cansado, pero tienes suficiente energía para hacerlo de nuevo. Descansas un minuto, luego corres diez segundos más, pero esta vez solo cubres 55 metros. Por supuesto, cuanto más descanses entre carreras, más se parecerán los resultados de tu segundo intento al primero. En cambio, si no descansas para nada, puede que solo logres cubrir 30 metros en tu segundo intento. Eso es exactamente lo que ocurre en nuestros cerebros. Cuanto más cambiamos nuestra atención, más difícil se vuelve atender a cualquier cosa, porque el cerebro se cansa cada vez más. Después de demasiados cambios en un periodo muy corto, es difícil mantener la atención porque nuestro cerebro está agotado. Como usa solo una pequeña reserva de toda su energía para el procesamiento cognitivo, el resto de nuestro cuerpo podría no sentirse agotado, pero nuestro cerebro lo está. Y esa es una sensación que nos afecta profundamente.

Científicos cognitivos denominan a estos cambios dramáticos en nuestra atención como *cambio de contexto*. Cuando necesitamos cambiar de contexto, nuestro cerebro debe desvincularse de los procesos cognitivos relacionados con la tarea inicial y reorientarse hacia las demandas de la tarea siguiente. Si pasamos de ver un video de TikTok sobre peinados bonitos a otro sobre zapatos de moda, no cambiamos realmente nuestra atención en el sentido técnico: no se activa el centro de mando en nuestra corteza prefrontal ni tampoco se activan nuevas neuronas. Es al cambiar entre contextos que exigen tipos nuevos y diferentes de procesamiento cognitivo (para dar sentido a la información o realizar alguna operación), cuando ocurre el proceso de desconexión y reconexión discutido anteriormente y se descarga la energía limitada de nuestro cerebro. El cambio de contexto también libera cortisol para dar un estallido de energía que impulse la transición.[10] Esa liberación de cortisol viene con un efecto secundario desagradable: los estallidos breves de energía de la hormona del estrés se acumulan y derivan en agotamiento cognitivo. No todos los cambios de contexto son iguales; por lo tanto, las diferentes formas en que cambiamos nuestra atención nos agotan de manera diferente. He identificado tres tipos de cambios de contexto que son los más comunes y los mayores consumidores de nuestras reservas de energía cognitiva: cambios entre modalidades, dominios y ámbitos.

¿POR QUÉ TIENES TANTAS APPS ABIERTAS?

Una modalidad es la forma particular en la que algo existe o se experimenta. En su nivel más básico, nuestros sentidos (ver, oír, tocar, gustar y oler) son modalidades. Si pudiéramos aislar nuestros sentidos unos de otros, experimentaríamos un estímulo, como un coche que pasa frente a nosotros mientras estamos parados en un cruce peatonal, de manera diferente según el sentido que se active. Una vez, mientras estaba parado en un cruce peatonal, me entró polvo en el ojo. Mientras mis ojos estuvieron cerrados durante los aproximadamente quince segundos que me tomó frotarlos y quitarme el polvo, pude escuchar el motor de un coche. Cuando abrí los ojos, me sorprendió ver que el coche estaba justo frente a mí, mientras yo permanecía inmóvil en el cruce peatonal. Esos pocos segundos de transición del sonido a la vista fueron desconcertantes porque tuve que reorientarme al mundo al percibirlo a través de una nueva modalidad. No fue difícil hacerlo, pero tampoco fue automático.

Ajustarse para experimentar un estímulo de diferentes maneras (a través de diferentes modalidades) requiere esfuerzo.

Los dispositivos (laptops, celulares, teléfonos inteligentes) son modalidades. Las aplicaciones de software como LinkedIn, Facebook, Zillow, Zoom y Microsoft Word también son modalidades. Cada dispositivo o aplicación nos brinda diferentes capacidades. También se ven diferentes y tienen formatos distintos entre sí. Estas diferencias importan. Ioana, quien trabaja como consultora educativa para escuelas de educación básica, a menudo participa en varias videoconferencias al día con varios administradores escolares de todo el país. Las escuelas suelen organizar las reuniones con Ioana, y ella utiliza las plataformas de videoconferencia que cada una refiere. En una sola mañana, a menudo tiene reuniones con escuelas a través de Zoom, Microsoft Teams, Webex y Google Meet. Como cuenta Ioana: "En mi empresa usamos principalmente Zoom, así que me siento más cómoda con esa plataforma. Cuando entro a Teams o Webex, no siento tanta soltura. Me toma un minuto pensar cómo compartir mi pantalla o cambiar mi fondo. Esas cosas se hacen de manera diferente en cada aplicación, así que me estreso un poco cuando no puedo hacerlo tan fácil como lo haría en Zoom". Aunque pasar de una aplicación a otra del mismo tipo, como Zoom y Teams, apenas parece un cambio importante, nuestra experiencia en cada una de esas plataformas es única, porque necesitamos reajustarnos a sus diseños, colores y botones para poder usarlas de manera eficaz. Ese reajuste es suficiente para provocarnos estrés, y el gasto cognitivo y la liberación de cortisol al movernos entre diferentes tipos de aplicaciones (desde Gmail hasta la plataforma de gestión financiera de tu empresa o la aplicación ParentSquare que envía notificaciones sobre la escuela de tu hijo) es aún mayor.

Estos cambios de modalidad son cada vez más comunes en nuestro día a día. En un estudio reciente, los investigadores examinaron veinte equipos, compuestos por 137 personas, en tres empresas Fortune 500 durante cinco semanas.[11] La mayoría de los equipos tenían puestos administrativos en áreas como finanzas, gestión de inventario y operaciones de cadena de suministro. Por medio de los registros de datos de sus computadoras, los investigadores rastrearon con qué frecuencia cambiaban entre modalidades durante cada día laboral. Descubrieron que la persona promedio se movía entre modalidades diferentes (en este caso, apps o sitios web) casi 1 200 veces al día. Los registros de datos mostraron que, en promedio, tomaba dos segundos cambiar entre modalidades. Si sumas eso, significa que estos trabajadores pasaban más de tres horas a la semana cambiando entre modalidades.

Hace poco realicé una encuesta junto con algunos colegas en Asana y Amazon a más de tres mil trabajadores del conocimiento en Estados Unidos y Reino Unido para aprender más sobre cómo funciona el cambio de contexto entre modalidades.[12] Descubrimos que las personas pasaban, en promedio, 57 minutos al día (el equivalente, 4.75 horas por semana) cambiando entre aplicaciones de software y sitios web mientras trabajaban. Ese número no nos sorprendió, pero lo que sí nos sorprendió saber fue que también reportaron pasar 30 minutos al día decidiendo qué aplicación deberían usar para una tarea específica. "¿Solicito este favor por correo o por Slack? ¿Hago esta tabla en Word o PowerPoint? ¿Busco esta definición en Dictionary.com o le pregunto a ChatGPT?". Ninguna de estas decisiones parece en exceso complicada o importante, y no lo son, pero requieren cierta inversión de pensamiento y acción. Si tienes que tomar estas microdecisiones sobre qué modalidad usar cada vez que cambias, y estás cambiando 1 200 veces al día, es fácil ver cómo la acumulación de fatiga por decisiones puede llevar al agotamiento. Existe cada vez más evidencia de que, mientras más a menudo tengamos que tomar pequeñas decisiones, más agotados nos sentimos.[13] Tenemos que considerar el esfuerzo invisible que supone cambiar de contexto cuando hablamos del agotamiento de la atención.

Antes de que la sangre fluya al córtex prefrontal para un cambio real de atención, ya hemos estado tomando microdecisiones sobre qué modalidad es mejor para un propósito dado y cuáles podrían ser las consecuencias de una mala elección. Cada vez que mi hija adolescente agarra mi celular, su mirada me lo dice todo: "Qué anticuado eres". Aunque su boca dice: "¿Por qué tienes tantas apps abiertas?",[14] y procede a cerrarlas todas, recordándome que mi teléfono funciona más lento y agota su batería más rápido cuando hay tantas aplicaciones activas. Supongo que es una buena metáfora para lo que nos ocurre cuando cambiamos constantemente entre apps y entre dispositivos. Cada cambio de modalidad por sí solo es relativamente económico en términos de gasto energético, pero la fatiga y el estrés asociados con cada cambio se acumulan con rapidez a lo largo del día y durante semanas de maneras que conducen al agotamiento de nivel 2.

¡RAYOS! ¿EN QUÉ ESTABA?

Un dominio es un conjunto determinado de tareas o actividades que requiere un tipo específico de procesamiento cognitivo. Cada tarea o actividad que realizamos impone exigencias diferentes a los recursos cognitivos del cerebro. Dar consejo a alguien sobre cómo lidiar con un colega difícil es una actividad más abstracta, empática y que posiblemente nos haga involucrarnos a un nivel emocional. Implica principalmente la cognición social, la comprensión de las emociones humanas y la comunicación, activando regiones del cerebro como los lóbulos temporales (para la comprensión del lenguaje) y el sistema límbico (para el procesamiento emocional). En cambio, preparar un informe financiero para tu jefe es una tarea altamente analítica que requiere atención al detalle, análisis numérico y estructuración lógica de la información. Estos requerimientos suelen estar relacionados con la participación de la corteza prefrontal dorsolateral (para la resolución de problemas y la atención) y los lóbulos parietales (para el razonamiento espacial y numérico). Cambiar de tareas entre dominios requiere un cambio en la activación de un conjunto de redes neuronales a otro, lo cual no es instantáneo y requiere un importante gasto de energía metabólica. Cambiar entre tareas o actividades en diferentes dominios obliga al cerebro a reasignar recursos cognitivos y ajustar su estrategia de procesamiento.

Cambiamos de dominio con frecuencia a lo largo del día. Ello se debe a que los papeles que desempeñamos tanto en casa como en el trabajo implican muchos tipos diferentes de tareas. Lo que por lo general distingue a las personas de alto rendimiento de las demás es que pueden cambiar con rapidez entre dominios sin mucha demora. Por una razón que la ciencia aún no ha descifrado por completo, los cerebros de algunas personas pueden cambiar entre neuronas más rápido que otros y hacerlo con menos pérdidas. Pero eso no es lo normal. Para la mayoría de nosotros, cambiar nuestra atención de un dominio a otro es un acto agotador. Aunque los humanos han estado haciendo este tipo de cambios durante cientos de miles de años, la evolución no nos preparó para hacerlos con la velocidad y frecuencia con que lo hacemos hoy. "Ese cambio constante tiene un costo biológico que termina haciéndonos sentir cansados mucho más pronto que si mantuviéramos la atención en una sola cosa", señala el neurocientífico conductual Daniel Levitin.[15] Los múltiples dispositivos que llevamos y las aplicaciones que tenemos abiertas en ellos nos hacen propensos a ser arrastrados a diferentes dominios con una velocidad alarmante, y a menudo mientras todavía estamos a la mitad de concentrarnos en otra cosa.

El problema principal con el cambio de dominio es que, aunque nuestros sentidos pueden pasar rápidamente de dar consejos a trabajar en un informe financiero, nuestra atención se mueve mucho más lento y es más reacia a dejar de hacer lo que estaba haciendo. Vicente, un profesor de ciencias de preparatoria y entrenador de atletismo, se encuentra con este problema con frecuencia. Vicente es un entrenador sociable y generoso, quien motiva a sus estudiantes a enviarle mensajes en el chat grupal del equipo si tienen problemas o simplemente quieren platicar. "Te sorprendería la cantidad de emociones que experimentan estos chicos solo conforme pasa el día", comenta. "A veces solo quieren contarte algunas cosas que les pasan. Lo entiendo. Realmente trato de escucharlos y empatizo con ellos". Pero Vicente se ha dado cuenta de que los mensajes parecen llegar en momentos aleatorios, como cuando está calificando tareas, respondiendo correos, jugando videojuegos o ayudando a sus propios hijos con su tarea. "Si estoy tratando de pagar mis cuentas en mi banca móvil y recibo un mensaje de uno de los chicos del equipo, normalmente lo leo. Sin embargo, cuando regreso a hacer mis cosas bancarias, cometo muchos errores porque sigo pensando en el chico con el que estaba mensajeando. Eso no es bueno. A veces tengo que empezar de nuevo porque perdí la concentración y no puedo recuperarla de nuevo".

El problema que experimenta Vicente se conoce como "residuo atencional", y ocurre cuando parte de nuestra atención está enfocada en una tarea de otro dominio, en lugar de estar completamente dedicada a la tarea en cuestión. Como señala Sophie Leroy, profesora de administración en la Universidad de Washington: "El residuo atencional ocurre con facilidad cuando dejamos tareas sin terminar, cuando nos interrumpen, o cuando anticipamos que, una vez que tengamos oportunidad de retomar el trabajo pendiente o sin terminar, tendremos que apresurarnos para terminarlo. A nuestro cerebro le resulta difícil abandonar estas tareas, y en cambio las mantiene activas en segundo plano, incluso cuando intentamos concentrarnos y realizar otras tareas".[16] Gloria Mark, profesora de la Universidad de California en Irvine, probablemente ha investigado más que nadie sobre los efectos del cambio de atención entre dominios. Ella compara la mente de Vicente, y la nuestra, con un pizarrón: "Es como cuando a veces no puedes borrar ese pizarrón por completo: ves rastros de lo que estaba escrito. Lo mismo ocurre en nuestras mentes, y ese residuo puede interferir con nuestra tarea actual".[17]

Mark comenzó a estudiar la capacidad de atención de las personas en sus dispositivos y aplicaciones en 2003. En sus primeros estudios, descubrió que las personas pasaban, en promedio, dos minutos y medio ante cualquier pantalla antes de cambiar a otra.[18] Para 2012, ella y sus colegas registraron que en promedio pasaban 75 segundos antes de cambiar de pantalla. Y en 2016, la última vez que lo comprobó en un estudio formal, descubrió que la media eran 47 segundos. Mark sería la primera en señalar que cambiar entre modalidades es bastante costoso, en especial si las personas lo hacen mientras trabajan en una tarea o actividad en un dominio específico. Aunque es mucho más perjudicial si esos cambios de modalidad van acompañados de cambios de dominio. Para investigar este problema, Mark revisó sus datos y solo contó un cambio de modalidad cuando también iba acompañado de un cambio de dominio. Al analizar los datos de esta manera, descubrió que las personas normalmente pasaban unos diez minutos y medio en una tarea o proyecto en cualquier dominio antes de cambiar, pero cuando alternaban entre dominio, les tomaba, en promedio, veinticinco minutos y medio volver a encaminarse y regresar al mismo nivel de concentración que tenían antes de desviar su atención.[19]

Mark no es la única cuyos datos muestran los costos del residuo atencional en la productividad y el agotamiento. Una encuesta reciente a trabajadores del conocimiento en Estados Unidos y Reino Unido reveló que el 43 % de los encuestados relacionó directamente su agotamiento con el cambio entre herramientas digitales.[20] Curiosamente, aunque los participantes del estudio informaron que los cambios de contexto de dominio los agotaban, también sentían que eran necesarios para ser productivos. Como describe Mark: "Podemos tener la ilusión de que estamos haciendo más y que nuestra capacidad humana se ha expandido cuando cambiamos nuestra atención o hacemos multitarea, pero en realidad estamos haciendo menos". Los efectos del cambio de dominio son tan generalizados que, en realidad, las personas ni siquiera tienen que cambiar de dominio para producir la fatiga cerebral asociada con un cambio. Un estudio encontró que tan solo pensar que podrían tener que hacer un cambio pronto redujo el rendimiento de los sujetos examinados en un 20 %.[21]

Vicente sabe que, tan pronto como comienza a jugar *Call of Duty* en su consola Xbox, podría recibir un mensaje de uno de sus atletas sobre qué distancia debe correr durante el fin de semana. "A veces pienso en desactivar las notificaciones cuando estoy jugando porque me pone algo nervioso que me interrumpan, y luego me toma algo de tiempo volver a concentrarme en el juego", comenta. "Pero nunca lo hago porque quiero estar disponible si me necesitan".

"AMOR, YA LLEGUÉ... ESPERA UN MOMENTO, TENGO QUE CONTESTAR ESTA LLAMADA DE TRABAJO"

Mi luna de miel también fue un viaje de trabajo. Mi esposa y yo llegamos a la isla de Kauai y pasamos una semana acostados en la playa, saliendo a caminatas hermosas y comiendo delicioso. Luego volamos a Oahu, donde yo tenía una conferencia de trabajo. Estuvimos ahí cuatro días. Me salté muchas de las sesiones de la conferencia para continuar mi luna de miel, pero recuerdo muchas ocasiones en las que me distraía leyendo mensajes de texto en mi teléfono de colegas que sí habían asistido. Esto fue antes de la era de los teléfonos inteligentes. Solo puedo imaginar qué tan molesto habría sido si hubiera tenido uno de esos en aquel entonces. El hecho de que estuviera trabajando en mi luna de miel suena terrible cuando lo leo en la página. Incluso ahora, después de pasar veinte años estudiando y pensando sobre el agotamiento digital (y habiendo visto toda la evidencia sobre lo perjudicial que es para nuestro bienestar cambiar rápidamente entre distintos ámbitos de vida como el trabajo y el hogar), todavía creo que fue una decisión inteligente lograr que el trabajo cubriera parte de mi luna de miel. El hecho de que continúe pensando así sugiere que la cultura de aceptación en torno a la desintegración de los límites entre trabajo y vida personal es fuerte, al menos en el mundo occidental industrializado.

Algunas de las primeras personas en experimentar los cambios rápidos y bruscos de atención entre el trabajo y el hogar, posibles por las tecnologías digitales, fueron quienes solíamos llamar teletrabajadores. El término "teletrabajo" se inventó en los años setenta para describir a los trabajadores del conocimiento que se conectaban a la oficina desde casa a través de una línea telefónica. Aunque hemos hablado del teletrabajo durante medio siglo, no fue sino hasta la expansión del internet de banda ancha a mediados de los 2000, que el teletrabajo se convirtió en una posibilidad real para el trabajador promedio. Para explorar cómo las tecnologías digitales cambiaron cuándo y cómo la gente trabajaba en los años 2000, Michele Jackson, profesora de comunicación en la Universidad de Colorado, y yo iniciamos un estudio sobre teletrabajadores de diversas industrias. La mayoría trabajaba desde casa algunos días a la semana y en la oficina los otros días, pero algunos trabajaban desde casa tiempo completo. Ese tipo de teletrabajo no era común en ese entonces, y estas personas estaban a la vanguardia.[22]

Sin excepción, las personas que entrevistamos a principios de los 2000 hablaban de las ventajas de sus acuerdos laborales. Cynthia, una representante de ventas de una importante empresa de telecomunicaciones, nos dijo: "Me encanta el teletrabajo. Es increíble poder hacer una llamada de ventas y luego salir rápido al banco. O si estoy trabajando en un informe, mi hija puede llamarme desde su celular y puedo contestarle sin sentir que no debería estar recibiendo una llamada personal durante el trabajo". Pero en cada entrevista, por lo general tras varios intercambios después de discutir por primera vez sus trabajos, Cynthia y los otros teletrabajadores hacían una confesión: "Si soy realmente honesta, es difícil cambiar entre el trabajo y el hogar. Es agotador porque me involucro en algo y luego tengo que hacer este gran cambio entre dos mundos. Y ahora ocurre todo el tiempo".

Avancemos rápidamente al año 2022. Mi equipo de investigación realizaba un estudio sobre el intercambio de conocimientos en una empresa de dispositivos de red incluida en la lista Fortune 100, donde los empleados tenían la opción de trabajar de manera remota hasta tres días a la semana. Ian, un ingeniero de software que tomaba los tres días máximos, hizo una observación sobre su cambio de ámbito que sonaba exactamente como la de Cynthia casi dos décadas antes: "Trabajar de manera remota tiene sus problemas, sin duda, pero en general ha sido bastante genial. Es excelente poder simplemente trabajar cuando lo necesitas y luego hacer un cambio de enfoque para hacer cosas relacionadas con familia sobre la marcha. Recibo avisos en la app SportsEngine del equipo de futbol de mi hija, y puedo revisarlos en seguida, llamar al entrenador o enviar mensajes a otros padres para coordinar un viaje compartido. Es increíble poder hacer eso mientras estoy trabajando". Aunque, al igual que Cynthia, el optimismo de Ian sobre el cambio de ámbitos también ocultaba un problema mayor. Como relató más tarde en un momento de vulnerabilidad: "Es un poco difícil cambiar tu atención de tu trabajo a tu vida familiar y viceversa todo el tiempo. Me agota un poco, porque me altero por algo que está pasando en la escuela de mi hijo, y luego es difícil simplemente regresar y tener una reunión con mi equipo justo después. Yo diría que, en definitiva, me estoy agotando por tanto ir y venir".

Nuestros dispositivos digitales y todas las aplicaciones que contienen hacen que cambiar entre diferentes dominios parezca algo sin esfuerzo. Los mensajes de nuestras apps interrumpen nuestras reuniones de trabajo o momentos de concentración en el trabajo, y los correos, mensajes de Slack y llamadas telefónicas interrumpen nuestro tiempo en casa o con familia y amigos. Muchas personas me han confesado —con vergüenza, añadiría— cómo se han escapado al baño mientras cenaban por la noche con amigos para echar un vistazo a su correo laboral o responder un mensaje de Teams que no pudieron atender antes. No obstante, esa vergüenza a menudo va acompañada de una justificación: la flexibilidad que sus tecnologías digitales les brindan significa que no tienen que hacer distinciones tan precisas entre los ámbitos del trabajo y el hogar, y que pueden participar en incluso *más* actividades sociales o personales porque su trabajo es muy flexible. Si fueran más atrevidos, incluso podrían llegar a decir que podían permitirse pasar más tiempo en su luna de miel porque podían estar al tanto de su conferencia mientras descansaban en la playa. Pero ¿realmente alguien llegaría tan lejos?

Una de las ideas más reveladoras sobre el agotamiento que surge de cambiar nuestra atención de un lado a otro entre los ámbitos del trabajo y el hogar se encuentra en el maravilloso libro *Dreams of the Overworked* de Christine Beckman y Melissa Mazmanian.[23] Beckman y Mazmanian pasaron tres años explorando las vidas de nueve familias profesionales con niños pequeños en California. Las autoras realizaron observaciones detalladas de los padres en el trabajo y también participaron en su vida familiar, lo que resultó en una comprensión íntima y llena de matices de los desafíos y dinámicas que estas familias enfrentan mientras navegan por el trabajo, la crianza y el bienestar personal en la era digital. El libro está lleno de historias desgarradoras de personas al borde del colapso, tan agotadas por tratar de lidiar con las demandas que se superponen del trabajo y el hogar, así como con las expectativas irreales que la sociedad les impone para ser perfectos en ambos ámbitos. Las autoras concluyen que el principal problema que enfrenta la familia profesional moderna es que nuestras tecnologías digitales han colapsado la distinción entre trabajo y hogar. Ambos ámbitos perpetúan una cultura de disponibilidad constante que agrava los sentimientos de estrés y agotamiento: los colegas de trabajo esperan poder contactarte en cualquier momento, y también lo esperan tu pareja e hijos. Además, Beckman y Mazmanian muestran que los profesionales a los que siguieron lidiaban con las exigencias de estar disponibles de manera constante por medio de sus dispositivos digitales para coordinar (a menudo sobre la marcha) el apoyo de familiares, vecinos y cuidadores profesionales para poder seguir manejando sus múltiples responsabilidades. No obstante, estas estructuras de apoyo ocultas tenían un costo: la dependencia de las personas que los ayudaban resultaba en más mensajes de texto, correos electrónicos y llamadas telefónicas, lo que creaba más brechas en la frontera entre el trabajo y el hogar.

La investigación de Beckman y Mazmanian ilustra cómo nuestras tecnologías digitales crean una paradoja de autonomía. Aunque nuestros dispositivos nos permiten realizar tareas en cualquier momento y desde cualquier lugar, también nos hacen sentir obligados a estar siempre disponibles y a responder. Esta conectividad constante difumina los límites entre el trabajo y la vida personal, lo que provoca estrés, agotamiento y una disminución general en la sensación de bienestar. Los mismos dispositivos que ofrecen libertad también pueden hacernos sentir atrapados en un ciclo perpetuo de trabajo.

La percepción creciente entre las personas que he estudiado durante los últimos veinte años es que resulta inevitable que los ámbitos del trabajo y el hogar choquen en esta era de conectividad digital. Probablemente tienen razón, aunque mientras escribo esto, los legisladores están redactando propuestas que intentan poner límites a qué tanto pueden las empresas invadir la vida doméstica de las personas. En febrero de 2024, el Senado australiano aprobó un proyecto de ley que permite a los empleados ignorar llamadas y mensajes relacionados con el trabajo fuera de sus horarios laborales sin repercusiones. Esta iniciativa es similar a la legislación francesa de 2017 que estableció el derecho de los trabajadores a desconectarse después del horario laboral, una política que Alemania, Italia y Bélgica también han adoptado. Inspirado por el intento de Australia, el asambleísta de California Matt Haney anunció el Proyecto de Ley 2751 en abril de 2024, que requeriría que un empleador público o privado "establezca una política laboral que otorgue a los empleados el derecho a desconectarse de las comunicaciones del empleador durante las horas no laborables, excepto en casos específicos".[24] Haney argumenta que los californianos necesitan tales protecciones de sus empleadores porque "los teléfonos inteligentes han difuminado los límites entre el trabajo y la vida familiar... Las personas deben poder pasar tiempo con sus familias sin interrupciones constantes durante la cena o la fiesta de cumpleaños de sus hijos, sin estar pendientes del teléfono ni respondiendo asuntos del trabajo".

Sin duda, propuestas como esta parten de buenas intenciones. Las miles de personas con las que he hablado sobre el agotamiento digital a lo largo de los años probablemente recibirían con agrado el "derecho a desconectarse". Aunque la mayoría lo encontraría inviable, incluso con leyes vigentes. El trabajo y el hogar están tan unidos por las tecnologías digitales que es casi imposible mantenerlos separados. Un reciente estudio de Nancy Rothbard, profesora de la Escuela Wharton de la Universidad de Pensilvania, y sus colegas muestra qué tanto contribuyen las plataformas de redes sociales como Facebook y LinkedIn a difuminar la línea entre el trabajo y el hogar.[25] Descubrieron que dos tercios de los adultos trabajadores en Facebook estaban conectados con colegas en la plataforma. Los hilos de amigos, compañeros de trabajo y familiares estaban entretejidos en un solo lugar, forzando cambios rápidos y repetidos de atención entre información proveniente del trabajo y del hogar. A los participantes les resultaba más difícil mantener una línea entre su vida laboral y hogareña cuando personas de cada ámbito compartían espacio en su plataforma de redes sociales. También se les dificultaba rechazar solicitudes de amistad, en especial de colegas de trabajo, lo que, por supuesto, acercaba aún más los dos ámbitos.

Las leyes del "derecho a desconectarse" podrían impedir que un correo específico de trabajo entre en el ámbito del hogar después de las 5:00 p. m., pero no pueden eliminar la superposición entre trabajo y hogar que está tan entrelazada en el conjunto más amplio de tecnologías digitales que usamos cada día.

Como hemos visto en este capítulo, nuestro agotamiento no proviene solamente de un exceso de conexión. Más bien, proviene de las exigencias de cambiar nuestra atención rápida y constantemente a través de las diversas modalidades, dominios y ámbitos que componen nuestra vida moderna.

Capítulo 2

Inferencia: trampas por todas partes

Anhelamos saber qué motiva a los demás y qué impulsa sus acciones. No solo lo hacemos por curiosidad; también porque entender por qué las personas hacen lo que hacen y actúan como actúan nos ayuda a descubrir cómo relacionarnos mejor con ellas. Utilizamos los datos que podemos observar de las personas (qué dicen, cómo lo dicen, a dónde van) para interpretar y hacer inferencias sobre sus motivaciones. Durante gran parte de la historia humana, estuvimos limitados por la escasa información disponible sobre las personas que no vemos o con quienes no interactuamos con regularidad, pero en la era digital la cantidad de datos sobre los demás que tenemos al alcance es casi infinita. Hoy podemos (y de hecho lo hacemos) hacer inferencias sobre casi cualquier persona con la que tengamos algún tipo de interacción virtual, la conozcamos o no. Podría pensarse que contar con más datos sobre el comportamiento de las personas nos permitiría entenderlas mejor; sin embargo, en este capítulo te mostraré que, de hecho, eso lo vuelve mucho más difícil y agotador.

Aaliyah es un buen ejemplo. Es directora ejecutiva de una gran ONG en el estado de Georgia. Utiliza diversas tecnologías digitales para comunicarse con colegas, partes interesadas y miembros de la comunidad sobre temas de desigualdad y justicia, como los derechos de las personas LGBTQ+, el aborto y la discriminación racial. Es un trabajo demandante, y Aaliyah siempre procura que las personas se sientan cómodas, comprendidas y representadas de manera adecuada. Le resulta fácil sacar inferencias sobre las motivaciones y comportamientos de los demás a partir del rastro digital que dejan. “No lo puedo evitar”, comenta. “Hay tantas cosas que la gente publica, que se me hace fácil empezar a creer que sé lo que están pensando o sintiendo, cuando en realidad no lo sé. También me resulta muy fácil empezar a pensar en lo que piensan de mí y en quién soy yo realmente cuando les respondo. Todo es realmente agotador”.

Los comentarios de Aaliyah sobre la naturaleza de la observación y la inferencia en el mundo digital reflejan tres ideas clave que exploraremos en este capítulo. La primera es que las tecnologías digitales actúan como prismas. Los prismas reflejan la luz, pero también la distorsionan. La conectividad virtual nos brinda un acceso sin precedentes a las acciones y opiniones de las personas, y utilizamos esos datos para hacer inferencias sobre sus motivaciones y deseos. Cuantos más datos vemos, más probable es que hagamos suposiciones sobre las personas y olvidemos que esas suposiciones son solo eso: nuestras propias inferencias sobre el porqué de sus acciones, no un acceso directo a las motivaciones detrás de esas acciones. Mostraré evidencia de que es agotador sacar tantas conclusiones sobre las personas de forma constante, pero, como bien saben los observadores perspicaces como Aaliyah, también es agotador tratar de no creer en las inferencias que hacemos.

La segunda idea subyacente en la observación de Aaliyah es que las tecnologías digitales actúan como portales a través de los cuales podemos conocer realmente lo que alguien piensa y por qué lo piensa. Dado que la mayoría de las plataformas digitales nos dan acceso al historial completo de nuestras conversaciones, es más fácil que nunca ponernos en el lugar de otras personas para ver cómo lo que hicimos o dijimos les hizo pensar, sentir o actuar. En resumen, cada vez es más fácil ver qué conclusiones saca la gente sobre nosotros y luego sacar nuestras propias conclusiones sobre por qué llegaron a esas conclusiones. ¿Te sentiste abrumado por las acrobacias mentales que tuviste que hacer para descifrar la frase anterior? Si es así, ya estás empezando a comprender que el uso de las tecnologías digitales como un portal hacia los estados mentales de los demás puede, de hecho, aumentar nuestro propio agotamiento.

La tercera idea que podemos aprender de Aaliyah es que las tecnologías digitales actúan como un espejo, reflejándonos muchas de las cosas que hemos hecho y dicho. La exposición constante a nuestra actividad pasada a menudo nos lleva a hacer inferencias sobre nosotros mismos. Muchas de las personas que entrevisté para este libro dijeron cosas como: "Cuando reviso mi muro de noticias en Facebook, a veces pienso que no soy tan buena persona". O: "Cuando veo cuántas veces he escrito 'disculpa por haber tardado en responder', me pregunto si en verdad soy tan útil como creo que soy". Nuestra interacción repetida y sostenida con nuestro yo pasado es una fuente importante de agotamiento porque revaluar y ajustar cuentas con quienes somos es una de las cosas mentalmente más exigentes y emocionalmente agotadoras que hacemos con nuestras herramientas digitales.

CÓMO LA EXPOSICIÓN DIGITAL DISTORSIONA NUESTRA REALIDAD

Dean y sus amigos de la universidad pasaron seis meses planeando un viaje de dos semanas en bicicleta por Francia e Italia. Dean estaba muy emocionado, pero cuando se acercaba la fecha de comprar los boletos de avión y hacer sus reservaciones de hotel, se enfrentó a la cruda realidad: no le alcanzaba el dinero. La decisión no fue nada fácil, pero había estado esforzándose por ser más responsable financieramente y gastar tanto dinero cuando el saldo de su cuenta de ahorros era tan bajo no le parecía la opción más adecuada. Cuando sus amigos partieron hacia Aviñón, les envió buenos deseos por mensaje y les pidió que publicaran muchas fotos en Instagram.

Durante el viaje de sus amigos, Dean monitoreaba Instagram y veía sus fotos pedaleando por el pintoresco campo francés, tomando cervezas en bares locales y jugando a las bochas con los lugareños en hermosos parques italianos. Como me contó Dean: "Era difícil ver las fotos de su viaje. Estaban viviendo el mejor momento de sus vidas, y yo estaba atrapado en casa trabajando. Pude haber estado allí". Conforme avanzaba el viaje, sus amigos publicaban más y más fotos en Instagram y le mandaban mensajes ocasionales a Dean diciéndole que deseaban que estuviera allí con ellos. Dean miraba su muro con envidia. Pero tocó fondo cuando vio las fotos que publicó su exnovia quien, por casualidad, también estaba en Europa, comiendo en encantadores cafés vieneses con un tipo que parecía ser su nuevo novio. "Fue un verano del asco", recordaría después Dean. "Todos estaban viviendo su mejor vida excepto yo. Me sentía bastante deprimido".

La historia de Dean me recordó una serie de estudios que siempre me han fascinado, que también involucran bicicletas y Europa. Terence Mitchell y un equipo de investigadores de la Universidad de Washington aplicaron diversas pruebas a estudiantes universitarios que realizaban un viaje en bicicleta de tres semanas por California, antes, durante y después del viaje. Se les pidió que evaluaran cosas como cuánto esperaban disfrutar el viaje, cuánto en realidad lo disfrutaron y qué tan difícil creían que sería. El estudio tenía como objetivo ver cómo se comparaba su experiencia real con sus expectativas antes de partir y con lo que recordaban una vez que el viaje había concluido. Los autores descubrieron que los sentimientos anticipados de satisfacción de los participantes eran mucho más altos que la satisfacción real del viaje (medida mientras estaban en este). No obstante, sus calificaciones de satisfacción fueron más altas *después* de que el viaje terminó. Como concluyeron los autores: "La desilusión, aunque intensa en el momento, dura poco".[1]

El mismo equipo de autores realizó un estudio similar con personas que tomaron un *tour* guiado de doce días por Europa, evaluando la satisfacción de la gente antes, durante y después.[2] Una vez más, encontraron los mismos patrones que en el estudio del viaje en bicicleta: la satisfacción real del viaje fue mucho menor que su recuerdo de satisfacción tres semanas después. Al reflexionar sobre los resultados de estos dos estudios, los autores sostuvieron que las personas suelen tener una "visión idealizada" de sus experiencias de vida. Es decir, anticipan que los eventos serán mejores de lo que realmente son y los recuerdan con más cariño del que experimentaron en su momento.

Me pregunté si los amigos de Dean que hicieron el viaje en bicicleta por Europa habrían sentido lo mismo, así que él me presentó a dos de ellos. Cuando les pedí que compartieran algunos de sus recuerdos favoritos del viaje (que había ocurrido hace tres años) ambos relataron experiencias similares: describieron las hermosas granjas en el sur de Francia y contaron lo divertido que fue ir a bares locales. Uno de los amigos me contó de un momento especial de cuando jugaron a las bochas con unos italianos ya mayores en el norte de Italia, ¡y perdieron terriblemente! Esas historias me sonaban familiares porque eran las mismas que Dean me describió cuando vio esas fotos mientras estaba atrapado en casa. Les pregunté a ambos amigos si tenían alguno de los mensajes de texto que habían enviado durante ese tiempo, pero ninguno pudo encontrarlos en sus teléfonos dado el tiempo que había transcurrido desde entonces. Uno de los amigos me dijo que había estado enviando muchos mensajes a su hermano mayor, así que pregunté si podía conversar con él. Su hermano mayor se llama Zach, y cuando le pregunté qué me podría contar sobre el viaje en bicicleta de su hermano por Europa, se rio y me dijo: "Me alegra tanto no haber ido a ese viaje. Todo el tiempo recibía mensajes de él quejándose de cosas como que llovía demasiado o que su bicicleta se descomponía muy seguido o que los chicos lo estaban molestando. Ah, y siempre se quejaba de lo terrible que era la cerveza en comparación con la de casa. Al parecer, no había cervezas artesanales como las IPAs (India Pale Ale) por ningún lado. Parecía que lo estaba pasando fatal".

Mitchell y sus colegas realizaron sus estudios una década antes de que la gente llevara cámaras de alta resolución en sus bolsillos y pudiera publicar fácilmente fotos en redes sociales para que las vieran todos sus amigos y el mundo entero. Un estudio más reciente descubrió que los participantes tenían más probabilidades de recordar un evento de manera favorable *después* de que ocurriera si habían tomado una foto de este, en comparación con quienes no lo hicieron.[3] Los autores también descubrieron que tomar una foto durante una experiencia hacía que las personas la valoraran más *mientras* la vivían. El diseño de estos experimentos descartó la posibilidad de que los hallazgos fueran resultado de que las personas simplemente fueran más propensas a tomar fotos de experiencias que disfrutaban. En cambio, los datos mostraron que quienes tomaban fotos de ciertas experiencias se involucraban más en ellas y, por tanto, podían concentrarse mejor y recordarlas. Otro estudio realizado a usuarios adultos de Instagram reveló que las personas que publicaban fotos de una experiencia la consideraban más favorable que quienes tomaban fotos, pero no las publicaban.[4] Cuando analizamos estos estudios relacionados, surge un patrón claro: *1)* los recuerdos que las personas tienen de sus experiencias son por lo general más favorables que la experiencia misma, *2)* considerarán la experiencia aún más valiosa si tomaron una foto de ella, y *3)* la visión favorable aumenta si publicaron esa foto para que todo el mundo la vea. Los amigos de Dean quizá no tuvieron una experiencia increíble durante su viaje en bicicleta por Europa, pero hicieron todas las actividades adecuadas para asegurarse de que recordarían su experiencia como increíble.

Todo esto suena genial para los amigos de Dean, pero ¿qué hay de él? Durante años, pensó que se había perdido un viaje épico. Vio las fotos de sus amigos publicadas en Instagram y dedujo que estaban viviendo el mejor momento de sus vidas. La evidencia parece sugerir que, de hecho, no estaban viviendo el mejor momento de sus vidas mientras el viaje transcurría. Sin embargo, los recuerdos del viaje (reforzados por el hecho de que tomaron y publicaron fotos al respecto que permanecen en las redes sociales hasta el día de hoy) los llevaron a recordar que sí fue así. Este es quizá el mayor dilema de las redes sociales y todas las tecnologías digitales que nos conectan con información sobre otros: los datos que vemos están seleccionados cuidadosamente. Las personas registran sus experiencias o resultados más favorables (que se vuelven aún más favorables al registrarlos), y su tendencia natural hacia una retrospección optimista se intensifica por su capacidad de revivir continuamente esas experiencias positivas a través de imágenes y otra documentación digital que persiste en el tiempo. La relevancia de esas experiencias positivas facilita caer en la tendencia natural de olvidar o minimizar todas las experiencias negativas que no fueron capturadas y preservadas de manera similar. ¿Quién puede decir que los amigos de Dean no vivieron realmente el mejor momento de sus vidas si solo recuerdan haber vivido el mejor momento de sus vidas? ¿Importa lo que *de verdad* ocurrió o solo lo que *creemos* que ocurrió?

Lo que sí podemos asegurar es que importa para Dean, y que importa para ti y para mí. Una de las áreas de investigación más sólidas sobre las redes sociales gira en torno al tema de la comparación social. En su investigación fundamental sobre el tema en la década de 1950, Leon Festinger, profesor de psicología de Stanford, demostró que las personas simplemente no pueden evitar compararse con otros.[5] Festinger argumentó que la forma más común y emocionalmente agotadora de comparación social es la "comparación ascendente": el acto de evaluarnos a nosotros mismos frente a quienes percibimos como superiores de alguna manera. Este proceso puede motivarnos a mejorar o generar sentimientos de insuficiencia, dependiendo del contexto de la comparación y la brecha percibida en habilidades o cualidades entre nosotros y los demás. Como puedes imaginar, las redes sociales son un caldo de cultivo para la comparación social. Los hallazgos acumulados sobre este tema apuntan a una misma dirección: las personas expuestas a datos sobre otros en redes sociales tienden a realizar comparaciones ascendentes que las hacen sentir desmotivadas, desanimadas, ansiosas y desesperanzadas, además de reducir sus sentimientos de autoestima, todos síntomas asociados con el agotamiento.[6]

Un factor clave de tales comportamientos de comparación social es nuestra tendencia a hacer inferencias sobre los demás. Cuando Dean vio las fotos de sus amigos en su viaje en bicicleta, infirió que las fotos representaban un día normal para ellos. Infirió que la estaban pasando de maravilla, al compararse con ellos, y concluyó que su día, su verano o su vida no eran tan buenos como los de ellos. Dean pudo haber tenido buenas razones para hacer tales inferencias, pero los datos a partir de los cuales las construyó estaban incompletos. Carecían de matices y conocimiento sobre las situaciones que llevaron a ellas o las dificultades que las precedieron y siguieron. Representaban una distorsión, a partir de la cual Dean construyó una realidad.

Este vínculo entre inferencia y comparación social no se limita de ninguna manera a las redes sociales, aunque vemos sus efectos más pronunciados entre los usuarios de dichas plataformas. La exposición a datos sobre los proyectos en los que las personas han trabajado o están trabajando actualmente en los canales de Slack de nuestra empresa, o datos sobre los ingresos por ventas de los compañeros de trabajo durante el trimestre, son ejemplos de cómo el registro y la persistencia de los datos crean las condiciones para hacer inferencias mediante la comparación social. Mientras que la experiencia de Dean destaca cómo los datos que vemos ocultan verdades más profundas, a menudo no reconocemos u olvidamos que solo podemos ver una parte del panorama.

CÓMO CREEMOS ENTENDER LO QUE PASA POR LA MENTE DE LOS DEMÁS

Hace algunos años, los altos directivos de una gran empresa de telecomunicaciones con sede en Perú se acercaron a mí porque estaban interesados en mejorar el intercambio de conocimientos entre varias divisiones. Pensaban que si las personas de una división que desarrollaban soluciones exitosas para ciertos problemas las compartían con colegas de otras unidades de la compañía, toda la empresa podría beneficiarse. Sin embargo, las personas de diferentes unidades no conversaban mucho entre sí, principalmente porque no trabajaban juntas y se ubicaban en distintos edificios, ciudades o países. Se preguntaban si el uso de una tecnología de redes sociales para empresas, como Chatter de Salesforce, podría ayudarles a conectarse y, finalmente, a compartir más conocimientos e información entre sí.

Así que Samantha Keppler, quien actualmente es profesora en la Universidad de Míchigan, y yo realizamos una serie de estudios para explorar cómo podrían utilizar Chatter de la manera más efectiva.[7] Descubrimos que las personas tenían mayor disposición a consultar a un compañero sobre conocimientos relacionados con el trabajo si previamente habían conversado con ese colega sobre temas no laborales. Por ejemplo, la probabilidad de que alguien le pedía consejos sobre informes financieros a un compañero que no conocía aumentaba si antes habían mantenido una conversación en Chatter sobre futbol. Denominamos a este fenómeno *lubricación social*, es decir, el conocimiento relacionado con el trabajo salía de los compartimentos donde estaba atorado al ser lubricado por la interacción social. Estos hallazgos llevaron a la alta dirección de la empresa a valorar el papel que la comunicación sobre temas no laborales podía desempeñar en la difusión del conocimiento en toda la empresa, y cambiaron su política: pasaron de prohibir este tipo de comunicación a fomentarla. Eso fue una buena noticia.

No obstante, cuando profundizamos en los datos, encontramos una tendencia desconcertante: muchas personas comenzaron a consultar sobre conocimientos a otras con quienes nunca antes habían tenido comunicación directa. Los registros de datos mostraban que nunca se habían enviado mensajes directos en la plataforma ni correos electrónicos, y sabíamos que era poco probable que se hubieran visto en persona, ya que la mayoría trabajaba en ciudades diferentes. No podíamos entender por qué aumentaba la disposición de las personas a acercarse a otras en esta muestra de individuos que no habían conversado sobre temas laborales ni personales.

Centramos nuestra atención en los casos en que estas personas decidían que requerían los conocimientos de alguien en particular, pero esperaban un periodo significativo para pedírselos, por lo general entre tres semanas y tres meses. Luego examinamos qué hacían durante este tiempo. Descubrimos que, entre el momento en que decidían que querían pedir información a alguien y cuando realmente lo hacían, estos individuos comenzaban a interactuar *por otras vías* con el compañero en Chatter. Le daban "me gusta" a las publicaciones del compañero o comentaban en su hilo. Incluso podían @mencionar al compañero en una de sus propias publicaciones si describía algo que pensaban que la otra persona podría encontrar útil o novedoso. Lo curioso es que observamos muy pocos casos de reciprocidad. Era como si estas personas mantuvieran un montón de interacciones con la pared. Hacían todo esto para mostrar a sus compañeros que los veían y pensaban en ellos, pero los compañeros casi nunca respondían.

Contra todo pronóstico, esa falta de reciprocidad no importaba. Participar en estas actividades de comunicación anticipada era suficiente para que estos buscadores de conocimiento se sintieran seguros de tener una relación lo bastante sólida como para molestar a alguien con una petición importante. Como nos dijo Sandra, una agente de atención al cliente: "Él sabe quién soy y le caigo bien porque siempre estoy comentando sus publicaciones y mencionándolo en las mías. Cuando reviso mi historial de publicaciones, se puede ver que hemos interactuado mucho". Todavía no estoy seguro de qué significaba exactamente con "interactuar mucho", porque la persona que mencionó como alguien con quien "interactuaba" nunca respondió a sus publicaciones ni le dio "me gusta" a nada de lo que ella publicó. Pero escuchamos historias similares de otros trabajadores. Parecía que, cuantas más insinuaciones públicas y visibles hacían hacia alguien, más se convencían de que la otra persona los conocía y les agradaba. De hecho, nuestros resultados mostraron que cuanto más positivas eran sus inferencias sobre los sentimientos de la otra persona hacia ellos, más probabilidades tenían de preguntarles por conocimientos o información. Los datos mostraban un vínculo directo entre la frecuencia con la que creaban señales de una relación con una persona específica en Chatter y la probabilidad de contactar a esa persona, incluso cuando el poseedor del conocimiento informaba que no conocía al solicitante.

Lo que siempre me ha parecido impactante de ese hallazgo es cuán segura puede estar una persona al creer que sabe lo que ocurre en la mente de otra. Al final, no importó que la persona a la que Sandra seguía dijera no conocerla en lo absoluto. Desde el punto de vista de Sandra, ahí existía una relación. Sandra usaba su propio historial de actividades en Chatter para inferir que la otra persona la conocía y le agradaba.

Las señales conductuales visibles a través de tecnologías digitales conducen a interpretaciones diversas sobre las motivaciones, metas y deseos de las personas. Los humanos por naturaleza hacemos tales inferencias basadas en acciones observables. Lo que a menudo no consideramos es el costo que nos supone hacer tantas inferencias. En su libro clásico sobre cognición social, las psicólogas Susan Fiske y Shelley Taylor argumentaron que los humanos usamos dos modos principales de procesamiento de información cuando formamos inferencias sobre los comportamientos y motivaciones de otras personas.[8] Estos dos modos, con frecuencia denominados *procesos automáticos* y *controlados*, representan formas distintas en que nuestro cerebro funciona para manejar la complejidad de las interacciones sociales. En el modo automático, nuestro cerebro opera con rapidez, con poco esfuerzo o control consciente. Recurrimos a nuestro entendimiento de rasgos o patrones establecidos para hacer juicios rápidos sobre los demás, lo que puede ser esencial al navegar situaciones sociales de manera eficiente. Estos juicios se basan típicamente en información mínima y pueden estar influenciados por estereotipos o experiencias previas. En contraste, el procesamiento controlado es lento, deliberado y requiere esfuerzo, demandando atención consciente y recursos cognitivos. Este modo se activa cuando enfrentamos situaciones nuevas o cuando una decisión requiere mayor reflexión, como entender señales sociales complejas o interpretar mensajes contradictorios. El procesamiento controlado permite una consideración más profunda del entorno social y puede anular respuestas automáticas que podrían ser inapropiadas o incorrectas.

Como podrás imaginar, el procesamiento automático es bastante sencillo,[9] mientras que el controlado pone al cerebro a trabajar al máximo, exigiendo una gran cantidad de recursos cognitivos para dar sentido a estímulos ambiguos y codificarlos en categorías que podamos entender. Fiske y Taylor descubrieron que las personas a menudo tratan de evitar el esfuerzo asociado con el procesamiento controlado, recurriendo de manera voluntaria a los estereotipos, esquemas y otros atajos característicos del procesamiento automático. Observaron que la gente recurre a estas heurísticas con tanta frecuencia que les gusta llamar a los humanos "tacaños cognitivos". Ese es el componente mental del agotamiento.

El procesamiento controlado también está vinculado al agotamiento emocional. Cuando pasamos por el trabajo exigente de decodificar un estímulo y hacer una inferencia sobre las motivaciones o el estado mental de alguien, reflexionamos sobre esa inferencia de una manera que no hacemos cuando realizamos inferencias mediante el procesamiento automático. Darse cuenta de que entiendes los motivos de alguien es desconcertante y pasa factura. Un estudio de 2018 que examinó cómo los estudiantes universitarios en Facebook respondían a publicaciones ambiguas reveló que los participantes se sentían emocionalmente agotados después de hacer inferencias sobre los estados mentales y las motivaciones de otras personas, como si estaban deprimidas o si tan solo publicaban algo para presumir o llamar la atención.[10] Llegar a estas conclusiones después de reunir evidencia de múltiples publicaciones era mentalmente agotador. Sin embargo, al detenerse y darse cuenta de lo que pensaban que la persona estaba tratando de hacer al publicar cierto contenido provocaba respuestas emocionales que los dejaban sintiéndose vacíos y desanimados.

POR QUÉ NO PODEMOS DEJAR DE OBSERVARNOS Y EVALUARNOS A NOSOTROS MISMOS

Durante el confinamiento por COVID-19, Graham comenzó a sentirse cada vez más inconforme con su apariencia. Siempre se había considerado una persona con buena autoestima e imagen de sí mismo, pero las cosas habían cambiado. Empezó a notar que su piel estaba manchada y se preguntaba si estaba ganando peso porque parecía tener más papada de la que recordaba haber tenido antes. Hasta la forma de su nariz ya no le gustaba. "¿Por qué estoy pensando en estas cosas? ¡Este no soy yo!", se lamentaba Graham.

La experiencia de Graham con una mayor autocrítica es, por desgracia, común entre los usuarios frecuentes de herramientas de comunicación digital por video como Zoom, FaceTime o Microsoft Teams. No estamos acostumbrados a vernos a nosotros mismos durante varias horas al día, pero esa ventana de "vista propia" hace difícil que no nos miremos a nosotros mismos. Las personas pasan proporcionalmente más tiempo mirándose a sí mismos durante una llamada de Zoom que observando a los demás participantes de la reunión. Además, la investigación es bastante convincente: cuanto más dirigimos nuestra atención a nuestra apariencia física, más preocupación y estrés nos provoca nuestro aspecto.

Jeremy Bailenson fue uno de los primeros investigadores en estudiar de forma sistemática la fatiga de Zoom (esa sensación de agotamiento que experimentas después de estar en videollamadas durante varias horas al día) durante la pandemia por COVID-19. Como observó Bailenson,[11] el hecho de que veamos con regularidad nuestro rostro durante las interacciones mediante la función de "vista propia" en la mayoría de las plataformas de videoconferencia es absurdo: "Imagina que, en el lugar de trabajo físico, durante toda una jornada laboral de ocho horas, un asistente te siguiera con un espejo de mano, y para cada tarea que realizaras y cada conversación que tuvieras, se asegurara de que pudieras ver tu propio rostro en ese espejo. Esto suena ridículo, pero en esencia es lo que sucede en las llamadas de Zoom".

¿Por qué mirarnos en una pantalla resulta tan agotador? Las investigaciones muestran que ver nuestro reflejo en video en tiempo real y prestar atención a los demás en cámara aumenta la carga mental. El aumento es significativo porque tenemos que gestionar comunicaciones no verbales que son naturales en las interacciones cara a cara, pero que se vuelven laboriosas en línea. Por ejemplo, si levantamos el brazo para indicar el tamaño de una pelota de la que estamos hablando, reconocemos que nuestros brazos se extienden fuera del campo de visión de la cámara, así que tenemos que mover rápidamente las manos para que sean visibles para nuestro interlocutor al otro lado de la pantalla. Por lo general no pensamos en estos elementos no verbales cuando nos comunicamos en persona, pero la mirada intensa de la cámara, junto con su limitado campo de visión, nos hace conscientes de nuestras acciones y nos obliga a ajustarnos de forma constante en respuesta a nuestra autovigilancia.[12] Nuestra carga cognitiva también aumenta porque la cámara solo enfoca una parte del entorno y deja otras partes abiertas a nuestra imaginación. Podemos percibir esto, e intentamos compensarlo.

Como Xiao, una de mis estudiantes me confesó, en horario de oficina, un día después de tener una sesión de Zoom en clase: "Cuando hablas, siempre tomo notas. Sin embargo, cuando me miraba en la pantalla no podía verme tomando notas, así que pensé que eso significa que tú tampoco podías verme tomando notas". Continuó: "Entonces intentaba asentir con la cabeza más de lo que lo haría de costumbre para expresar acuerdo, para que pudieras ver que estaba siguiendo la clase. Podía verme haciendo eso en el video, pero luego cuando miro el video veo que no estoy asintiendo, así que pensé que debería empezar a asentir para que pudieras ver que lo hacía. Pero me preguntaba si tú también podías verlo". No estaba seguro de por qué me contaba todo esto, hasta que al final admitió: "He estado preocupada por eso. Por eso quería reunirme contigo".

Me sentí agotado después de escuchar la autorreflexión de Xiao sobre ver su propio reflejo. Le dije que sí noté que asentía, y luego le pregunté si después de tanto pensar sobre la versión de sí misma que estaba presentando en la pantalla y todo ese trabajo para gestionarla, había podido realmente prestar atención y comprender el tema que discutimos en clase. Me miró con timidez y dijo: "La verdad no. Estaba tan ocupada pensando en cómo me veías que no entendí lo que estabas explicando".

Desde el inicio de la pandemia, numerosos estudios han vinculado la nueva realidad de vernos en pantalla y reflexionar sobre cómo nos perciben los demás con el agotamiento tanto mental como emocional.[13] Entonces, podrías preguntarte por qué no simplemente desactivamos la vista propia. Bueno, primero, la mayoría de las personas no la desactivan, aunque saben que quizá deberían hacerlo. Hay evidencia suficiente de que no podemos evitar prestar atención a nuestro propio reflejo. No es porque seamos egocéntricos, sino porque ver cómo nos ven los demás nos ayuda a descubrir quiénes somos. Así que no sorprende que la mayoría de las personas mantengan activada dicha función.

Los reflejos reales que vemos en la vista propia en plataformas de videoconferencia e incluso en videojuegos son solo una pequeña fracción del fenómeno más amplio de autoobservación inherente al uso de nuestras herramientas digitales. No son solo impresiones de nuestros rostros lo que vemos cuando usamos herramientas digitales: dejamos comentarios en las publicaciones de Instagram de otras personas, explicaciones sobre problemas que hemos tenido en los canales de Slack de nuestro equipo y malos chistes en las cadenas de comentarios de nuestros mensajes directos. La forma en que usamos nuestras herramientas digitales facilita que prestemos atención a nosotros mismos y pasemos más tiempo haciéndolo porque siempre hay una impresión digital a la que podemos volver y ver cómo debemos lucir ante los demás. Vemos nuestro reflejo en los rastros digitales que dejamos a través de cada herramienta que usamos.

Estos rastros permanecen mucho después de haber sido registrados en unos y ceros, lo que significa que a menudo tenemos que volver a enfrentarnos en el presente con versiones pasadas de nosotros mismos. Es aquí, en esta distancia temporal y espacial de nuestro yo pasado, donde el agotamiento emocional a menudo muestra su verdadero rostro. En un estudio dirigido por Nicole Ellison en la Universidad de Míchigan, se entrevistó a personas sobre sus perfiles en varios sitios populares de citas.[14] Lo particular de este estudio fue que los investigadores llevaron copias impresas del perfil de citas de la persona a la entrevista. Pidieron a los participantes que calificaran la precisión de cada elemento del perfil y también hicieron evaluaciones independientes de los atributos físicos y rasgos de la persona en relación con lo que estaba escrito en el perfil. Los resultados mostraron muchas discrepancias entre las afirmaciones en el perfil y el mundo real de la persona que las creó. Por ejemplo, las personas a menudo se retrataban como más delgadas o musculosas en su perfil de lo que eran en la vida real. Incluso decían que eran más atléticas o que participaban en más actividades de las que realmente reportaban hacer en las entrevistas con el equipo de investigación.

Los participantes se sentían incómodos cuando se les presentaban estas discrepancias entre el registro digital de una autopresentación pasada en su perfil y la realidad de su persona del presente en el mundo real. Aunque no se sentían incómodos porque los hubieran descubierto mintiendo, más bien su incomodidad surgía del hecho de que habían creado esos perfiles con la suposición de que, para cuando hicieran una conexión con alguien en el sitio de citas y conocieran a la persona en la vida real, su apariencia física y su estilo de vida se parecerían a la persona que evocaron en el perfil. Para el momento del estudio, la mayoría no había logrado esos objetivos. Como sugirieron los autores al reflexionar sobre las entrevistas, el perfil no era tanto una mentira, sino "una promesa hecha a una audiencia imaginaria de que la futura interacción cara a cara tendrá lugar con alguien que no difiere en esencia de la persona representada por el perfil". Como ellos afirman: "Nuestros datos sugieren que los usuarios de citas en línea racionalizaron las discrepancias del perfil apelando a la naturaleza temporal de las promesas. En específico, los participantes seleccionaron atributos de una biblioteca de yoes (pasados, presentes y futuros) para construir una colección de afirmaciones de identidad que les permitieron incluir 'mejoras' mientras seguían identificándose como intermediarios honestos o personas de palabra". Añadieron. Es este proceso de racionalizar nuestra visión actual de quiénes somos con los rastros digitales que hemos dejado de nosotros mismos en el pasado lo que crea un mayor agotamiento emocional. Lidiar con la diferencia entre quiénes pensábamos que éramos, o lo que otras personas pensaban que éramos, y quiénes somos ahora, incluso si esos cambios son positivos, es una experiencia emocionalmente intensa para la mayoría de las personas.

Quizá podamos desactivar la vista propia en nuestras videoconferencias, pero no podemos desactivar la vista propia metafórica que todas nuestras publicaciones, perfiles, documentos, correos electrónicos y comentarios nos muestran a diario. Reevaluar y ajustar cuentas con quiénes somos como personas se encuentran entre las cosas agotadoras con mayor exigencia que hacemos en nuestro mundo moderno. Nuestras herramientas digitales sin duda no son los primeros espejos en nuestras vidas, pero son los más omnipresentes, los más fáciles de acceder y los más duraderos.

Capítulo 3

Emoción: sentimientos que emergen desde la pantalla

Mientras la asignación de atención y las inferencias afectan nuestra propensión al agotamiento, también trabajan en conjunto para desgastarnos al fomentar una amplia gama de estímulos afectivos, mejor conocidos como emociones.

Estudio tras estudio han demostrado que, de todos los factores que contribuyen al *burnout*, el más importante es el agotamiento emocional.[1] Incluso las emociones positivas pueden agotarnos. Las emociones intensas desencadenan respuestas fisiológicas en nuestro cuerpo: aumentan el ritmo cardiaco, la presión arterial y la producción de hormonas del estrés, todo lo cual requiere energía. Procesar y regular las emociones exige un esfuerzo cognitivo. Manejar y controlar nuestras respuestas emocionales, en particular ante situaciones desafiantes o estresantes, resulta mental y físicamente agotador. En resumen, las emociones son agotadoras. Emma Seppälä, autora de *La estela de la felicidad*, muestra en su trabajo que las emociones que experimentamos exigen casi la misma cantidad de energía a nuestro cuerpo y mente.[2] Sus investigaciones con imágenes cerebrales revelan que nuestra amígdala se activa cuando sentimos emociones intensas. Es la misma región que se activa cuando los humanos experimentamos una respuesta de lucha o huida. Para contrarrestar esta respuesta y poder relajarnos, utilizamos estrategias de regulación emocional que provienen de una parte diferente de nuestro cerebro, ubicada en la corteza prefrontal. "¿El resultado?", escribe Seppälä. "Te cansas con facilidad. Ya sea que te estés acelerando por ansiedad o por emoción… estás agotando tu recurso más valioso: la energía".

Por supuesto, tenemos vidas plenas, llenas de vastas experiencias que generan emociones. Entonces, ¿qué tiene de especial el vínculo entre el uso de la tecnología digital y las emociones? A mediados de los años noventa, David Mick y Susan Fournier, profesores de marketing en la Universidad de Wisconsin y en Harvard, respectivamente, emprendieron un ambicioso estudio en el que dieron seguimiento a veintinueve hogares cuyos miembros adquirieron productos tecnológicos novedosos,[3] como computadoras, televisores y reproductores portátiles de CD (¡después de todo, eran los noventa!). Cada vez que un miembro de una de las familias compraba un nuevo dispositivo, el equipo de investigación lo entrevistaba dentro de las veinticuatro horas posteriores a la compra para conocer sus reacciones iniciales. Luego realizaban entrevistas de seguimiento seis semanas después, y finalmente, seis meses después de la compra inicial. Los investigadores esperaban comprender cómo las personas daban sentido a las nuevas tecnologías y cómo decidían, con el tiempo, si les gustaban o no sus compras. Sin embargo, no estaban preparados para descubrir hasta qué punto estas tecnologías cobraban "un costo emocional inquietante" a los participantes del estudio.

El análisis de Mick y Fournier sugirió que los principales impulsores de reacciones emocionales tan fuertes eran la serie de paradojas que las personas experimentaban al usar las nuevas tecnologías. Por ejemplo, los participantes describieron cómo sus nuevas adquisiciones les inspiraban sentimientos de confianza e inteligencia porque estaban utilizando tecnologías avanzadas, mientras que, al mismo tiempo, los hacían sentir ignorantes o ineptos porque no podían descifrar muchas de las funciones con las que estas contaban. El uso de las nuevas tecnologías los hacía sentir más capaces (que tenían una mayor habilidad para tomar las decisiones que querían o encontrar la información que necesitaban) y, al mismo tiempo, más limitados a trabajar dentro de las restricciones de las funciones que estas les ofrecían. Por otro lado, sentían que sus productos novedosos los ayudaban a ser mucho más eficientes y a reducir su esfuerzo en algunas áreas, mientras que también los llevaban a invertir más tiempo y energía en otras. Parecía que por cada cosa buena que las tecnologías traían a la vida de las personas, también creaban confusión y generaban dudas y consternación, a tal grado que los autores concluyeron que, en general, la exposición a nuevas tecnologías "causaba estragos emocionales, con sentimientos que iban desde la envidia, la insensatez, la cautela y la frustración hasta el miedo, la traición y la derrota". Es importante señalar que este estudio se realizó antes de que la mayoría de las personas tuvieran internet en sus hogares, antes de que la mayoría de las empresas digitalizaran sus procesos, antes de que hubiera dos millones de aplicaciones en la App Store de Apple (y antes de que existiera una App Store), antes de que las redes sociales nos dieran acceso a la vida personal de los demás y expusieran también la nuestra, y antes de que Google nos diera acceso al contenido mundial y ChatGPT pudiera resumirlo por nosotros. No hace falta decir que, en la actualidad, tenemos muchas más oportunidades de interactuar con la tecnología de formas cada vez más complejas y paradójicas.

Nuestras tecnologías de doble cara despiertan nuestras emociones de manera tan flagrante porque nos dejan claro que no tenemos el control. El historiador Merritt Roe Smith, quien dedicó su carrera a documentar cómo las nuevas tecnologías han impactado al mundo industrializado occidental, sostiene que todas las innovaciones ingresan al mundo envueltas en un velo de determinismo tecnológico.[4] El determinismo tecnológico es la creencia de que el progreso tecnológico avanza siguiendo su propia lógica, y que nosotros, los humanos, simplemente somos pasajeros. Cuando escuchamos cosas como "la IA va a reemplazar empleos", estamos recibiendo una dosis de retórica determinista. Unas pocas noticias o rumores de amigos no son suficientes para que creamos que nuestro futuro con la tecnología está predeterminado. El problema es que la retórica del determinismo tecnológico no nos encuentra solo una vez, ni siquiera de vez en cuando. Por el contrario, nos enfrentamos a la insistencia repetida, año tras año, tecnología tras tecnología, de que el cambio tecnológico viene por nosotros y que, si no lo aceptamos, estamos obstaculizando el progreso social. Cuando comenzamos a usar nuestras nuevas tecnologías y experimentamos las muchas paradojas que Mick y Fournier describen, se refuerza nuestra preconcepción de que no tenemos el control, y esa es una sensación inquietante.

Así que, si juntamos las dos piezas de un rompecabezas sustentadas en evidencias: *1)* usar tecnologías nuevas o complejas nos hace sentir fuera de control y *2)* la falta de control es un fuerte predictor de emociones intensas, por lo que sería una necedad ignorar el papel que las tecnologías digitales juegan en nuestra vida emocional. He identificado cinco emociones clave que son tanto consecuencias como motores de la experiencia que las personas tienen con las tecnologías digitales que usan a diario. Creo que vale la pena examinar estas emociones para entender cómo y por qué nuestra experiencia con ellas impacta en nuestros sentimientos de agotamiento.

MIEDO

Sebastián es uno de los mejores vendedores de una importante empresa de electrónica. Es de mediana edad, está casado y es padre de dos hijos. Tuve la suerte de acompañarlo en su trabajo durante dos semanas con mi libreta y grabadora. Fue fácil "entrenarlo" como informante porque con rapidez adoptó la costumbre de hablar en voz alta mientras realizaba sus tareas diarias. Al final de ese periodo, hice un análisis lingüístico de mis notas de campo y grabaciones. El programa que usé eliminó todas las palabras sin contenido semántico (como preposiciones y nombres propios) y reveló que las tres palabras que Sebastián utilizaba con más frecuencia al hablar de las tecnologías que usaba eran "miedo", "asustado" y "temor". Aquí algunas de las cosas que dijo usando esas palabras:

- "Siempre tengo *miedo* de que haya alguna tecnología nueva de la que me esté perdiendo y que podría facilitarme el trabajo. Siempre ando buscando eso".
- "Siempre buscamos formas de usar mejor la inteligencia artificial en nuestras llamadas de ventas y tengo *miedo* de que, o no funcione y arruine las cosas con el cliente, o que cambie la forma en que [la empresa] me va a evaluar".
- "Honestamente, cada vez que entro a [la plataforma de comunicación de la empresa] me da *miedo*, porque sé que habrá tanta información que tendré que revisar y responder. Eso me *asusta*".
- "Luego, en esta reunión presentaron como cuatro nuevas aplicaciones que quieren que usemos para controlar gastos y cosas así. Cada vez que aparece una tecnología nueva para aprender, me da *miedo* que me consuma todo el tiempo".
- "Odio LinkedIn, lo cual es raro para alguien en ventas, pero lo odio porque no puedo desconectarme de ella. ¿Y si me pierdo algo importante? ¿Y si debí haber felicitado a alguien? Eso podría costarme una relación. Creo que es igual con todas las redes sociales porque tengo ese *miedo* de perderme algo, el famoso FOMO (*Fear of Missing Out*), como mis hijos lo llaman. Quizá mi cuñada está publicando algo en Facebook y yo no lo veré, y quedaré como un tonto porque no estaba al tanto".

¿Esto te resulta familiar? Sebastián es muy capaz y tiene la habilidad necesaria para manejar cualquier dispositivo o aplicación que le pidan usar. Sin embargo, la avalancha diaria de nuevas tecnologías e información le provocó lo que él llamó "miedos irracionales". Sin embargo, yo no creo que esos miedos sean irracionales en absoluto. Muchas de las personas que he entrevistado, de distintas edades, industrias, tipos de trabajo y culturas, han expresado temores similares sobre su capacidad para seguir aprendiendo nuevas tecnologías y mantenerse al día con toda la información que estas les envían. Como comentó Jin, cirujano pediatra en un importante hospital universitario de Chicago: "Uno pensaría que como cirujano tendría más miedo de que pase algo grave en el quirófano. Pero, en realidad, a lo que más temo es meter la pata con EPIC (el sistema electrónico de registros médicos del hospital) o no identificar información crucial sobre mis pacientes porque aquí estamos probando tantos sistemas distintos para registrar diferentes parámetros". De manera similar, Kylie, una abogada que trabaja medio tiempo para cuidar a sus tres hijos que ya van a la escuela, comentó: "Siempre tengo miedo de estar pasando algo por alto. ¿Cambiaron el lugar del partido? ¿El entrenador mandó la información por mensaje o fue por la app GameChanger? ¿Hoy salen antes de la escuela? ¿Avisaron por ParentSquare? ¿La maestra lo mandó por correo? En estos últimos días me he sentido más presionada en casa que en el trabajo". No es casualidad que Sebastián, Jin y Kylie hayan obtenido puntajes altos en la escala de agotamiento digital. Aunque los miedos relacionados con la tecnología no eran incapacitantes, su efecto acumulativo terminó por causarles un agotamiento de nivel 2.

Existen numerosas investigaciones sobre los temores que genera el uso de tecnologías digitales. Estos estudios se dividen en tres categorías. La primera muestra sentimientos de miedo asociados de forma directa con el uso de nuevas tecnologías. La necesidad de aprender a usar nuevos dispositivos o aplicaciones despierta en las personas el temor a no saber qué tecnologías usar o a no poder dominarlas lo suficiente para hacer bien su trabajo, comunicarse con las personas adecuadas o conseguir la mejor información posible. La segunda categoría muestra que las personas temen las consecuencias de las tecnologías digitales. Estos estudios sugieren que encontrarse con nuevas tecnologías digitales, como la inteligencia artificial o las redes sociales, ya sea al oír hablar de ellas o al experimentar sus capacidades, genera miedo de que su privacidad pueda verse comprometida, de perder su empleo, que su organización se reestructure, o que sus hijos accedan a contenidos inapropiados o se vuelvan adictos a los teléfonos inteligentes o videojuegos. La tercera categoría de estudios muestra que las personas temen perderse información importante. Según estos estudios enfocados en el FOMO, muchas personas admiten que no les da el tiempo para procesar toda la información y las comunicaciones que reciben a través de sus dispositivos digitales, y les preocupa perderse de noticias relevantes. El FOMO parece manifestarse más cuando sienten que se pierden información de grupos con los que se identifican fuertemente, como perderse de una actualización de un cliente por parte de su equipo de trabajo o fotos compartidas en un grupo cercano de amigos.[5] El FOMO es como empujar la piedra de Sísifo: mientras más información reciben las personas, más miedo tienen de estar perdiéndose de cosas importantes. Los estudios muestran que el FOMO está asociado no solo con agotamiento mental y emocional, sino también con el agotamiento físico. Los adolescentes que lo experimentan suelen quedarse despiertos hasta más tarde y se levantan más a menudo por la noche para revisar sus redes sociales, lo que naturalmente los deja cansados al día siguiente.

ANSIEDAD

Uno de mis estudios favoritos de todos los tiempos registró el comportamiento de compra de personas frente a exhibiciones con diferentes cantidades de mermeladas en tiendas. Los investigadores descubrieron que la gente tenía más probabilidades de comprar mermelada en una tienda local cuando la vitrina mostraba pocas opciones (seis sabores), en lugar de una gran variedad (veinticuatro sabores).[6] La conclusión del estudio (que ha sido replicada en gran cantidad de contextos más allá de la compra de mermelada) es que tener demasiadas opciones desmotiva. Demasiadas alternativas generan ansiedad: ¿cuál es la mejor?, ¿cómo puedo saberlo?, ¿y si tomo la decisión equivocada? Cuando la ansiedad aparece, las personas actúan de manera muy lógica: buscan evitar esa sensación y, por eso, terminan sin elegir nada. No compran ninguna mermelada. Las tecnologías digitales generan esas mismas sensaciones de ansiedad. Hay tantas tecnologías diferentes disponibles para ayudarnos a llevar a cabo las mismas tareas, y tanto contenido por conocer, que decidir en qué enfocarse se vuelve abrumador.

Muchas noches, Cindy y su esposo Omar se sientan a ver una película después de haber acostado a sus hijos y de lavar los trastes. Encienden la Smart TV, y ahí empiezan las complicaciones. Una noche común sigue un patrón similar al siguiente:

8:30 p. m. Cindy y Omar se acomodan en el sofá de la sala.
8:32 p. m. Cindy abre Netflix.
8:37 p. m. Cindy comienza a hacer *scroll* entre series y películas.

Pero no logran ponerse de acuerdo sobre qué van a ver.

8:43 p. m. Cindy convence a Omar para ver el avance de una serie británica de época. Después de verla, Omar la descarta. Cindy sigue buscando.
8:49 p. m. Cindy recuerda una película de acción que ambos querían ver. La busca en Netflix, pero no está disponible.
8:52 p. m. Cambia a Apple TV y encuentra la película solo en renta por $4.99.
8:54 p. m. Omar dice que no quiere pagar eso por la película y le pide a Cindy que revise en Amazon Prime si está gratis.
8:57 p. m. Cindy abre Prime Video y busca la película, pero ahí también cuesta $4.99. Cindy le dice que, si van a pagar, prefiere otra película. La busca en la app y solo está a la venta por $19.99, no para rentar.
9:04 p. m. Omar le dice que intente en Disney+, porque cree que puede ser un título de Disney y quizá sea gratis

ahí. Cindy le lanza el control y le dice que mejor lo haga él.

9:07 p. m. Omar abre Disney+, pero no encuentra la película.

9:10 p. m. Omar revisa opciones y encuentra una serie que propone ver. Cindy quiere ver el avance. Dice que se ve buena y que deberían verla.

9:15 p. m. Omar ve que el capítulo dura 50 minutos y dice que ya es muy tarde para ver algo tan largo. Le pasa el control a Cindy para que busque algo más corto, quizá de unos veinte minutos.

9:18 p. m. Cindy revisa varias opciones y termina por apagar la tele. "Esto es superfrustrante", dice. "No puedo decidirme por nada. Mejor ya vámonos a dormir".

9:25 p. m. Apagan la luz y se acuestan.

¡Todo ese esfuerzo para no ver ninguna película! Después de cambiar entre cuatro aplicaciones de streaming durante cincuenta minutos y ver más de doscientas opciones de películas diferentes, Cindy y Omar optaron por dejar de intentar decidir. Como observó Cindy al reflexionar sobre su rutina de ver películas después de cenar: "Últimamente ni siquiera tengo ganas de ver una película porque la idea de tener que elegir una me provoca ansiedad". Ver una película para relajarse se supone que debe ser, bueno, relajante, no algo que genere ansiedad. Pero las interminables opciones con las que nos presentan nuestras tecnologías digitales dificultan decidir a qué prestar atención y darnos cuenta de que cada elección descarta otras opciones que podrían haber sido mejores, lo cual produce aún más ansiedad. El enfoque adoptado por Netflix y tantas otras herramientas digitales que usamos consiste en poner más mermeladas frente a nosotros justo en el momento en que nos cuesta elegir entre tantas de ellas.

Por supuesto, no es solo la disponibilidad inmediata y sin esfuerzo de películas, canciones, libros, recetas o videos de TikTok lo que genera ansiedad, sino también la disponibilidad de cosas mucho menos emocionantes, como artículos de noticias, datos sobre nuestros clientes, análisis de investigación de mercado o información sobre el tiempo de funcionamiento de las máquinas en una fábrica. Darnos cuenta de que tenemos acceso a muchos más datos e información de los que podríamos revisar genera sentimientos de ansiedad sobre cómo elegir. Los investigadores de salud han documentado el aumento del "cibercondriaco" [*cyberchondriac*], que fue definido de manera reciente en el *Diccionario Oxford* como "una persona que investiga (obsesivamente) información de salud en internet". Un cibercondriaco no puede saciarse con las enormes cantidades de información sobre su posible condición y experimenta ansiedad debido a la creencia de que se está perdiendo mejor información en algún otro lugar.[7] Los bibliotecarios hablan con regularidad sobre cómo ayudar a los usuarios a lidiar con la ansiedad informativa, que, según Ashley Eklof, la bibliotecaria principal de BiblioTech en San Antonio, Texas (la única biblioteca pública sin libros físicos en Estados Unidos), es "atraída por el deseo de absorber tanta información como sea posible, sintiéndose abrumado por la cantidad de información que te llega".[8] Las herramientas digitales nos dan tantas opciones para elegir en cada ámbito de nuestras vidas, lo que crea demasiadas oportunidades para preocuparnos sobre si estamos tomando la decisión correcta.

Cualquier discusión sobre tecnologías digitales y ansiedad inevitablemente se dirige hacia el papel de las redes sociales en nuestras vidas. Existen muchos estudios individuales que vinculan el uso de redes sociales (en especial entre adolescentes y adultos jóvenes) con la ansiedad, la depresión y los sentimientos de soledad.[9] Varios metaanálisis recientes han confirmado una relación sólida entre el mayor uso de redes sociales y el aumento de la ansiedad. Para Sierra, una mujer de poco más de veinte años que trabaja como representante de ventas técnicas en una empresa de software, esta correlación entre el uso de redes sociales y la ansiedad tiene sentido. Como me contó al hablar sobre su uso de Instagram, Snapchat, TikTok y Venmo: "Generan ansiedad. Todas ellas. Todo el mundo se ve mejor que tú y hace cosas más divertidas que tú, y tan solo tienes esa sensación interna de que no estás haciendo lo suficiente. Honestamente, me da ansiedad solo hablar de esto". Gretchen, una reciente jubilada de setenta años y golfista ávida, dice: "Me avergüenza admitir que las redes sociales me generan ansiedad. Entro a Facebook o Nextdoor y las cosas que la gente hace o de las que se queja en realidad me hacen sentir incómoda. No quiero saber todas estas cosas. Hacen que me tiemble el pulso, mas no puedo dejar de mirar. Soy como una polilla atraída hacia la flama".

Ningún hallazgo está exento de matices, y la conexión entre redes sociales y ansiedad no es la excepción. Las investigaciones encuentran que las personas que son usuarias pasivas (que leen publicaciones de otras personas y miran sus fotos, pero rara vez publican ellas mismas) tienden a tener sentimientos de ansiedad más intensos en las redes sociales que quienes publican de manera activa.[10] Un equipo de la Escuela de Medicina de la Universidad de Pittsburgh analizó una muestra representativa a nivel nacional de usuarios adultos de redes sociales y descubrió que solo en niveles extremadamente altos de uso de redes sociales los encuestados mostraban un aumento en las probabilidades de ansiedad elevada y síntomas de depresión.[11]

Aunque estos hallazgos muestran que no todo el mundo experimenta ansiedad *mientras usa* redes sociales, me atrevería a decir que la mayoría de nosotros sentimos ansiedad *sobre* el impacto que tienen. Nos bombardean con informes mediáticos sobre cómo los ejecutivos de Meta ocultaron deliberadamente evidencias de que sus plataformas Facebook e Instagram son "tóxicas para las adolescentes".[12] Antiguos empleados de empresas de redes sociales, como Frances Haugen, quien renunció a Facebook y reveló documentos internos que detallaban cómo la compañía conocía los efectos negativos que sus plataformas podían tener en la salud mental de sus usuarios, y Tristan Harris, un exdiseñador de Google que se posicionó abiertamente en contra de la forma en que las redes sociales y otras empresas tecnológicas explotan a los usuarios, se han vuelto nombres conocidos. Documentales como *El dilema de las redes sociales*, sobre sus cualidades adictivas, y *El gran hackeo*, sobre el escándalo de Facebook y Cambridge Analytica, donde se usaron datos personales para influir en el comportamiento de los votantes, inundan nuestras pantallas. Como lo expresó Oliver, un geólogo de una empresa petroquímica: "No puedes escapar de las conversaciones sobre las redes sociales y su impacto en el mundo. Quiero decir, ni siquiera las uso tanto y, aun así, me siento ansioso. Todo lo que se dice al respecto solo me genera preocupación y cansancio".

Al momento de escribir esto, abunda la retórica alarmista sobre los efectos de la inteligencia artificial, lo cual me resulta agotador. Como Johan, director financiero (CFO) de una empresa de bienes de consumo, me dijo hace poco: "No tengo una idea clara de cómo la IA va a cambiar nuestro negocio o si va a dejar a la gente sin trabajo, pero me preocupo por eso todos los días porque no puedes mirar ni a la izquierda ni a la derecha sin oír hablar de la IA y cómo va a cambiar mi negocio y dejar a la gente sin trabajo. Es decir, toda esta charla sobre la IA me genera ansiedad. ¡En serio!". ¿Y quién podría culparlo? Un estudio publicado en 2020 sobre la cobertura mediática de la inteligencia artificial mostró que, pese a la larga historia de la IA en los medios, los artículos que abordaban sus consecuencias positivas y negativas solo comenzaron a ser "exhaustivos" a partir de 2015.[13] No por coincidencia, los resultados de una encuesta de Gallup, realizada en intervalos repetidos entre 2018 y 2022, mostraron que la proporción de personas que dicen estar preocupadas de que la IA haga que sus trabajos queden obsoletos está creciendo a pasos agigantados, lo que por supuesto ha llevado a los periodistas a comenzar a escribir sobre el FOBO (*Fear of Better Options*).[14] Aunque aún no se ha realizado ningún estudio sistemático desde otoño de 2023, cuando OpenAI lanzó ChatGPT, creo que es seguro asumir que lo que se consideraba como cobertura mediática "exhaustiva" en los años anteriores al estudio de 2020 parecería moderado según los estándares actuales y que los sentimientos reportados de ansiedad en torno a la IA están creciendo.[15] A los medios les encanta exagerar sobre las tecnologías nuevas e inestables. Aunque pocas tecnologías nuevas son tan inestables como la IA. Como comentó una vez el famoso astrofísico Stephen Hawking: "El surgimiento de una IA poderosa será lo mejor o lo peor que le haya pasado a la humanidad. Aún no sabemos cuál de las dos opciones será".[16]

CULPA

Jim, Steph y Kelly son tres hermanos que crecieron en una familia muy unida en el suroeste de Estados Unidos. Jim es el mayor, y Steph y Kelly son hermanas, que nacieron con menos de un año de diferencia. Siendo el único varón y el mayor, y separado por varios años de dos hermanas muy cercanas en edad, Jim siempre sintió que ellas tenían un vínculo entre sí que él no compartía. Sin embargo, los tres siempre se consideraron cercanos durante su crianza. A medida que cada uno se graduó de la preparatoria y dejó el hogar para ir a la universidad, trabajar y formar familias en diferentes estados, se distanciaron. Bueno, al menos cada uno de ellos pensaba que se estaba alejando de los otros dos. Cuando hablé con Jim, me explicó: "Veo que mis hermanas, Steph y Kelly, publican mucho en Facebook. Una de ellas publica alguna foto de sus hijos o algo así y luego la otra responde con alguna broma que no entiendo. Por un lado, me alegra ver que siguen siendo tan cercanas, pero luego me siento culpable porque no me estoy esforzando tanto en mantener la relación como ellas. Sé que debería esforzarme más". No obstante, cuando hablé con Kelly, ella pensaba que Jim y Steph eran quienes tenían la relación más estrecha: "Tenemos este hilo de mensajes entre hermanos y yo no soy buena para mensajear. Jim y Steph no paran de enviarse mensajes y de hacer comentarios ingeniosos. Me preguntan cosas y simplemente tardo demasiado en responder. Me siento culpable porque ellos se toman el tiempo para asegurarse de estar presentes en la vida del otro, pero yo no lo hago tanto".

Los sentimientos de culpa de los tres hermanos por no mantener sus relaciones eran notables, en especial porque podían ver, o al menos inferir, una relación sólida entre los otros dos hermanos a partir de sus patrones de respuesta en redes sociales y mensajes de texto. Un estudio reciente dirigido por Annabell Halfmann, en la Universidad de Mannheim, mostró evidencia experimental de que la frecuencia con la que las personas usan herramientas digitales (como los mensajeros instantáneos) está asociada con sentimientos de culpa más evidentes, que podrían derivarse del hecho de que se sienten culpables por estar usando herramientas digitales cuando podrían (o deberían) estar haciendo otra cosa, o por no comunicarse e interactuar de formas que correspondan con las prácticas socialmente aceptadas en la plataforma, por ejemplo, no responder con suficiente rapidez a los mensajes o no indicar que les gusta la publicación o foto de alguien.[17]

Los usuarios de tecnología digital a menudo experimentan culpa por no hacer tanto como los demás. Una experiencia común descrita por las personas que entrevisté fue ver a compañeros de trabajo que trabajaban hasta más tarde o parecían dedicar más horas a un proyecto que ellos, y sentirse culpables por no estar contribuyendo lo suficiente. Como me contó Fede, profesor en una universidad de Nueva Inglaterra: "Últimamente me ocurre con más frecuencia que cuando trabajo en un proyecto, como una solicitud de financiamiento, y usamos Google Docs para poder colaborar todos. Entro ahí y veo que mis colaboradores han estado escribiendo muchísimo y haciendo todos estos cambios. Me siento culpable por no estar aportando lo suficiente al proyecto. En las últimas semanas, esto me pasa seguido. Siempre siento culpa por todos mis proyectos". Un estudio a profundidad de usuarios de tres plataformas de videojuegos inmersivos encontró que los sentimientos de culpa eran muy comunes entre los jugadores adultos que podían ver que otros jugadores habían contribuido de maneras más significativas a la misión que sus propias acciones habían llevado a la muerte de otro jugador o que no estaban contribuyendo tanto como otros en su familia dentro del juego para ganar dinero para comprar suministros, armas y poderes especiales.[18] En todos los ámbitos de la vida, las tecnologías digitales nos exponen a los comportamientos y acciones de los demás de formas sin precedentes.

En mi propia investigación he descubierto que, aunque de manera empírica inferimos que otras personas hacen *menos* o lo hacen *peor* que nosotros con la misma frecuencia que inferimos que hacen *más* o lo hacen *mejor*, tendemos a centrarnos en lo que nos falta o en dónde somos deficientes, en lugar de enfocarnos en las carencias de los demás.[19] Nuestros sentimientos de culpa suelen ser más palpables y memorables que nuestros sentimientos de molestia hacia otros por eludir responsabilidades. Como comenta la reina Gertrudis sobre el comportamiento errático de Ofelia en *Hamlet* de Shakespeare: "Tan llena de celos ingenuos está la culpa / que se derrama a sí misma temiendo ser derramada". Nuestro enfoque en las deficiencias personales por encima de los fallos de los demás no solo destaca nuestros sentimientos de inadecuación, sino que también expone inadvertidamente la culpa asociada a ellos. Este fenómeno sirve como una explicación convincente de por qué podríamos sentir culpa con más intensidad y de manera más memorable que irritación hacia los demás.

IRA

La ira fue el sentimiento más reflexivo que descubrí en las entrevistas. Las personas sentían ira porque reconocían que usar tecnologías digitales a menudo les provocaba miedo, ansiedad y culpa. Su ira surgía porque no les gustaban estos sentimientos, pero creían que las exigencias de usar herramientas digitales en su trabajo y vida personal significaban que no podían evitarlos. Como me contó Rachel, analista financiera de una gran empresa de seguros de vida, al hablar sobre su agotamiento digital: "A veces simplemente me enfurece la forma en que tenemos que vivir estos días. Nuestros padres no tenían que balancear tantos mensajes de texto, llamadas y correos electrónicos, ni esa sensación de que todo el tiempo te estás perdiendo de algo o que eres culpable por no haber ayudado lo suficiente con el *baby shower* de tu amiga. Me enfada que este mundo digital me haga sentir ansiosa, que mis hijos estén ansiosos y que mi equipo de trabajo también lo esté". Teddy, diseñador creativo de una empresa de software inmobiliario, compartió sentimientos similares de ira al hablar sobre su agotamiento digital: "Yo diría que, en gran parte, estoy enfadado por lo que las tecnologías nos están haciendo. Me enfada cómo nos hacen sentir a todos, que nunca somos suficiente ni hacemos lo suficiente. Muchas veces, cuando pienso en toda la tecnología en nuestras vidas, me enfado, y eso me agota".

En su oportuno libro, *Bored, Lonely, Angry, Stupid: Changing Feelings About Technology from the Telegraph to Twitter*, Luke Fernandez y Susan Matt rastrean cómo las normas sobre los sentimientos han cambiado junto con el cambio tecnológico. A través de entrevistas profundas e investigación de archivo, los autores demuestran que nuestro mundo digital estimula y afirma una gama de emociones negativas. Los usuarios de nuevas tecnologías digitales se encuentran, en general, más enojados que los usuarios de medios analógicos y consumidores de medios masivos. Atribuyen gran parte de estos crecientes sentimientos de ira a la gama de emociones negativas que las personas experimentan al usar, pensar y lidiar con las tecnologías digitales. Fernandez y Matt relatan cómo, a lo largo de la historia, las nuevas tecnologías han alimentado de manera consistente las esperanzas de reducir la soledad y el aburrimiento, pero a menudo no cumplen con plenitud estas promesas. Al inicio, las nuevas herramientas de comunicación (como la televisión) unían a las comunidades, creando experiencias compartidas que contrarrestaban la soledad. Sin embargo, a medida que estas tecnologías se volvieron más comunes, creció su capacidad para aislar a las personas. Las televisiones eran, al principio, una excusa para que familias y vecinos vieran programas juntos, pero no pasó mucho tiempo para que cada persona en una casa se retirara a una habitación separada para ver diferentes televisores. Este patrón se ha repetido en la era digital con tecnologías como las redes sociales y los teléfonos inteligentes. Mientras la televisión nos permitía acceder a cierto contenido en intervalos establecidos y en lugares particulares, los teléfonos inteligentes nos dan acceso al contenido que queramos, cuando y donde lo queramos. Así, mientras las tecnologías digitales actuales ofrecen un alivio temporal del aburrimiento, igual que lo hacían los televisores, paradójicamente reducen nuestra tolerancia hacia él, dejándonos menos preparados para manejar los momentos de inactividad. Ahora la gente se enfada si pierde el acceso a internet y se aburre. Como describen Fernandez y Matt, se ha vuelto común que las personas reflexionen sobre cómo las tecnologías digitales han cambiado la forma en que experimentan todo tipo de emociones, y cómo se han enojado cada vez más ante esta revelación.

La ira es una de nuestras emociones más poderosas y, a su vez, una de las más agotadoras. Cuando estamos enojados, nuestro cuerpo se lanza a esa familiar respuesta de lucha o huida, aumentando el ritmo cardiaco, la presión arterial y la liberación de hormonas del estrés como la adrenalina y el cortisol. Sin embargo, diversos estudios han mostrado que la ira parece ser única entre las emociones en sus efectos sobre nuestra respuesta de lucha o huida.[20] Parece retrasar el retorno a un estado fisiológico normal, manteniendo altos niveles de hormonas del estrés que contribuyen a la fatiga. La ira no solo cansa nuestros cuerpos, también agota nuestras mentes. La carga cognitiva de la ira es significativa;[21] mantener la atención en la fuente de irritación y planificar respuestas consume recursos cognitivos. La ira es también una de las emociones más difíciles de controlar. Como dice Emma Seppälä: “El autocontrol en realidad nos agota, es un recurso limitado como la gasolina o la batería de tu celular. Cuanto más lo usas, menos tienes. Los investigadores han descubierto que, ni más ni menos, agota el azúcar en la sangre. ¿Alguna vez te has preguntado por qué tienes más probabilidades de darte un atracón de helado en la noche? El autocontrol, en efecto, se agota a medida que avanza el día".[22] Esta combinación de agotamiento físico y cognitivo, y los intentos cada vez más agotadores de controlar nuestra ira, son la razón por la que personas como Rachel y Teddy están tan desgastadas por la ira que sienten cuando reconocen cómo las herramientas digitales provocan tantas emociones negativas.

ENTUSIASMO

La tecnología no siempre despierta solo emociones negativas. Las nuevas tecnologías también tienen su encanto. Son divertidas de usar: ya sea que estés explorando cómo una nueva aplicación de fotos puede cambiar el aspecto de tu habitación o pidiéndole a ChatGPT que escriba dísticos sobre sándwiches, es fácil entusiasmarte con las capacidades de una nueva herramienta. Si tú o tu hijo han pasado siete horas seguidas jugando un videojuego nuevo, o si te has apresurado a configurar tu nueva iPad o computadora, sabes lo emocionante que puede ser usar nueva tecnología.

Pero incluso nuestra experiencia de entusiasmo resulta agotadora. Esas mismas hormonas del estrés que desencadenan nuestra respuesta de lucha o huida ante el miedo y la ira también aumentan su producción cuando nos sentimos entusiasmados. Cuando algo nos emociona, nuestro pulso se acelera, el cortisol aumenta y, adivinaste, esas reacciones fisiológicas resultan agotadoras. El entusiasmo también nos impulsa a hacer más cosas con nuestras herramientas digitales: buscar más información, descargar otra aplicación, publicar otra foto, enviar mensaje a otra persona, ver otro video... todo lo cual, como sabemos, son otras vías hacia el agotamiento.

Anteriormente en este capítulo destaqué varios estudios que muestran una clara conexión entre el agotamiento y varias emociones que las personas experimentan al usar herramientas digitales. Hay pocos estudios convincentes que muestren las formas positivas en que las tecnologías digitales nos agotan. Cuando los estudios muestran que el uso de Facebook entre estudiantes universitarios aumenta el capital social, que el uso de una tecnología de gestión del conocimiento en el trabajo mejora la transferencia de conocimiento, que Instagram conecta a viejos amigos o que ChatGPT reaviva el interés de alguien por los cuentos cortos, demuestran lo que se gana con nuestro uso de la tecnología digital, pero no lo que se pierde. Esto puede deberse a que la mayoría de los estudios sobre los beneficios positivos de las tecnologías digitales se centran en sus beneficios prácticos, que se presume son más conexiones con las personas, integración más rápida del conocimiento, entre otros. Sin embargo, mis entrevistas y observaciones de usuarios de tecnología digital en todas las áreas de trabajo y ocio muestran que los beneficios prácticos llegan acompañados de los emocionales.

Tomemos el caso de Joni, enfermera en un hospital del Medio Oeste. Ella y sus colegas enfermeras acababan de obtener acceso a un nuevo portal de datos que proporcionaba información detallada sobre pacientes que iban a ser transferidos desde otros hospitales. Como recordó Joni después de una semana usando el nuevo sistema: "Mi corazón late con fuerza cada vez que lo abro. Es que, de verdad, no puedo creer cuánta información tenemos ahora sobre los pacientes antes de que lleguen. Es increíble. Estoy muy emocionada. Esto cambia por completo las reglas del juego". O consideremos la reacción de Micah, un joven ingeniero de software cuyo equipo acaba de empezar a usar Slack: "Estoy superemocionado de que ya tengamos Slack. De verdad tengo que contenerme. Seguirle el paso al equipo ahora va a ser mucho más fácil. Vamos a trabajar mucho mejor. Está padrísimo". O incluso Rick, padre de una recién nacida, cuando obtuvo su primer iPhone: "Este dispositivo es una maravilla, me encanta. Me emociono cada vez que lo tomo. Mi esposa dice que me causa más alegría el teléfono que nuestra hija. Obvio está bromeando. Aunque sí me entusiasma poder simplemente tomarle fotos [a su hija] cada vez que hace algo adorable". A través de todos estos ejemplos y muchísimos más, he visto a personas desbordando de alegría al hacer algo con nuevas herramientas digitales que antes no podían hacer. ¡Eso es emocionante!

El acceso a nuevos datos, nuevas funciones y tecnologías "innovadoras" nos entusiasma. Y así debe ser. Usamos herramientas digitales porque nos ofrecen posibilidades que hacen nuestra vida mejor, más fácil, y más satisfactoria. Sí, deberíamos celebrarlo, pero es importante tener en cuenta que tal entusiasmo puede pasarnos factura.

No son nuestras tecnologías digitales las que nos agotan, sino más bien las formas en que prestamos atención, hacemos inferencias y experimentamos emociones con y a través de ellas. Entender cómo funciona la tríada del agotamiento para drenar nuestra energía, mientras nos proporciona inmensas capacidades, es un paso crucial para descubrir cómo vencer nuestro agotamiento digital. En la siguiente sección, proporciono ocho reglas sencillas que nos ayudarán a contrarrestar las insidiosas fuerzas que trabajan juntas para agotarnos.

SEGUNDA PARTE

Reglas simples para recuperar tu vida

REGLA #1

Utiliza solo la mitad de tus herramientas

Shireen es especialista en marketing de una *startup* dedicada a la fabricación e instalación de paneles solares. Una mañana nublosa de mayo, le pedí que hiciera una lista de todos los programas de computadora y apps que había utilizado ese día, tanto en el trabajo como en su casa. Esto fue lo que me mostró:

1. Microsoft Word
2. Adobe Illustrator
3. PowerPoint
4. Canva
5. Outlook
6. Gmail (en el navegador)
7. Chrome
8. HubSpot
9. Salesforce
10. Zoom
11. Google (búsqueda)
12. Microsoft Teams
13. Jira
14. Twitch
15. Instagram
16. TikTok
17. (Apple) Mail
18. ChatGPT
19. SharePoint
20. WhatsApp
21. iMessage
22. Dropbox
23. La app de Amazon
24. La app de Chase Mobile
25. Twitter
26. LinkedIn
27. Spotify
28. Evernote
29. Waze
30. Nike Run Club
31. Color Switch
32. Timehop
33. Netflix
34. Hulu
35. Siri
36. Alexa

Shireen utiliza estos programas y apps en varios dispositivos físicos, como su laptop, teléfono inteligente, Apple Watch, Echo Show, televisión inteligente y la interfaz para teléfonos inteligentes de su auto. Después de completar la lista, me comentó: "Dios mío. Me canso de solo verla".

Si tú y yo hiciéramos listas como la de Shireen, no se verían muy diferentes. Lo sé porque, a lo largo de mi carrera, les he pedido a más de doscientas personas que hagan estas listas. En la década de 2000, el número promedio de herramientas digitales que las personas reportaron era ocho. En la década de 2010, ese número incrementó a 25, y en la década de 2020 subió a 34. A mediados de la década de 2000, una de las "tecnologías digitales" que casi todos los entrevistados mencionaban era el teléfono celular. La mayoría hablaba de llamar a otros con su celular, y algunos cuantos mencionaban enviar mensajes de texto. Pero no había apps, no existía la App Store, y la gente no accedía a contenido a través de sus teléfonos. Algunas personas en esas primeras entrevistas también mencionaron las laptops como una de sus tecnologías digitales, y distinguían entre las actividades que harían en su computadora de escritorio y las que harían en su laptop. Hace veinte años, esas distinciones tenían sentido: los celulares no eran inteligentes, las laptops no tenían ni de cerca la potencia o capacidad de almacenamiento de las computadoras de escritorio, y había acceso limitado a wi-fi, incluso si tu teléfono fuese inteligente y tu laptop contara con la potencia suficiente para aprovecharla de manera más significativa. Hoy, nadie a quien le pido enumerar sus tecnologías digitales menciona siquiera los dispositivos que lleva consigo. Tan solo se da por hecho que podrás acceder a las aplicaciones o programas que necesites en cualquier momento y lugar. La mayoría de las personas considera los dispositivos como puntos de acceso a las tecnologías digitales, más que como tecnologías digitales en sí mismas.

Como vimos en el capítulo 1, utilizar tantas aplicaciones y dispositivos diferentes genera una carga cognitiva significativa, y cambiar con frecuencia entre apps es un factor clave del agotamiento. Un estudio publicado en 2010 encontró que el aumento en el número de tecnologías digitales que utilizaban los trabajadores del conocimiento incrementaba su productividad solo hasta cierto punto,[1] después del cual usar más tecnologías digitales reducía la productividad. Estos resultados tienen sentido si nos guiamos por la intuición: si una herramienta digital nos proporciona una capacidad fundamental, es probable que seamos más productivos. Pero, como humanos, solo podemos manejar las exigencias cognitivas de un número limitado de herramientas. Después de alcanzar cierto punto de mejora de capacidades, ya no podemos absorber más. Los beneficios marginales de cada nueva capacidad se pierden. Y, peor aún, las exigencias de aprender, usar y alternar entre un portafolio más grande de herramientas digitales comienzan a agotarnos. Ese punto en el que nuestras herramientas digitales pasan de proporcionar capacidades mejoradas a ser fuentes de agotamiento es diferente para cada uno de nosotros, y está relacionado con el grado en que nuestro trabajo depende de la tecnología. Cuanto más dependemos de herramientas digitales específicas para hacer nuestro trabajo, más impactará negativamente en nuestra productividad la sensación de agotamiento digital.

En 2010, las tecnologías digitales que utilizábamos eran relativamente estables. Por ejemplo, comprabas una licencia para una versión específica de Microsoft Excel o Adobe Photoshop y, con excepción de algunas actualizaciones menores que se enviaban a tu computadora de manera periódica, el software permanecía igual. Una vez que aprendías a usarlo, sabías cómo hacerlo. Sin embargo, en el mundo actual, con los rápidos avances tecnológicos, donde casi todas las aplicaciones de software que utilizamos se acceden a través de la web y se actualizan constantemente, las funciones integradas en las tecnologías se actualizan y cambian con frecuencia. Esto significa que siempre estamos aprendiendo y reaprendiendo a usar nuestras herramientas digitales. En 2020, un equipo de investigadores realizó un estudio para descubrir si el aprendizaje que debemos tener frente a las constantes actualizaciones de funciones nos lleva al agotamiento. La encuesta, realizada a 489 usuarios de Facebook, demostró que, en efecto, es así.[2] Los hallazgos proporcionan evidencia de que no es solo aprender a usar nuevas herramientas digitales lo que nos agota, sino que la naturaleza dinámica de las tecnologías que utilizamos nos obliga a lidiar casi siempre con cambios de maneras que nos desgastan.

La mayoría usamos muchísimas tecnologías, y cada una tiene demasiadas funciones que cambian todo el tiempo. No contamos con la suficiente capacidad mental ni emocional para aprender y reaprender tantas interfaces diferentes, y mucho menos para cambiar entre ellas tan seguido como lo hacemos con cierta agilidad. De ahí surge nuestra primera regla sencilla: utiliza solo la mitad de tus herramientas. Reducir la cantidad de aprendizaje, reaprendizaje y cambios que tienes que hacer te permitirá disfrutar los beneficios de las capacidades tecnológicas que tienes mientras mantienes el agotamiento a raya.

Cuando comparto esta primera regla a las personas, suelen decir que les parece lógica. No obstante, enseguida comentan que no hay manera de que pudieran simplemente dejar de usar la mitad de sus herramientas. Un experimento, que realicé con Rebecca Hinds de

Asana, Federico Torreti de Amazon Web Services, y Bob Sutton, de la Universidad de Stanford, ilustra lo difícil que puede ser renunciar a tus herramientas.[3] Pedimos a cincuenta y ocho empleados de Asana y Amazon que enumeraran todas las tecnologías digitales de colaboración que usaban al menos una vez por semana para interactuar con colegas. También les pedimos que calificaran qué tan bien cada tecnología les ayudaba a alcanzar sus objetivos laborales y qué tan difícil era de usar. Por supuesto, también les hicimos la pregunta sobre el agotamiento digital. Luego, los dividimos de forma aleatoria en dos grupos. Al primer grupo le pedimos que dejara de usar la mitad de sus herramientas durante dos semanas. Al segundo grupo le dijimos que eligiera cuántas tecnologías eliminar. Ambos grupos eligieron qué herramientas eliminar y nos enviaron una lista. Durante todo el estudio llevaron diarios de las herramientas que usaban y explicaciones de por qué podrían haber usado alguna herramienta que estaba en su lista de "no usar".

El experimento fue un desastre. Casi nadie en ninguno de los grupos respetó sus listas. Incluso las personas que se comprometieron a renunciar a la mitad de sus herramientas terminaron usando la mayoría de ellas de todos modos. Los participantes nos dijeron lo difícil que era no usar herramientas digitales a las que estaban acostumbrados. Sus entradas en el diario revelaron que sus jefes les exigían usar algunas tecnologías a las que esperaban renunciar. También describieron cómo muchos compañeros de trabajo no respetaban el hecho de que eligieran renunciar a ciertas herramientas de colaboración como Slack, cuando era la norma del equipo usar esas herramientas para comunicarse o proporcionar actualizaciones del proyecto. Todo eso fue malo. Sin embargo, lo peor fue que, al final del estudio, les pedimos a los participantes que calificaran de nuevo sus niveles de agotamiento digital. El nivel promedio en realidad *aumentó* para la mayoría de las personas durante el periodo de dos semanas, y la tasa de aumento fue mayor en el grupo que se comprometió a renunciar a la mitad de sus herramientas que en el grupo que solo pudo elegir a qué herramientas renunciar.

Cuando profundizamos en estos hallazgos sobre por qué aumentó su agotamiento, una respuesta se hizo evidente: el experimento reveló a los participantes el poco control que sentían tener sobre las herramientas digitales que usaban. Como aprendimos en el capítulo 3, sentirse fuera de control respecto a la propia capacidad para decidir qué tecnologías digitales usar y cómo usarlas es un factor clave del agotamiento. Al intentar renunciar a varias tecnologías digitales, nuestros participantes descubrieron que usar tantas herramientas era, sin duda, agotador. Como señaló un participante: "[El estudio] me hizo mucho más consciente de las diferentes herramientas que estaba usando y el impacto que tenían en mi productividad y sentido de enfoque. Hay un costo sutil al cambiar de herramientas, y esa fricción adicional perjudica mi concentración y productividad". Aceptar que querían usar menos herramientas, pero luego descubrir que no podían controlar completamente qué herramientas usaban, llevó a estos trabajadores a sentirse aún más agotados y, como señaló un participante, "fuera de control".

El beneficio de eliminar una porción significativa de nuestras tecnologías digitales tiene un buen respaldo científico. En su reciente libro, *The Friction Project*, Bob Sutton y su colaborador de muchos años, Huggy Rao, describen numerosos estudios que muestran cómo restar, en lugar de añadir, reglas, políticas, procesos, jerga o incluso tecnologías mejora las cosas. Pero, como destacan Sutton y Rao, cuando se nos da la opción, tendemos a sumar en lugar de restar.[4] Ellos llaman a esta tendencia "adicción a la adición". Como ejemplos de este problema, cuentan cómo solo el 11 % de los profesores recomendó eliminar procesos en respuesta a la invitación de un presidente universitario a aportar ideas sobre cómo mejorar la institución, y cómo la mayoría de los participantes encargados de modificar estructuras de LEGO añadieron más ladrillos para que soportaran el peso de un ladrillo de mampostería (aunque se les cobraba por cada ladrillo adicional), cuando la mejor solución era quitar uno. La ciencia estaba de nuestro lado, pero no les habíamos dado a los participantes en nuestro estudio orientación suficiente sobre cómo restar sus herramientas.

Desde ese experimento inicial, he dado seguimiento a más de cincuenta trabajadores de diversos puestos e industrias que estaban dispuestos a intentar dejar de usar la mitad de sus herramientas digitales. Sin embargo, esta vez les di instrucciones claras sobre cómo reducirlas con éxito. Después de seis meses, el 86 % de las personas seguían usando solo la mitad de sus tecnologías, y los niveles de agotamiento digital habían disminuido, en promedio, un 40 %. A continuación, describo lo que hicieron para eliminar la mitad de sus herramientas digitales y mantener esos cambios en el tiempo. Para hacerlo más concreto, sigamos el ejemplo de Shireen.

PASO 1: IDENTIFICA QUÉ HERRAMIENTAS USAS EN EL TRABAJO Y EN CASA

El primer paso es identificar qué tecnologías digitales usas para el trabajo, cuáles usas solo para el ocio o para coordinar tu vida personal (a la cual llamaré "casa" para abreviar), y cuáles usas para ambos propósitos. En la lista de Shireen, las que usa solo en el trabajo están resaltadas en **negritas**, las que usa solo fuera del trabajo aparecen sin ningún formato en especial, y las que usa tanto para trabajo como para casa están en *cursivas*. La mayoría de las personas se sorprenden al ver que su lista se parece a la de Shireen. Pensamos que el lugar de trabajo impone muchas más exigencias sobre qué herramientas digitales debemos usar que las que nos imponemos fuera del trabajo, pero esto no suele ser así. La mayoría usamos una cantidad abrumadora de aplicaciones y plataformas en casa. Aunque nos convenzamos de que esas herramientas fuera del trabajo son necesarias para vivir una vida plena, la mayoría no lo son. La buena noticia sobre una lista como esta es que tenemos mucho más control para eliminar tecnologías que usamos en casa que las que usamos en el trabajo. La lista de Shireen muestra que 21 de las 36 (más de la mitad) de las tecnologías digitales que usa son aquellas sobre las que puede decidir dejar de usar sin que la amenacen con reprenderla o despedirla.

Para casi la mitad de las personas con quienes he trabajado en este ejercicio, con solo completar este primer paso fue suficiente para reducir sus niveles de agotamiento. ¿Por qué? Se remonta a esos sentimientos de control que discutimos antes. Cuando reconoces que casi la mitad de las tecnologías que usas a diario son aquellas que tú elegiste y puedes decidir dejar de usar si quieres, te sientes más en control. Sabes que *podrías* eliminarlas si así lo desearas y, lo más sorprendente, eso basta para reducir tus sensaciones de agotamiento. Aunque esta reducción es más notable justo cuando las personas se dan cuenta de que tienen el control, sus efectos perduran mientras sepas que tienes el poder de hacer un cambio si así lo decides. Sin duda, esas reducciones en el agotamiento serán mucho más profundas si continúas con los siguientes pasos.

1. *Microsoft Word*
2. **Adobe Illustrator**
3. **PowerPoint**
4. **Canva**
5. **Outlook**
6. Gmail (en el navegador)
7. *Chrome*
8. **HubSpot**
9. **Salesforce**
10. Zoom
11. ***Google (búsqueda)***
12. **Microsoft Teams**
13. Jira
14. Twitch
15. Instagram
16. TikTok
17. (Apple) Mail
18. *ChatGPT*
19. **SharePoint**
20. WhatsApp
21. iMessage
22. **Dropbox**
23. La app de Amazon
24. La app de Chase Mobile
25. Twitter
26. LinkedIn
27. Spotify
28. Evernote
29. Waze
30. Nike Run Club
31. Color Switch
32. Timehop
33. Netflix
34. Hulu
35. Siri
36. Alexa

PASO 2: IDENTIFICA QUÉ HERRAMIENTAS SON INSUSTITUIBLES, CUÁLES SON INSTRUMENTALES Y CUÁLES GENERAN BLOQUEO DE RED

Para el paso 2 necesitamos enfocarnos en las características de cada herramienta. Es mejor comenzar con la lista de casa porque, como ya vimos, es más fácil hacer cambios en ella y, por lo general, tenemos tantas o más herramientas en casa que en el trabajo, así que es fácil lograr un progreso significativo. La primera característica por examinar es la sustituibilidad, es decir, si dos herramientas digitales de la lista pueden ser sustitutas una de otra. Por ejemplo, en la lista de Shireen, Gmail y Apple Mail son sustitutos porque ambos le dan acceso a correos electrónicos no laborales. Shireen usaba Apple Mail como cliente para leer su Gmail en su iPhone, pero podría usar solo la app de Gmail, que de todas formas ya usa en su computadora. Siri y Alexa también son sustitutos, porque Shireen básicamente usa estos asistentes con IA para verificar datos y escuchar música. Instagram, TikTok y Timehop son apps que le permiten compartir fotos y videos con amigos. Twitter y LinkedIn también son sustitutos. Aunque llegan a audiencias ligeramente diferentes, al realizar el trabajo del paso 2, Shireen se dio cuenta de que casi todos los que sigue en Twitter también están en LinkedIn. Usar ambas plataformas le ofrece relativamente pocas ventajas únicas en comparación con usar solo una de ellas.

La segunda característica por examinar es la instrumentalidad. Algunas herramientas digitales son instrumentales para ayudarnos a hacer cosas que queremos hacer. *Necesitamos* usarlas porque tenemos que hacer cierta tarea o no hay otras opciones. Algunas herramientas entran con claridad en esta categoría. Si Shireen quiere comprar algo de Amazon o revisar el saldo de sus tarjetas de crédito Chase, necesita usar esas apps (o ir directamente al sitio web del proveedor, lo cual es menos conveniente y no menos exigente a nivel cognitivo que usar la app). No hay otra opción. Pero no necesita jugar Color Switch, y no usa ninguna de las funciones avanzadas de Evernote más allá de tomar notas, algo que podría hacer en MS Word. Entonces se da cuenta de que, aunque pasa mucho tiempo navegando por Twitch y Hulu para ver programas y películas, casi nunca decide ver algo que no esté disponible en Netflix. Todas esas herramientas digitales ofrecen ciertas funciones, sin duda, pero no son funciones instrumentales que Shireen realmente aproveche. Por eso, son candidatas obvias para eliminar.

La tercera característica consiste en buscar el bloqueo de la red. A medida que una red crece, su valor aumenta, y con ello también la dependencia de los usuarios para satisfacer sus necesidades de comunicación. Por lo tanto, mientras más personas dependen de ella, el valor de la red crece. Este fenómeno se conoce como la ley de Metcalfe.[5] Aunque no todas las tecnologías digitales que utilizamos conectan directamente a las personas en redes sociales, muchas nos encierran en ellas, dificultando el cambio a alternativas. Tomemos Word, por ejemplo. Puede que no quieras usarlo, pero como las otras personas en tu red (en el trabajo o en casa) lo usan y te envían archivos en ese formato, no puedes dejar de usarlo. Estás encerrado. Si todos tus amigos fuera de Estados Unidos usan WhatsApp para mensajería instantánea, tienes que usar WhatsApp si quieres enviarles mensajes. Y, por supuesto, las apps de navegación como Waze son superiores a la competencia porque tienen tantos usuarios que contribuyen con datos a la plataforma, ya sea de forma voluntaria o involuntaria, sobre cuánto tiempo toma conducir del punto A al punto B o si hay un accidente en cierta parte de la carretera. La funcionalidad de la tecnología hace difícil cambiar a otra plataforma con menos usuarios y contribuyentes. Todos estos ejemplos muestran cómo podemos quedar atrapados en el uso de ciertas tecnologías porque queremos o necesitamos las interacciones que generan. Abandonarlas no solo significa perder las funciones que las tecnologías proporcionan, también significa perder a las personas y los conocimientos que esas tecnologías nos permiten tener disponibles. Cuando Shireen revisa su lista, se da cuenta de que la mayoría de sus herramientas digitales la tienen atrapada en las dinámicas de la red. Sin embargo, nota que la app de ejercicio nativa de su Apple Watch puede sustituir casi todas las funciones de Nike Run Club, salvo por los datos de comunidad que ofrece esta última. Pero, como en realidad nunca usa esos datos, esta es una aplicación para eliminar. Además, tiene tan pocas interacciones con amigos en WhatsApp que a menudo le cuesta recordar cómo utilizar sus funciones básicas. Si descarga un programa de integración, puede revisar y enviar mensajes de WhatsApp a través de iMessage con facilidad, eliminando la necesidad de revisar también esa app.

Para completar el paso 2, debes examinar las herramientas de trabajo en tu lista para identificar la no sustituibilidad, la instrumentalidad y el bloqueo de red. Luego, pregúntate qué tecnologías digitales, que no cumplen con esos tres criterios, puedes eliminar de tu conjunto de herramientas. Shireen concluyó que, igual que con Apple Mail y Gmail, podía dejar de usar Outlook y acceder a su correo directamente desde la versión web de Gmail, ya que su empresa usa el servicio de correo de Google. También usaba Canva para trabajo de diseño gráfico en las etapas iniciales de proyectos porque era lo que estaba acostumbrada a usar en su empleo anterior. Sin embargo, su empresa tenía acceso al más potente Adobe Illustrator, y de todas formas al final tenía que entregar todos sus proyectos en ese formato, así que decidió que podía dejar de usar Canva. Aunque los grados de libertad que tenía con sus herramientas de trabajo eran menores que con sus herramientas de casa, cuando vemos la lista de Shireen después del paso 2 (las herramientas eliminadas están tachadas), podemos ver que ha podido dejar de usar trece de sus 36 herramientas. Nada mal.

1. *Microsoft Word*
2. **Adobe Illustrator**
3. **PowerPoint**
4. ~~**Canva**~~
5. ~~**Outlook**~~
6. Gmail (en el navegador)
7. *Chrome*
8. **HubSpot**
9. **Salesforce**
10. **Zoom**
11. *Google (búsqueda)*

12. **Microsoft Teams**
13. **Jira**
14. ~~Twitch~~
15. Instagram
16. ~~TikTok~~
17. ~~(Apple) Mail~~
18. *ChatGPT*
19. **SharePoint**
20. ~~WhatsApp~~
21. iMessage
22. **Dropbox**
23. La app de Amazon
24. La app de Chase Mobile
25. ~~Twitter~~
26. LinkedIn
27. Spotify
28. ~~Evernote~~
29. Waze
30. ~~Nike Run Club~~
31. ~~Color Switch~~
32. ~~Timehop~~
33. Netflix
34. ~~Hulu~~
35. Siri
36. ~~Alexa~~

PASO 3: CONCÉNTRATE EN LO QUE PUEDES CAMBIAR

Al enfocarte en las herramientas restantes del trabajo, puede parecer que no tienes mucha capacidad para cambiar algo. Si tu empresa, como la de Shireen, ha decidido usar Salesforce como herramienta de gestión de relaciones con clientes y tu trabajo se relaciona con ellos, es probable que tengas que usar Salesforce. De igual forma, si tu equipo se coordina a través de chats de Microsoft Teams y tú eres la única persona que ha optado por no usarlo, no serás un buen compañero de equipo. En estos casos, tus herramientas de trabajo no son sustituibles, son instrumentales y están reforzadas por el bloqueo de red. Para poder dejar de usar este tipo de herramientas digitales, necesitarías que otras personas también accedieran a dejar de usarlas. Shireen no tenía la autoridad para hacer tales cambios, y es probable que muchos de nosotros tampoco la tengamos.

Sin embargo, existen muchas herramientas digitales que siguen en uso en el lugar de trabajo porque las personas han desarrollado hábitos a su alrededor, no porque cumplan con alguno de los criterios descritos en el paso 2. Existe una larga línea de investigación sobre el uso de tecnología digital en empresas que muestra que, después de tomar decisiones razonadas y racionales sobre si comenzar a usar una nueva tecnología, las personas a menudo continúan usándola[6] porque, como tantas personas me han dicho: "Esa es la herramienta que todos usan". De hecho, un estudio clásico de Janet Fulk de la Universidad del Sur de California, demostró que cuanto más se identificaban las personas con su grupo de trabajo, más probable era que continuaran usando un sistema de mensajería digital solo porque pensaban que a todos los demás en el grupo de trabajo les gustaba.[7] No importaba si a todos los demás en el grupo realmente les gustaba la tecnología y querían usarla. La influencia social y el hábito son fuertes predictores de la propensión de las personas a seguir usando tecnologías sin pensamiento crítico.

Cuando no estás en posición de autoridad, la clave es encontrar esas tecnologías que no cumplen con esos tres criterios y crear oportunidades de cambio entre tus colegas de trabajo. Shireen pudo eliminar cuatro herramientas digitales más de su lista al tomar este paso. Como ejemplo, se dio cuenta de que, por razones que no entendía, su empresa ofrecía dos opciones para guardar archivos en ubicaciones compartidas: una estaba en el servidor SharePoint de la empresa y la otra era a través de Dropbox. Shireen usaba ambas, pero no tenía una buena justificación del porqué. Cuando preguntó a otros miembros de su equipo, descubrió que a la mayoría no le gustaba SharePoint y preferían Dropbox. Le preguntó a su jefe si habría algún problema en que el equipo usara Dropbox en lugar de SharePoint. Su jefe dijo que él también desconocía por qué tenían dos opciones y que por él estaba bien hacer el cambio. Así que el equipo movió sus archivos de SharePoint a Dropbox, y Shireen tachó una tecnología digital más de su lista. Al reflexionar sobre sus herramientas de trabajo, Shireen se dio cuenta de que no tenía ningún trabajo sustancial que hacer en Salesforce o Jira. Iniciaba sesión para dar seguimiento a algunas cosas que estaban documentadas en esos sistemas, pero su trabajo no requería que los usara con frecuencia. Como no los usaba a menudo, sentía una tensión considerable al tratar de recordar su funcionamiento cada vez que iniciaba sesión. Buscar lo que necesitaba era más difícil de lo que creía que debería ser. También habló con su jefe sobre esto, y él le dijo que siempre enviaba mensajes al equipo si había cosas que el equipo necesitaba saber, así que no tenía que usar estos sistemas. Dos más fuera de la lista.

La mayor apuesta de Shireen surgió cuando pensó en la forma en que usaba Microsoft Teams y Zoom. Su equipo se enviaba mensajes por Teams todo el tiempo, así que necesitaba usarlo para esa función. Pero el equipo también usaba las funciones de videoconferencia con frecuencia. Se sentía cómoda haciendo videoconferencias por Teams. Podía difuminar su fondo y compartir su pantalla con facilidad, y sabía cómo ajustar el volumen de su micrófono o altavoces si había algún problema. No tenía la misma facilidad con Zoom, pero dos de los consultores con los que trabajaba en contenidos de marketing siempre enviaban invitaciones de Zoom para videoconferencias. Shireen decidió que, como ella contrataba a esos consultores, probablemente podría elegir qué plataforma usaban para las reuniones. Les comunicó de manera cordial a ambos consultores que, a partir de ahora, las videoconferencias serían a través de Teams. Les dijo que estaría encantada de enviar las invitaciones, pero, para su sorpresa, ambos respondieron y le dijeron que ya usaban Teams con otros clientes, así que estarían encantados de cambiar a reuniones de Teams. Como Shireen me contó: "Estoy tan contenta de haber superado mi nerviosismo al respecto y simplemente decirles que necesitaba cambiar a Teams. Quién sabe por qué decidieron usar Zoom conmigo, pero no podría haber salido mejor. Si no hubiese hablado, seguiría atrapada en Zoom".

Después de completar este tercer paso, Shireen había reducido el número de tecnologías digitales que usaba a diario de treinta y seis a diecinueve. Bueno, eso no es exactamente la mitad. Como ya habrás adivinado, llegar a la mitad no era en realidad el objetivo. El propósito de este ejercicio es hacer una reducción sustancial y significativa en el número de herramientas digitales que tenemos que aprender, reaprender y entre las cuales tenemos que alternar. Una reducción del 50 % es una guía. Hace veinte años, cuando las personas tenían un promedio de ocho herramientas digitales en su portafolio, eliminar la mitad de tus herramientas podría haber sido demasiado. En diez años, podría ser muy poco. El punto es que es fácil añadir y, aún más fácil, olvidar restar. Tal como nos recuerda Leidy Klotz, autor del libro *Subtract*, estamos programados para pasar por alto la resta y usamos la suma como sustituto del pensamiento.[8] A menudo nos dicen que, si tenemos un problema, es porque aún no hemos encontrado la solución correcta o no tenemos el producto adecuado. No pienses, solo añade. Aunque cuando añadimos y no restamos, nuestro agotamiento crece. Por eso es necesario que, de vez en cuando, eliminemos herramientas de nuestro conjunto de tecnologías.

1. *Microsoft Word*
2. **Adobe Illustrator**
3. **PowerPoint**
4. **~~Canva~~**
5. **~~Outlook~~**
6. Gmail (en el navegador)
7. Chrome
8. **HubSpot**
9. **~~Salesforce~~**
10. **~~Zoom~~**
11. *Google (búsqueda)*
12. **Microsoft Teams**
13. **Jira**
14. ~~Twitch~~
15. Instagram
16. ~~TikTok~~
17. ~~(Apple) Mail~~
18. *ChatGPT*
19. **~~SharePoint~~**
20. ~~WhatsApp~~
21. iMessage
22. **Dropbox**
23. La app de Amazon
24. La app de Chase Mobile
25. ~~Twitter~~
26. LinkedIn
27. Spotify
28. ~~Evernote~~
29. Waze
30. ~~Nike Run Club~~
31. ~~Color Switch~~
32. ~~Timehop~~
33. Netflix
34. ~~Hulu~~
35. Siri
36. ~~Alexa~~

PASO 4: FINALIZA TU LISTA CON UNA AUDITORÍA DE ENERGÍA

El último paso para finalizar la lista de tecnologías digitales que vas a eliminar es hacer una auditoría energética.[9] Es una idea que usa Sarah Sarkis, psicóloga y coach de desempeño, para ayudar a sus clientes a descubrir qué les da energía y qué se las quita. "La energía, al igual que el dinero, es limitada", explica Sarkis. "Tienes créditos y débitos. Cada vez que haces algo que beneficia tu salud física o mental, como dormir o hacer ejercicio, sumas un crédito. Pero cualquier actividad que te perjudique, como trabajar hasta tarde o saltarte una comida, es un débito". Podemos aplicar esta idea de créditos y débitos de energía a las herramientas digitales en nuestra lista. Toma todas las herramientas que marcaste para eliminar y clasifícalas como "créditos de energía" o "débitos de energía". Ahora haz dos columnas: una para los créditos y otra para los débitos. Si usar la herramienta te *da* energía (te ofrece contenido que disfrutas, te ayuda a hacer alguna tarea importante, te hace sentir feliz o emocionado, o te conecta con personas o contenido que te estimulan o te reconfortan), ponla en la columna de créditos. Es un estimulante de energía. Pero si descubres que usar una herramienta te *quita* energía (te preocupa si la estás usando bien, no recuerdas sus funciones, odias su diseño o te aburre o enoja su contenido), ponla en la columna de débitos. Es una que drena tu energía. Si el trabajo que hiciste en los pasos 1 a 3 la puso en tu lista de posibles eliminaciones y también terminó en la columna de débitos, hay aún más razones para dejar de usarla. Aunque si estaba en tu lista para eliminar y terminó en la columna de créditos, quizá debas reconsiderar si vale la pena quitarla.

La única herramienta digital de la lista de eliminación de Shireen que terminó en la columna de créditos fue TikTok. Como dijo ella: "Sé que esos videos son tontos, pero simplemente me gusta verlos. Me esfuerzo mucho para no tomarlo tan en serio y solo disfrutarlo como simple y puro entretenimiento. Por lo general, cuando termino de ver algunos videos, estoy riendo y me siento bien". Si una tecnología en la columna de créditos te hace sentir como Shireen con TikTok, es probable que sea una buena candidata para quedarse. Recuerda nuestra metáfora de la batería: tenemos que enfocarnos en detener las fuerzas que agotan nuestra energía y potenciar las que la recargan. A veces, añadir una herramienta más a nuestro repertorio puede ser la decisión correcta, siempre y cuando la añadamos con un propósito, no como un sustituto del razonamiento.

REGLA #2

Haz *match*

Cuando Claudia entró al trabajo de sus sueños como asistente legal en un prestigioso despacho de abogados, no podía creer la cantidad de información que recibía desde distintos frentes de la empresa. Los mensajes le llegaban por correo electrónico, Slack, mensajes de texto, la intranet corporativa y mensajes directos en la red social interna. Sin embargo, algo le llamó la atención desde el principio: casi nadie la contactaba por el teléfono de su oficina ni se acercaba a su escritorio. "Fue rarísimo", contó. "Todo el mundo quería que respondiera algo, pero nadie quería hablar conmigo… o sea, escuchar mi voz".

Después de dos meses en el despacho, la cantidad de mensajes se volvió abrumadora, y Claudia empezó a experimentar un alto nivel de agotamiento. Parte del problema era que muchos de los correos, textos o mensajes por Slack eran poco claros, lo que la obligaba a intercambiar varios mensajes con la persona para aclarar el asunto. Sus propias respuestas, a veces, también generaban confusión, y eso daba pie a más ida y vuelta. Agotada y desmotivada, Claudia decidió probar algo distinto. Cuando recibía un correo ambiguo, levantaba el teléfono y llamaba al remitente para pedir una aclaración. Bastaban dos minutos de conversación para dejar todo claro. Con solo usar más el teléfono, logró reducir en más de 200 % la cantidad de mensajes que enviaba y recibía. "Siento que me quité un peso de encima", dijo Claudia seis meses después de hacer el cambio. "Algunos todavía creen que es raro que use tanto el teléfono, pero en realidad no les molesta y yo tengo mucha más energía".

La solución de Claudia al problema de agotamiento fue un cambio de conducta sencillo pero eficaz: hacer coincidir las capacidades de una tecnología con el nivel de ambigüedad del mensaje que necesitaba comunicar. En esta era digital, solemos preferir los canales escritos y asincrónicos para casi todo. (Piensa en la última vez que sonó tu teléfono y pensaste: "¿Por qué me están llamando?"). Pero muchos mensajes y datos se manejan mejor de manera sincrónica y con apoyo de señales no verbales, no a través de texto. Además, como lo muestran las críticas constantes a las reuniones y las discusiones generales sobre el trabajo remoto, a menudo elegimos el canal equivocado para comunicarnos, suponiendo que todo lo importante debe hacerse en tiempo real y cara a cara. Por eso, la segunda regla para reducir el agotamiento digital consiste en elegir estratégicamente la tecnología que se utiliza según la complejidad de la información y las necesidades de coordinación del equipo. Esta elección también debe tomar en cuenta el valor simbólico que ciertas tecnologías digitales tienen en tu lugar de trabajo, profesión, círculo de amistades o familia.

Para comprender mejor el concepto de hacer *match*, primero hay que hablar de una palabra poco común: "potencialidades" (*affordances*).[1] Este concepto se refiere a las acciones que creemos que podemos realizar con una tecnología nueva. La idea es que todo objeto tiene propiedades o características. Una piedra es sólida, pesada y redonda. Un software puede realizar funciones matemáticas básicas: sumar, promediar, crear tablas de amortización, entre otras, pero esas propiedades o características no se perciben igual por todos. Un animal grande puede ver una piedra como un lugar para sentarse y descansar. Un animal pequeño puede verla como una estructura segura bajo la cual esconderse. Por sus diferencias físicas, ambos animales perciben la misma piedra de manera distinta. Así, esa misma piedra puede servirle a uno para sentarse y al otro para esconderse.

Con un mismo objeto, distintas acciones son posibles. Resulta que Facebook o el sistema CRM de tu empresa no son tan distintos de una piedra: las tecnologías digitales también se perciben y se usan de manera muy distinta según la persona.[2] Un asistente administrativo en una firma de relaciones públicas puede ver en Excel una herramienta para organizar direcciones y hacer envíos masivos. En cambio, un ejecutivo bancario puede usarla para calcular el monto máximo de una hipoteca que un cliente puede asumir. Aunque el software sea el mismo, a cada quien le ofrece distintas posibilidades, porque cada uno se relaciona con él de forma distinta, según sus objetivos y habilidades. Las potencialidades no son una propiedad de la herramienta en sí, sino el resultado de la relación entre la persona y lo que la tecnología permite hacer.

El concepto de potencialidad es fundamental para la Regla #2. Si queremos usar nuestras tecnologías digitales de manera que mantengan a raya las fuerzas interactivas de la tríada del agotamiento, necesitamos alinear las potencialidades que nos ofrecen con ciertas características clave de nuestro contexto. En los años ochenta, Richard Daft y Robert Lengel propusieron un modelo para pensar en esta alineación. Aunque su "teoría de la riqueza mediática"[3] ha sido muy debatida y la evidencia empírica no ha sido concluyente respecto a algunas de sus ideas originales, ofrece un marco general bastante útil. Yo lo he utilizado con gran éxito con personas en muchos ámbitos de la vida.

La premisa es sencilla: las tecnologías digitales varían en la riqueza con que transmiten datos e información. El término "riqueza" se refiere a la cantidad de señales que pueden comunicar. Según Daft y Lengel, el primer medio para transmitir información y procesar datos fue el cuerpo humano. Cuando las personas interactúan cara a cara, cuentan con muchas señales para comunicarse y expresar comprensión, acuerdo, disposición o, por el contrario, confusión, desacuerdo u oposición. El tono de voz, la inclinación de la cabeza, el fruncimiento del ceño, la tensión de los labios, todos estos gestos acompañan nuestras palabras al momento de transmitir o recibir información. También podemos reaccionar ante la respuesta de los otros en tiempo real, ajustar lo que decimos o modular nuestro tono en función de lo que sucede. Como durante millones de años los humanos solo contaron con la interacción presencial para intercambiar datos, hemos evolucionado de manera que estamos especialmente preparados para procesar información compleja o ambigua de este modo. La interacción cara a cara permite dialogar y construir un significado compartido. Por eso, según Daft y Lengel, la interacción presencial es el medio de comunicación con mayor riqueza. Luego propusieron que aquellas tecnologías que se acercan a la interacción cara a cara, en su capacidad para permitir el procesamiento en tiempo real de múltiples señales complejas, serían los siguientes medios con más riqueza. Cuantas menos señales puede transmitir o interpretar una tecnología de forma significativa, más pobre es el medio. Su tipología (actualizada para incluir las tecnologías que usamos con más frecuencia hoy) se ve más o menos así:

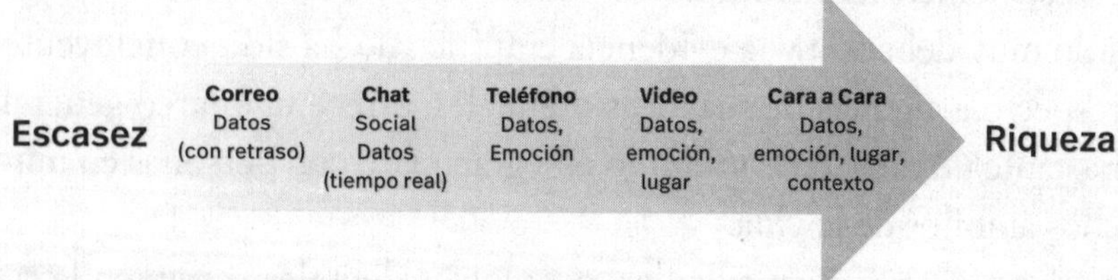

Otros investigadores debaten qué debe considerarse "riqueza"[4] comunicativa y cuál debería ser el orden correcto de las tecnologías, de la más escasa a la más rica. A mí me parece que esas discusiones desvían la atención de lo más importante: percibimos que ciertas tecnologías digitales facilitan compartir y procesar información de ciertas maneras, y dificultan otras.

A veces, la información que tratamos de comunicar o de comprender resulta difícil de interpretar. A veces no sabemos cómo la están interpretando los demás. Además, en ocasiones, es importante llegar rápido a una comprensión compartida, porque lo que podamos hacer depende de lo que otros entiendan. Pero, otras veces, los datos con los que trabajamos son simples y evidentes, por lo que no necesitamos tomar decisiones urgentes y tampoco hace falta que todos estén de acuerdo para avanzar. Cuando no alineamos bien las potencialidades de nuestras tecnologías digitales con las demandas de la situación, generamos un desajuste que nos lleva al agotamiento. En las siguientes páginas veremos cómo hacer una mejor elección y cómo superar la inercia que nos impide hacer lo que, en apariencia, es simple e intuitivo.

¿MÁS CLARO QUE EL AGUA O MÁS OSCURO QUE UN POZO SIN FONDO?

Pasé dos meses trabajando en Austria, con una diferencia de nueve horas respecto a mis colegas en Santa Bárbara. Empecé a enviar correos electrónicos a una colega, a quien llamaremos Jeanette, al final de mi jornada en Austria, para ponernos al día y resolver algunos asuntos importantes acerca del personal y del presupuesto. Eran temas complejos. En cuanto al personal, no estaba claro cuál era la mejor decisión: teníamos que determinar si despediríamos a alguien y si íbamos a ascender a otra persona. En ambos casos, no estaba del todo claro cuál sería el mejor camino a seguir. No coincidíamos en cuál debía ser el siguiente paso. En cuanto al presupuesto, Jeanette y yo teníamos interpretaciones distintas de los mismos números. Yo pensaba que eran malos; ella, que eran buenos. Estábamos viendo los mismos datos, pero los estábamos abordando desde perspectivas diferentes. Ninguno de los dos comprendía que la interpretación del otro difería tanto. No entendía por qué Jeanette proponía ciertas asignaciones presupuestales. Desde mi perspectiva (que los números eran preocupantes), sus propuestas no tenían sentido. Desde la suya (que los números eran buenos), ella no entendía por qué yo insistía tanto en ciertos temas.

Al principio, Jeanette respondía de inmediato. "De inmediato" significaba que respondía a la mañana siguiente, ya que yo le escribía a las 6:00 de la tarde, al terminar mi trabajo en Viena, cuando en Santa Bárbara eran las 9:00 de la mañana. Después de unos días, sus respuestas prácticamente cesaron. Me frustré. Empecé a enviarle más correos y mensajes de texto para preguntar qué estaba pasando. Esta interacción se volvió una fuente importante de agotamiento para ambos porque los malentendidos crecieron. Los dos nos sentíamos molestos y frustrados porque el otro no nos entendía; y, con tan poca información en los mensajes, empezamos a atribuirnos de manera mutua intenciones poco amables. Además, la constante ida y vuelta de correos y mensajes para tratar de resolver el problema aumentaron nuestra necesidad de cambiar de contexto con frecuencia, dejando de lado las muchas otras tareas que cada uno intentaba completar para contestar, una vez más, al otro. Esta interacción, que se extendió por más de dos semanas, fue extremadamente desgastante. El problema era que ninguno de los dos estaba usando la tecnología adecuada para el tipo de situación que estábamos enfrentando.

Las decisiones que teníamos que tomar sobre asuntos de personal y asignaciones presupuestales estaban marcadas por un alto grado de equivocidad. La equivocidad ocurre cuando la información o los datos son claros, pero significan cosas distintas para diferentes personas. Jeanette y yo estábamos viendo los mismos datos sobre el desempeño de nuestro personal, pero los interpretábamos de maneras diferentes. Donde ella veía una mejora, yo veía falta de compromiso. Además, al revisar las mismas asignaciones presupuestales, ella veía gastos razonables y cuentas en números negros, mientras que yo veía solicitudes de fondos que no coincidían con las prioridades del departamento y saldos demasiado bajos como para justificar riesgos importantes el siguiente año. En ambos casos, los datos eran los mismos, pero nuestras interpretaciones diferían. Los datos eran equívocos.

La equivocidad no es un problema en sí mismo. Muchas situaciones en la vida son equívocas. Incluso fuera del trabajo. Crew y Dalia, una pareja de padres con los que hablé, me contaron sobre una pelea que tuvieron por mensajes de texto mientras Dalia estaba en un viaje de trabajo. El gimnasio donde entrenaba su hijo tenía un espacio disponible para que pudiera practicar un día extra por semana. Crew pensó que su hijo ya dedicaba demasiado tiempo al entrenamiento, mientras que Dalia, viendo el mismo número de horas, pensó que no era suficiente. No lograban ponerse de acuerdo y ambos dijeron sentirse agotados tras tres días de discusión por mensaje. Cuando las situaciones son equívocas, se resuelven mejor con precisión: tomando en cuenta la perspectiva del otro, pidiendo retroalimentación, aclarando y alcanzando acuerdos sobre cómo avanzar. Todo eso requiere negociación, e implica varios intercambios. Es difícil lograrlo por correo electrónico o mensaje de texto.

El problema es que estos dos medios relativamente limitados no tienen buena potencialidad para reducir la equivocidad. No es sencillo interrumpir para decir que algo no se entiende, y la palabra escrita no transmite el tono de la misma manera que lo hace escuchar la voz de alguien, ver su postura o cómo respira. Los estudios suelen mostrar que los equipos e individuos que deben tomar decisiones sobre datos muy equívocos en entornos controlados funcionan mejor cuando se comunican frente a frente, por videollamada o por teléfono, y tienen peores resultados cuando intentan llegar a un consenso mediante correo electrónico, mensajería instantánea o chats grupales.[5] Curiosamente, la gente toma decisiones más rápido usando medios de comunicación más austeros que cuando usa medios más completos, lo que sugiere que procesa menos señales y que la ausencia de esas señales lleva a decisiones con las que los equipos están menos satisfechos en general.

Si tomar buenas decisiones basadas en datos equívocos requiere una comunicación precisa, entonces los medios limitados traen otro problema. Cuando Jeanette y yo intercambiábamos correos sobre los asuntos de personal y presupuesto, había mucha ambigüedad en cuanto al significado de nuestras acciones. Cuando ella escribió: "Está bien para mí", no sabía si en verdad lo pensaba o si solo lo decía para callarme. Cuando no respondió una de mis preguntas directas durante dos días, no sabía si estaba molesta o tan solo ocupada. En su libro *Digital Body Language*, Erica Dhawan ofrece varios ejemplos de cómo las herramientas digitales limitadas dificultan la interpretación de las palabras o acciones ambiguas, como no responder rápido a un correo.[6] Como concluye en su investigación sobre la ambigüedad que surge al comunicarse mediante herramientas digitales: "La gente no lograba descifrar el tono de los mensajes que recibía por correo electrónico, texto, videollamadas, y demás. Tampoco estaban plenamente conscientes de cómo se recibían sus propios mensajes. Más que una falla menor o una molestia (*¡la tecnología es una lata!*), nuestras brillantes herramientas de comunicación estaban causando problemas serios. El trabajo y la toma de decisiones se habían ralentizado. Los equipos estaban desorganizados. Los empleados se sentían desmotivados, desconfiados, confundidos y paranoicos". ¡Uf! Enfrentar la ambigüedad provocada por nuestras tecnologías digitales es, sin duda, agotador.

Aunque existe una solución: cuando nos enfrentamos a datos equívocos o a información que no se presta a un acuerdo fácil, debemos elegir herramientas digitales que ayuden a minimizar las ambigüedades inevitables que surgirán. Si sabemos que los datos o la información con los que estamos trabajando son equívocos, tenemos que optar por tecnologías digitales (o reuniones presenciales) que reduzcan la ambigüedad. Yo debí haber hecho *match* con los datos equívocos que Jeanette y yo discutíamos con Zoom, el teléfono o alguna otra tecnología que nos permitiera intercambiar retroalimentación en tiempo real, donde pudiera percibir su confusión, y donde los malentendidos se resolvieran de inmediato. Esa es también la decisión que Crew y Dalia debieron tomar para resolver lo de las prácticas de gimnasia de su hijo. No obstante, hacer *match* también funciona en sentido contrario. Es igual de importante hacer *match* entre los datos no equívocos y medios limitados, porque las investigaciones muestran que, si una decisión es relativamente sencilla, demasiadas señales pueden traer a la superficie problemas relacionados que dificultan una decisión rápida y clara.[7] Piensa en la última vez que estuviste de acuerdo con alguien, pero una mirada de reojo o una pausa en la voz abrió un nuevo conflicto que complicó una decisión sencilla. Resulta que nos sentimos mucho menos agotados si también hacemos *match* entre las tareas con baja equivocidad y los medios más limitados.

¿TRANSMISIÓN O CONVERGENCIA?

Una segunda consideración clave para elegir bien la herramienta tiene que ver con el nivel de coordinación necesario para que algo ocurra. No toda la coordinación es igual. El tipo de coordinación que necesitamos tener con otras personas depende de cuánto dependen nuestras acciones de las suyas, lo que también se conoce como "interdependencia". Evidentemente, mientras más dependamos el uno del otro para programar software o planear una salida con amigos en común, mayor será el nivel de coordinación que necesitaremos. Mientras menos interdependientes sean nuestras tareas, menos coordinación necesitaremos entre nosotros para que las cosas funcionen.

Hace ya varias décadas, el sociólogo James Thompson desarrolló un marco conceptual para analizar los distintos tipos de interdependencia que sigue aplicando hoy en día.[8] Thompson propuso que pensemos nuestras interdependencias de tarea con otras personas como acumulativas, secuenciales o recíprocas:

1. **Interdependencia acumulativa.** Cada persona contribuye de manera independiente al resultado colectivo, con una dependencia directa mínima del trabajo de los demás. Por ejemplo, un grupo de representantes de ventas en una empresa minorista trabaja cada uno en un territorio distinto. Operan de

manera independiente para cumplir sus metas individuales, pero todos contribuyen al desempeño general de ventas de la empresa. Cada representante gestiona sus propias interacciones con clientes y procesos de venta, aunque todos dependen de los mismos sistemas digitales de apoyo, como el software de gestión de relaciones con clientes y las capacitaciones sobre productos que ofrece la empresa. O en la vida personal: te unes a un reto de ejercicio con amigos, donde cada quien registra el tiempo que pasa en el gimnasio en una app compartida. Aunque cada rutina es individual, sus esfuerzos combinados aportan a la meta del grupo, como caminar entre todos la distancia equivalente a cruzar un continente.

2. **Interdependencia secuencial.** El resultado del trabajo de una persona se convierte en el insumo directo para la siguiente tarea de alguien más, formando un flujo de trabajo lineal. Por ejemplo, en un equipo de producción de contenidos para una revista digital, primero un redactor escribe un artículo; luego, un editor lo revisa y lo aprueba. Después, pasa a manos de un diseñador gráfico, que agrega elementos visuales, y, por último, un técnico web lo publica en el sitio. Cada tarea debe completarse antes de que la siguiente pueda comenzar su parte del proceso. O en casa: un miembro de la familia planifica el menú semanal y lo comparte por una app para organizar comidas. Otra persona pide los ingredientes en línea con base en ese plan, y una tercera prepara los platillos según lo acordado. Cada paso depende del anterior y requiere coordinación.
3. **Interdependencia recíproca.** Estas tareas requieren una interacción continua de ida y vuelta para completarse eficazmente. Por ejemplo, en un hospital, un médico y una enfermera que atienden a un paciente en cuidados intensivos muestran una interdependencia recíproca. El médico depende de la enfermera para monitorear el estado del paciente y aplicar tratamientos, mientras que la enfermera necesita del

diagnóstico y las indicaciones del médico para actuar. Sus tareas están altamente entrelazadas y requieren comunicación constante, así como ajustes según las respuestas del paciente al tratamiento. O en el plano familiar: estás organizando una reunión con parientes y tú y tus familiares usan un chat grupal para decidir la fecha, el lugar, la comida y las actividades. Cada decisión influye y depende de las demás, por lo que se necesita una comunicación continua para alinear preferencias y disponibilidades.

En general, la necesidad de coordinación es baja cuando nuestra interdependencia con otras personas es acumulativa o secuencial. En el caso de la interdependencia acumulativa, no hay que preocuparse demasiado por la coordinación, ya que cada individuo o grupo trabaja de forma autónoma y aporta al objetivo común sin depender directamente de las actividades de los demás en el día a día. Las tareas están, hasta cierto punto, aisladas, y la interacción se limita a compartir recursos o seguir lineamientos generales. La interdependencia secuencial también requiere, en cierta medida, un nivel bajo de coordinación, porque lo que hace falta es que el resultado de una persona o grupo se convierta en el primer paso para el siguiente individuo. Esta estructura en cadena permite identificar que, aunque cada tarea depende de la anterior, la interacción necesaria para llevarla a cabo sigue siendo, en cierto modo, predecible y lineal. Las tecnologías digitales que Daft y Lengel clasifican como limitadas suelen ser suficientes para gestionar la coordinación de tareas acumulativas o secuenciales. Entre ellas están los correos electrónicos, los memorandos o los informes estándar, que brindan la información necesaria sin pedir retroalimentación inmediata. Como las tareas son independientes, la comunicación debe ser principalmente clara e informativa, sin necesidad de transmitir muchas señales. Una documentación detallada y actualizaciones programadas garantizan que cada parte sepa qué se espera y cuándo.

Por el contrario, las tareas que exigen una interdependencia recíproca requieren mayor coordinación. La comunicación cara a cara o tecnologías digitales más ricas ayudan a manejar las complejidades y el dinamismo de estas tareas. Se necesita rapidez y multiplicidad de señales para resolver las ambigüedades y posibles conflictos, y así asegurar que todos los involucrados coordinen bien, aclaren malentendidos al instante y se adapten a los cambios conforme surjan.

Piensa si lo que haces exige *transmitir* información a otros, como en tareas acumulativas o secuenciales, o si necesitas *converger* en un significado compartido o acuerdo mutuo, como en tareas recíprocas. Por lo general, si tu necesidad de coordinación requiere transmitir información, usa tecnologías digitales que permitan enviar texto o transferir documentos e imágenes para ayudar a aclarar cosas. Cuando envías información para que alguien entienda tu trabajo o pueda continuar desde donde lo dejaste, esa persona necesita tiempo para procesar lo que enviaste. Las tecnologías que no exigen respuesta inmediata y eliminan señales que distraen de lo esencial son las más útiles en estos casos. Sin embargo, si tu estilo de coordinación implica converger en un acuerdo común o en un resultado colaborativo, usa tecnologías que permitan colaboración simultánea, a través de la cual se puedan transmitir varias señales. Cuando necesitas discutir cómo cada persona entiende una situación, llegar a acuerdos y ver cómo todas las partes encajan, se requiere discusión activa y retroalimentación rápida; sin eso, todo se estanca.

Cuando decidimos usar tecnologías que no encajan con la naturaleza de nuestras tareas, terminamos con problemas de coordinación que nos agotan. Usar correo electrónico o Slack para tareas que exigen colaboración constante y en tiempo real causa malentendidos frecuentes y necesidad de aclarar varias veces, aumentando la carga mental y el estrés en el equipo. Usar herramientas colaborativas complejas para tareas simples e independientes genera frustración y desperdicio de recursos. Ambos ilustran una falta de *match* entre la tecnología y las necesidades de coordinación, lo cual puede provocar agotamiento y menor productividad o satisfacción en el trabajo.

Después de volverse bueno reconociendo qué tipos de actividades debían coincidir con qué tecnologías, según la equivocidad y las demandas de coordinación, Mark pensó que ya lo tenía claro. Una de las asistentes legales que trabajaba en su firma pasó por su oficina para pedirle opinión sobre un escrito que estaba preparando. Mark dijo que lo revisaría y le daría respuesta. "Pensé en la regla de coincidencia, como me dijiste", me contó en una llamada telefónica una mañana temprano, "y pensé que la mejor forma de dar retroalimentación era directamente en Google Docs. El escrito era bastante sencillo, y ella no iba a necesitar volver conmigo para hacer preguntas. Así que solo puse notas a lo largo del documento para ella". En los días posteriores a sus correcciones, Mark escuchó por ahí que la asistente estaba molesta. Resulta que ella era nueva en el trabajo y pensó que la manera en que Mark trabajó en las correcciones y comentó el escrito en Google Docs era una señal de que no quería tomarse el tiempo para reunirse con ella y orientarla. "Me sentí fatal", reflexionó Mark. "Solo estaba tratando de pensar en mi cansancio y en el suyo de tener una reunión que realmente no necesitaba pasar. No pensé que hubiera algún simbolismo en la reunión que ella estuviera interpretando".

La experiencia de Mark es, en mi experiencia, común. La idea de coincidencia se basa en una noción racional sobre cómo podemos optimizar la difusión y el procesamiento de información para reducir el agotamiento digital. Pero, a veces, nuestra elección de tecnologías digitales es simbólica. Varias investigaciones destacadas en la tradición de riqueza de medios han demostrado que, en ciertas circunstancias, la coincidencia racional puede hacer más daño que bien si la elección de una tecnología en particular envía una señal equivocada sobre las intenciones o motivaciones de alguien.[9] Si cierto tipo de comunicación o interacción en el trabajo o entre amigos es símbolo del cariño o cuidado de alguien, o de indiferencia o molestia, hacer un *match* racional alrededor de la equivocidad y las necesidades de coordinación puede salir contraproducente. Como yo, de seguro has estado en una situación donde enviaste un texto o un mensaje rápido por Microsoft Teams y pensaste: "Hmm… tal vez debería haberla llamado para decirle eso", porque te diste cuenta de que pudo haber parecido insensible compartir la noticia de manera asincrónica y por texto, aunque fuera eficiente.

Mark se preocupó y estresó pensando que podría haber ofendido a su nueva colega. "Creo que me sentí más agotado pensando en cómo debería haber tenido la reunión que si simplemente la hubiera tenido", dijo Mark. Cuando se dio cuenta del simbolismo de hacer esa primera reunión con la asistente legal en persona, y de que sin querer había dado la señal de indiferencia al hacer un *match* racional, se disculpó con la asistente y le explicó la situación. Como contó Mark: "Ella se rio y pude ver cómo se le quitó la tensión del rostro. Me dijo que sentía haberle dado tanta importancia al asunto, pero que le preocupaba que la hubieran asignado a trabajar con un imbécil que no le importaba. Algo un tanto atrevido para decir, si me preguntas. Pero nos reímos y quedó todo bien".

La historia de Mark ilustra una tercera consideración para la regla de hacer *match*: siempre asegúrate de que tu *match* no esté generando señales adversas. Si lo está haciendo, tal vez necesites pensar cómo discutir las normas en tu organización, grupo de amigos o familia sobre cuáles formas de comunicación son aceptables para ciertos tipos de tareas o temas.

REGLA #3

Procesa la información por lotes y en flujo

No existen muchas investigaciones destacadas que muestren estadísticas sobre el uso del correo electrónico en tiempo real, pero las estimaciones conservadoras indican que el trabajador promedio recibe más de ciento veinte correos al día y revisa su bandeja cerca de ochenta veces en un día.[1] Todo ese trabajo relacionado con el correo suma casi nueve horas por semana. ¡Y eso es solo el correo! Mientras la gente revisa y envía correos, también cambia de una aplicación a otra, como Microsoft, Excel y Word, y Google Docs y Sheets. Las notificaciones de mensajes de texto siguen llegando al teléfono. Recibe múltiples mensajes por Slack. Revisa el muro de noticias de LinkedIn al menos dos veces al día, y la lista podría seguir y seguir. Datos de Microsoft muestran que los usuarios de sus productos pasan más de la mitad (57 %) de su jornada laboral usando herramientas de comunicación digital, y solo el 43 % del tiempo usando sus llamadas herramientas de productividad.[2] No obstante, enfoquémonos un momento en el correo electrónico, ya que es donde hay más investigación.

Jenn, vicepresidenta de contabilidad en una cadena de gimnasios, recibe más correos que el promedio reportado. En el último año, ha promediado 168 correos al día. Sin embargo, Jenn revisa su correo solo tres veces al día: al llegar al trabajo, justo antes de ir a comer y aproximadamente una hora antes de salir. "Soy muy disciplinada", comenta. "Cuando proceso mi correo por lotes, soy como una máquina. Lo hago rápido y luego tengo más tiempo para concentrarme en otras tareas". Jenn registra un 1 en la escala de agotamiento digital.

Nelson también es vicepresidente de contabilidad para una empresa de alimentos saludables. Él recibe un poco más que Jenn, con un promedio de ciento ochenta y cuatro correos diarios. Un análisis de sus registros muestra que revisa su correo unas ochenta y tres veces por día. "Cuando estoy concentrado en algo y veo que llegó un correo nuevo, simplemente lo reviso. Hasta en reuniones en persona lo hago. Sé que es grosero, pero no puedo evitarlo", dice Nelson. Él reporta un 5 en la escala de agotamiento digital.

Claro, el correo electrónico es solo una de muchas herramientas digitales que usan Jenn y Nelson, y solo uno de varios métodos de comunicación. Su comportamiento muestra dos formas de manejar la información. Jenn es una persona que procesa por lotes. Revisa sus correos en bloques, en ciertos momentos del día, y no los consulta fuera de esas tres ventanas. Su comportamiento con el correo refleja cómo maneja otras herramientas. No se permite interrupciones cuando trabaja en un análisis financiero. Tampoco contesta el teléfono ni contesta mensajes de texto mientras revisa su correo. Es muy disciplinada. Procesa esas actividades cuando les toca.

Nelson revisa su correo y la mayoría de su información en flujo. En cuanto recibe información nueva, hace algo con ella. Si recibe una llamada, la atiende en el momento. Si recibe un reporte, lo lee tan pronto llega. Incluso si debe trabajar con datos en un informe financiero, lo hace hasta que llega la siguiente tarea o información. Atiende eso y luego vuelve a cambiar. "No puedo ignorar el llamado de la información nueva. Además, me gusta resolver problemas al instante", explica. Nelson trabaja en flujo continuo.

Los términos "procesamiento por lotes" y "en flujo" tienen raíces técnicas. En su origen, el procesamiento por lotes se refería a un método de computación en el que las transacciones se agrupaban durante un periodo y se procesaban juntas en un solo bloque.

Este método era común en los primeros sistemas de computación, cuando los recursos eran limitados. Al esperar para procesar todas las transacciones juntas, generalmente fuera del horario laboral, los recursos limitados se podían dedicar durante el día a responder a la demanda en tiempo real. Este método sigue usándose hoy en muchas industrias, como en transacciones bancarias al cierre del día, nóminas o actualizaciones de inventarios.

El opuesto al procesamiento por lotes es el procesamiento en flujo. Este consiste en procesar los datos de inmediato conforme llegan, generando resultados sin demora. Piensa en servicios de streaming como Spotify o Netflix. Tu teléfono o televisor no espera a que toda la canción o película se descargue para empezar a reproducirla: comienza a procesar los datos paquete por paquete conforme los recibe. Por eso, a veces la canción o película se congela: aún no pasa al siguiente paquete de datos, así que no puede procesarlo. Los sistemas en tiempo real están diseñados para manejar tareas dentro de un tiempo garantizado, procesando los datos rápidamente para tomar acciones inmediatas basadas en la información más reciente. Esto es crucial en aplicaciones donde el tiempo y la respuesta inmediata son vitales.

Procesar por lotes y en flujo representan dos formas complementarias de manejar el gran flujo de datos que enfrentamos cada día. Podemos procesar por lotes o en flujo mensajes de texto, mensajes de Slack, llamadas telefónicas, hojas de cálculo, edición de documentos, creación de contenido, escuchar música, leer libros, jugar videojuegos y mucho más.

Podríamos pensar que es mejor ser como Jenn que como Nelson: procesar por lotes en vez de en flujo. Solo con lo leído hasta aquí, probablemente concluirías que el procesamiento por lotes reduce el salto entre tareas y conserva nuestros recursos de atención. Procesar por lotes reduce la demanda sobre nuestra atención, que es un factor clave en el agotamiento digital. Lo veremos con más detalle más adelante. Pero las puntuaciones de agotamiento digital de Jenn y Nelson solo cuentan una parte de la historia. Aunque Nelson tiene un alto nivel de agotamiento digital, sus colegas lo quieren: "Está siempre disponible y responde al instante", dice uno de ellos. Por otro lado, pese a su menor agotamiento, Jenn genera frustración entre sus colegas. "Nunca se da tiempo para ti, y sus respuestas llegan después de que las necesitas", dice un vicepresidente de otra división de su empresa.

Nuestras elecciones sobre procesar por lotes o en flujo tienen consecuencias sociales, en especial cuando afectan a otros. Por eso, a diferencia de las dos reglas anteriores, esta no es absoluta. No puedo decirte que solo debes procesar por lotes o solo en flujo. La regla para este capítulo es que debes desarrollar una estrategia para combinar el procesamiento por lotes y en flujo que reduzca tu agotamiento digital, a la vez que mantenga tu reputación y confiabilidad. La combinación ideal casi siempre mezclará ambos comportamientos. Veamos cómo tomar decisiones saludables sobre qué y cuándo procesar por lotes y en flujo, cuál debe ser la división entre ambos, y por qué por lo general conviene exponerte a un poco más de agotamiento que el que Jenn soporta para lograr un éxito duradero en tus relaciones laborales y personales.

TRABAJO EN LOTES

En esencia, el trabajo por lotes es una estrategia para lidiar con las interrupciones. Cuando Jenn revisa su correo electrónico al comenzar el día, antes de comer y una hora antes de salir del trabajo, está creando un sistema en el que controla artificialmente la llegada impredecible y poco oportuna de los mensajes. Isa, química en una importante farmacéutica, revisa sus mensajes de texto por lotes. Como ella lo describe: "Cuando estoy en casa, solo reviso mis mensajes a ciertas horas. Los reviso antes de cenar, justo después de acostar a mis hijos y luego antes de irme a dormir. Lo hago así porque no quiero que los mensajes interrumpan mis noches en familia". Dan, asistente médico, también trabaja por lotes cuando ingresa información en el sistema de expedientes electrónicos de la clínica: "Algunos entran [al sistema de registro] después de cada consulta para registrar la información correspondiente. Pero eso interfiere con todo lo demás que tienes que hacer. Reservo dos horas al día para capturar todas mis notas de una sola vez. Es lo único que hago en ese rato, y la gente sabe que no debe molestarme". Reggie, ingeniero automotriz, aplica el mismo enfoque al hacer la depuración necesaria por lotes antes de enviar al supercomputador sus modelos de simulación de choques: "Ejecuto cinco o seis simulaciones al mismo tiempo. Espero a que regresen todas y, si alguna falla, las reviso una por una al final del día para ver qué salió mal. No las reviso en cuanto llegan porque eso solo me distraería de lo que estoy haciendo en ese momento". Una característica clave de nuestra vida digital es que la información nos llega en horarios que no elegimos. Podemos decidir atenderla en cuanto aparece o esperar a estar listos para hacerlo. Esa es la lógica detrás del trabajo por lotes.

En teoría, el trabajo por lotes es una gran solución para el agotamiento. Al atender todos nuestros correos, mensajes o simulaciones de una sola vez, podemos evitar los múltiples cambios de contexto que nos roban la atención. Lamentablemente, la evidencia sobre esta práctica es mixta. En un estudio encabezado por Indy Wijngaards, de la Universidad Erasmo de Róterdam, el equipo de investigación realizó un experimento de campo en una gran empresa neerlandesa de servicios financieros. Un grupo de empleados aceptó revisar su correo electrónico por lotes, consultando y respondiendo mensajes solo tres veces al día (tal como lo hace Jenn).[3] El otro grupo mantuvo sus hábitos normales de correo. Tras un mes de trabajo por lotes, los participantes del grupo experimental reportaron una reducción importante en las interrupciones por correo a lo largo del día y, como era de esperarse, una disminución significativa en la sensación de agotamiento. Los efectos del trabajo por lotes fueron más notorios entre quienes recibían un volumen alto de correos diarios (más de veinticinco, según este estudio). El grupo de control, que no modificó su uso del correo durante el mismo periodo, no reportó disminución ni en el número de interrupciones ni en su nivel de agotamiento. Parecía que el trabajo por lotes sí marcaba una diferencia en los niveles de agotamiento.

Sin embargo, dos semanas después de finalizada la intervención, los investigadores descubrieron que apenas poco más de la mitad (53 %) de los participantes del grupo experimental seguía usando el método. Cuando les preguntaron a quienes habían dejado de hacerlo por qué lo habían hecho, todos dieron la misma respuesta: sus compañeros de trabajo y clientes esperaban respuestas más rápidas de las que el trabajo por lotes permitía. La estrategia funcionaba, pero la presión social la volvía insostenible para muchos.

En otro estudio, sobre la agrupación de notificaciones en *smartphones*, realizado por Nick Fitz y sus colegas en la Universidad Duke, los participantes que recibían notificaciones agrupadas tres veces al día reportaron sentirse más atentos, productivos y con mayor control sobre su teléfono, en comparación con un grupo de control que recibía las notificaciones como de costumbre. También experimentaron menos estrés y menos interrupciones causadas por las notificaciones del celular. Sin embargo, los participantes que no recibían notificaciones en absoluto presentaron niveles más altos de ansiedad y FOMO que los de cualquiera de los otros dos grupos. Quienes no recibían notificaciones eran muy conscientes de que el mundo seguía girando mientras ellos no revisaban sus aplicaciones, y eso les provocaba miedo y ansiedad por perderse de actividades importantes o por fallarle a los demás.[4] Otro estudio mostró que el trabajo por lotes puede, de hecho, aumentar los niveles de estrés en personas con una predisposición a la ansiedad.[5]

La tendencia general en muchos estudios indica que nos estresamos cuando tenemos que lidiar con datos, información o comunicaciones que llegan según los tiempos de otros, no los nuestros. Trabajar por lotes con herramientas digitales nos permite gestionar la carga de información según nuestros propios horarios y concentrarnos sin interrupciones. Este enfoque puede reducir el estrés inmediato de leer, pensar y responder, así como disminuir nuestra sensación general de agotamiento. No obstante, el trabajo por lotes no es una panacea. Aquí hay algunas ideas a considerar si crees que esta estrategia podría funcionarte:

1. **Trabaja por lotes si las interrupciones son constantes y numerosas.** El trabajo por lotes funciona mejor cuando se experimentan muchas interrupciones a lo largo del día. El correo electrónico vuelve a ser el ejemplo claro. Si solo recibes unos cuantos correos al día, es probable que no necesites agruparlos. O, si eres como Denise y tus correos llegan concentrados en ciertos momentos del día, quizá ya aplicas un sistema natural de trabajo por lotes. Denise trabaja a distancia desde la costa oeste de Estados Unidos para una empresa con sede en la costa este. Cuando abre su correo por la mañana, ya ha recibido entre diez y quince mensajes de sus colegas, que llevan trabajando tres horas. Denise agrupa esos correos desde temprano, y responde durante esa primera sesión. Luego puede concentrarse durante varias horas. Regresa al trabajo por lotes hacia el final de la jornada de sus colegas del este y, después, vuelve a trabajar enfocada durante el resto de la tarde.
2. **Agrupa actividades similares en lotes.** Cuando pensamos en el trabajo por lotes, es fácil caer en la idea de asociarlo con herramientas digitales específicas: por ejemplo, agrupar la revisión del correo electrónico, la edición de un informe, la lectura de Twitter, y cosas por el estilo. Esa es una forma de hacerlo, pero la investigación muestra que un enfoque más eficaz consiste en agrupar actividades que sean complementarias por naturaleza o que formen parte de una misma secuencia de trabajo. Gloria Mark, la experta en salto de contexto, a quien conocimos en el capítulo 1, recomienda agrupar actividades que estén lógicamente conectadas, que requieran habilidades similares o que estén orientadas a lograr un objetivo específico.[6] Tendemos a organizar de forma natural nuestro trabajo y nuestras actividades de ocio en este

tipo de grupos como una forma de manejar la complejidad de las tareas y reducir la carga cognitiva que implica pasar de una tarea no relacionada a otra. Por ejemplo, supongamos que eres maestro y estás preparando tu clase. Podrías agrupar actividades como leer un artículo en línea, actualizar una presentación, enviar un correo a un ponente invitado y revisar en Blackboard las preguntas que los alumnos enviaron con antelación. Aunque estas tareas implican al menos cuatro tecnologías digitales distintas, forman un conjunto lógico y coherente porque todas contribuyen a un mismo propósito. Como comentamos antes, el cambio de atención nos agota más cuando saltamos entre ámbitos o tipos de tarea, que cuando cambiamos de modalidad dentro de un mismo dominio. Agrupar actividades que requieren procesos cognitivos similares (aunque involucren herramientas distintas) y procesarlas por lotes ayuda a reducir el agotamiento. Por eso no sorprende que los estudios centrados exclusivamente en el trabajo por lotes del correo electrónico no arrojen una reducción más marcada del agotamiento, sobre todo si tu bandeja de entrada se parece a la de John: "Cuando estoy con el correo o incluso mandando mensajes, siento que mi cabeza está en cien lugares al mismo tiempo. Un correo es de un cliente, otro de un proveedor, otro de mi hermana, y otro del plomero. O sea, tengo que estar deteniéndome y empezando, reajustando y recordando en dónde estoy y con quién hablo cada vez que me siento a revisar los correos". Te va mejor si piensas en agrupar actividades que tengan sentido juntas, en lugar de agrupar solo según el tipo de tecnología que usas.

3. **No trabajes por lotes durante demasiado tiempo.** El trabajo por lotes se trata de enfocarse. Hoy en día todo el mundo habla del enfoque y del trabajo intenso, y con razón: es difícil hacer algo verdaderamente significativo si estamos en constante distracción, y sabemos que demasiadas interrupciones

nos agotan. Otra razón para no prolongar demasiado el trabajo por lotes es que solemos pensar que así lograremos "ponernos al día". Pero la investigación sobre cómo la gente agrupa correos, mensajes y otras tareas muestra que, sin importar cuánto tiempo le dedique, rara vez logra ponerse al corriente. De hecho, mientras más eficiente seas al procesar el trabajo en lotes, más rápido te llegan de vuelta los datos, la información o los mensajes, creando un ciclo sin fin, como el castigo de Sísifo.[7] Cuando creemos tener suficiente control para ponernos al día con alguna tarea y no lo logramos, terminamos aún más desmotivados y agotados. Es mejor ponerle un límite de tiempo al trabajo por lotes para evitar tanto la fatiga provocada por una concentración prolongada como el cansancio que surge al sentir que no puedes vaciar tu bandeja de entrada, responder todos esos comentarios en LinkedIn o terminar todas tus correcciones.

TRABAJO EN FLUJO

Personas como Nelson, que procesan sus interacciones digitales en flujo activando alertas y notificaciones para enterarse cuando llega nueva información, y la leen y responden tan pronto como llega, se ven muy diferentes a quienes trabajan por lotes, como Jenn. Sus patrones de procesamiento y respuesta de datos son inmediatos. Si no eres de los que procesa en flujo, seguro has notado a alguien así. Son esas personas que parecen comentar casi al instante en tu publicación de Facebook, que son los primeras en poner un emoji de corazón en una cadena de mensajes y que responden tu correo segundos después de que lo envías. Quienes trabajan en flujo están al tanto de sus fuentes de datos y buscan una acción rápida.

Su manera de manejar el ámbito digital también se distingue mucho de la forma de los que trabajan por lotes. La mayoría de quienes trabajan por lotes se esfuerzan por responder a la mayor cantidad de mensajes posibles durante sus sesiones de trabajo por lotes. Su objetivo, por ejemplo, con el correo electrónico, es dejar la bandeja de entrada vacía. Claro que la mayoría nunca lo logra en la práctica, aunque lo intentan en la teoría. Archivan o eliminan mensajes tan pronto como responden y, por lo general, asocian una bandeja vacía con una mente despejada. Los que procesan en flujo, en cambio, suelen tener bandejas de entrada grandes y desordenadas. No eliminan la mayoría de los mensajes. Cuando Nelson me mostró su bandeja, tenía ocho mil setecientos cuarenta y seis correos, de los cuales mil cuatrocientos cincuenta y dos estaban sin leer. Cuando le pregunté por qué tenía tantos mensajes sin leer, me dijo: "Cada vez que llega algo, lo reviso rápido. Si no es importante, simplemente lo ignoro. No es gran cosa". Le pregunté: "¿Planeas alguna vez limpiar tu bandeja de entrada?". Me miró con cara de desconcierto. "¿Por qué?", me respondió con sinceridad. Cuando Jenn me mostró su bandeja, tenía cuarenta y tres mensajes. Todos marcados como leídos. "Sigo pensando que voy a regresar a esos últimos mensajes, por eso siguen ahí", me contó. "Pero otras cosas importantes siguen apareciendo. Simplemente no tengo tiempo. Ninguno es crítico, pero debería responder. Me molesta verlos ahí".

Quienes procesan en flujo como Nelson y quienes trabajan por lotes como Jenn se relacionan con su entorno comunicativo de formas muy distintas, y cada uno tiene sus propias preferencias para procesar la información. Un estudio de Laura Dabbish y Robert Kraut, ambos de la Universidad Carnegie Mellon, encontró que para quienes procesan en flujo, limitar la revisión del correo a horarios específicos (como hacen quienes trabajan por lotes) se relacionaba con sentimientos de agotamiento, mientras que revisar y responder correos de inmediato, no.[8] Las personas que recibían una gran cantidad de correos, en general, reportaban más agotamiento que quienes recibían pocos. Sin embargo, los investigadores concluyeron que, para quienes prefieren el procesamiento en flujo, revisar los mensajes justo cuando llegan puede ayudar a reducir la sobrecarga. Esto se debe a que solo revisar los mensajes en horarios específicos puede hacer que se acumulen, lo que genera más correos que manejar de golpe, y eso puede hacer que la gente se sienta ansiosa y molesta. Para personas como Nelson, la idea de tener que lidiar con una pila de correos acumulados era terrible: "Odio cuando hay demasiados correos para revisar. Por eso lo hago justo cuando llegan. Así es mucho más agradable".

El flujo también puede brindar una sensación de control sobre el trabajo. Los que trabajan por lotes encuentran control al decidir cuándo se dedicarán a una tarea, sin dejar que la llegada constante de mensajes o datos nuevos defina sus prioridades o patrones de atención. Los que trabajan en flujo encuentran control en el hecho de cumplir con las tareas. Para muchas personas que trabajan en flujo con las que he platicado, no importa si esos logros son grandes o pequeños; lo importante es que se realicen. Como me dijo Jodi, una persona que aplica el trabajo en flujo: "Gran parte de mi trabajo consiste en hacer cosas que simplemente toman mucho tiempo. De vez en cuando consigues pequeñas victorias, pero nada más. Soy una persona ansiosa, así que me siento mejor cuando logro hacer cosas. Entonces, si puedo darte una respuesta rápida sobre tu presentación, hacer un análisis breve de los nuevos datos de uso de clientes que acaban de llegar, o responder tu correo, siento que estoy avanzando. Eso es lo que necesito". Interrumpir su concentración en proyectos más grandes para procesar datos que llegan al momento, en lugar de reservar bloques de tiempo para ello, le hacía sentir que tenía el control.

Quizá tenga sentido que Jodi se defina como una persona ansiosa. Un estudio mostró que las personas ansiosas eran más propensas a trabajar en flujo con sus correos electrónicos en días en que experimentaban ansiedad laboral alta, y que su desempeño mejoraba cuando trabajaban así.[9] Los autores sugieren que estos resultados sobre el flujo "indican una función adaptativa de la actividad laboral con correo electrónico: sirve como un comportamiento regulador que mejora los resultados del desempeño en días en que los empleados se sienten ansiosos". En otras palabras, si eres una persona ansiosa y tu día te está generando mucha ansiedad, trabajar en flujo con tu correo puede ayudarte a sentir que tienes el control para cumplir con tus tareas y te permite hacer más.

En conjunto, estos hallazgos sugieren que trabajar en flujo tiene varios beneficios positivos para quienes viven con ansiedad:

1. **Compromiso inmediato con las tareas.** Canalizar la energía ansiosa en atender tareas urgentes e inmediatas (como responder correos o escribir un resumen rápido justo después de que te lo soliciten) puede ayudar a recuperar la sensación de control y dirección. El flujo ofrece respuestas claras y orientadas a la acción que redirigen el enfoque de pensamientos ansiosos a actividades productivas.
2. **Comunicación clara.** Mantener una comunicación frecuente por correo puede ayudar a asegurarte de que estás al tanto de tus responsabilidades, reduciendo las preocupaciones por perderte algo o atrasarte en tareas importantes. Este enfoque proactivo puede aliviar la ansiedad al reforzar la sensación de competencia y logro.
3. **Resolución activa de problemas.** Al aumentar la actividad en flujo, los empleados ansiosos pueden involucrarse más activamente en la solución de problemas y la toma de decisiones. Esta participación activa y pensamiento orientado a soluciones puede darles confianza, en lugar de hacer que se queden atrapados en preocupaciones.
4. **Retroalimentación y apoyo.** El flujo también puede aumentar la frecuencia de retroalimentación y apoyo de colegas y supervisores, lo que ayuda a que los empleados ansiosos se sientan menos aislados y estresados, especialmente al enfrentar tareas o situaciones difíciles.

La evidencia general sugiere que, para la mayoría de las personas, trabajar por lotes es más efectivo que hacerlo en flujo para mantener el agotamiento a raya, porque reduce la necesidad de cambiar de contexto y crea oportunidades para realizar trabajo intenso. Pero el flujo puede ser más efectivo para quienes experimentan niveles moderados a altos de ansiedad, ya que les brinda una sensación de control. Está claro que decidir usar exclusivamente una u otra estrategia sería poco recomendable. En lugar de eso, lo ideal es identificar qué combinación de ambas actividades funciona mejor para ti y luego diseñar un plan sobre cómo y cuándo realizar cada una. La clave está en ser intencional. Asegúrate de que tu elección refleje tu personalidad, así como las demandas de tu trabajo y tus relaciones personales, y que te brinde suficiente control y concentración para no agotarte.

REGLA #4

Espera. Una hora. Un día. Una semana

Jed es un analista en un banco de inversión que se enorgullece de su rapidez para responder. Me dijo: "Cuando la gente me manda mensajes, tengo que responder de inmediato. Necesitan algo, y tengo buena reputación de contestar rápido y ayudarlos a avanzar". La velocidad con la que Jed respondía en Slack, correo electrónico y mensajes de texto en el trabajo solo era la punta del iceberg. "Todos merecen el respeto de que sus preguntas se respondan rápido, o lo que sea que necesiten", continuó. "Si alguien publica algo interesante en LinkedIn, siempre le doy 'me gusta' o comento en cuanto lo veo. Soy confiable, y eso me enorgullece. Me pasa lo mismo con Instagram. ¡Pum! No lo pienso, simplemente lo hago". La forma en que Jed describe su comportamiento para responder en las herramientas digitales está llena de palabras interesantes: reputación, respeto, confiabilidad, orgullo. ¡Pum!, e incluso un eslogan corporativo pegajoso, *Just do it*. Digo "interesantes" porque la manera en que Jed responde parece estar tan orientada a cuidar la imagen que los demás tienen de él como a ofrecer información y retroalimentación relevante y oportuna.

Dado que estuve investigando en el banco de Jed durante unas semanas, pude hablar con algunos colegas a quienes él se jactaba de responder rápido y un par de amigos con quienes almorzaba regularmente. Les pregunté cómo era comunicarse con Jed. Aquí están tres respuestas: una de Peter, otro analista del banco; otra de Rebecca, la jefa de Jed; y otra de Marissa, amiga de Jed que trabaja para una distribuidora de ropa a unas cuantas calles de ahí.

Peter: Jed es un gran colega, siempre muy servicial.

Yo: ¿Cómo caracterizarías su estilo de comunicación?

Peter: No sé, normal. Pues te responde si lo llegas a necesitar.

Yo: ¿Es especialmente rápido o servicial?

Peter: No. Bueno, claro, es servicial, pero pues normal, supongo.

***

Rebecca: Jed es un empleado maravilloso. Es amigable y cumple con el trabajo. Tiene el don para ser un buen analista.

Yo: ¿Cómo caracterizarías su estilo de comunicación?

Rebecca: ¿Te refieres a si se comunica de manera apropiada para nuestro negocio? Claro. Diría que es bueno.

Yo: ¿Es especialmente rápido o servicial?

Rebecca: ¿En qué sentido? Si necesito una respuesta, me la da. En general, está bien. Aunque si tuviera que darle algún consejo, diría que a veces parece responder demasiado rápido sin pensar bien las cosas. No todo es superurgente y podría tomarse un poco más de tiempo para ser más minucioso.

***

Marissa: Jed es un buen amigo. Nos conocemos desde la universidad y es padre trabajar cerca para poder pasar el rato.

Yo: ¿Cómo caracterizarías su estilo de comunicación?

> **Marissa:** Supongo que diría que siempre está en su teléfono. Como que le mandas mensaje y siempre te responde de inmediato.
>
> **Yo:** ¿Es especialmente rápido o servicial?
>
> **Marissa:** Sí. Como decía, es muy rápido. A veces pienso: "No necesitabas responderme tan rápido o darle 'me gusta' a mis redes cada vez". En realidad, no espero una respuesta tan rápida. Debe tener cosas más importantes que hacer que responderme rápido todo el tiempo, ¿no?

Después de hacer estas entrevistas, y cinco más con colegas adicionales, sentí lástima por Jed. Era evidente que se esforzaba mucho por responder rápido a la gente, creyendo que otros valoraban su prontitud y construyendo su autoestima en torno a ser alguien que estaba ahí para ti en cualquier momento. Aunque cada uno de los colegas y amigos con quienes hablé tenían cosas buenas que decir sobre Jed, ninguno elogió su velocidad al responder. La mayoría ni siquiera lo notaba; y quienes sí lo hacían, se preguntaban por qué los priorizaba sobre las muchas otras cosas que tenía que hacer o pensaban que se beneficiaría de ir más lento. Quizá lo más desafortunado es que trabajar por ser alguien que responde rápido ha llevado a Jed (y a muchos otros con quienes he hablado que operan de manera similar) al agotamiento. Probablemente no te sorprenda saber que Jed obtuvo un 5 en la escala de agotamiento digital. Y entendía por qué. Como me dijo:

> Es muy cansado tener como prioridad responderle rápido a la gente. Tengo que empezar y luego detener lo que estoy haciendo [*cambio de atención*], y me pongo ansioso [*emoción*] si no sé la respuesta o pienso que otras personas se preguntan por qué no les he respondido [*inferencia*]. Lo puedo sentir al final del día [*agotamiento de nivel 1*], y he notado que ya no soy tan bueno como antes para mantenerme al día con todo y

> puedo sentir que definitivamente me estoy desgastando más conforme avanzo en mi carrera [*agotamiento de nivel* 2].

¿Existe un caso más claro de agotamiento digital? Aun así, para Jed, esperar no es opción.

La realidad es que, aunque podríamos querer responder rápido, la mayoría de la gente no necesita respuestas tan veloces. Rebecca, la jefa de Jed, no requería que él respondiera tan rápido, e incluso sugirió que ir más despacio podría hacerlo *más* competente. Marissa, la amiga de Jed, tampoco esperaba una respuesta tan rápida de él y se preocupaba de que no tuviera claras sus prioridades. Por otro lado, Peter, el colega de trabajo de Jed, ni siquiera podía recordar si Jed respondía rápido o no. Laura Giurge, de la London Business School, y Vanessa Bohns, de Cornell, identifican lo que denominan "sesgo de emergencia del correo electrónico",[1] un "error" que, dicen, "es el resultado de un sesgo egocéntrico que lleva a los receptores a sobreestimar las expectativas de velocidad de respuesta de los emisores". Las autoras probaron el sesgo de urgencia del correo electrónico a través de ocho estudios experimentales diferentes que involucraron a poco más de cuatro mil personas. Sus resultados mostraron que, en general, los receptores de correos electrónicos veían los mensajes como más urgentes y que requerían respuestas más rápidas de lo que lo hacían los emisores de correos electrónicos. Más importante aún: entre más urgente sentían los receptores que era un correo electrónico, más estresados se sentían sobre tener que responder y más bajo calificaban su propio bienestar. Cuando esos correos llegaban fuera del horario de trabajo, el sesgo de urgencia del correo electrónico era aún más fuerte y los receptores se estresaban más ante la idea de tener que responderlos. Otros estudios han examinado la relación entre la urgencia percibida del correo electrónico y el agotamiento, y han encontrado que entre más cree la gente que los correos que recibe son importantes y deben responderse rápido, más reporta sentirse agobiadas por un exceso de correos electrónicos.[2] Resulta que, a menudo, imaginamos que las comunicaciones que recibimos son más urgentes y necesitan una respuesta más rápida de lo que piensan quienes nos los envían.

He conocido a mucha gente como Jed. Vivimos en un mundo en el que se elogia la velocidad, se alaba el estar ocupado, y la acción rápida se proclama como virtud. Jed y quienes son como él son productos de nuestra cultura. No solo quieren cumplir con el mandato percibido de ser rápidos para responder, también hacerlo lo ven como una oportunidad para distinguirse de otros en un atributo que al parecer admiramos ampliamente. Justo cuando la gente comenzaba a recuperarse de la pandemia y a reajustarse a un nuevo equilibrio entre trabajo en oficina y remoto, el reconocido psicólogo organizacional Adam Grant publicó un artículo de opinión en *The New York Times*, titulado "Tu correo electrónico no es mi urgencia".[3] En él argumentó que nuestras expectativas de tiempos de respuesta rápidos vía correo electrónico y otras herramientas de comunicación están vastamente exageradas y son inapropiadas en el mundo digital actual. Como escribió: "Durante la mayor parte de la historia humana, ser atento significa prestar atención a las necesidades de un pequeño grupo de personas en tu entorno inmediato: la familia, los amigos, los vecinos y los compañeros de trabajo. Ahora el número de personas que pueden irrumpir en tu bandeja de entrada, enviarte mensajes de texto y colarse en tus mensajes directos por las redes sociales es ilimitado. La sobrecarga digital nos exige que redefinamos qué significa ser atentos. La verdadera prueba de una relación no es la rapidez de la respuesta. Es la calidad de la atención que recibes". Incluso con su característico ingenio y sabiduría aconsejó: "La rapidez con que alguien te responde casi nunca es una señal de cuánto le importas. Suele ser un reflejo de la faena que tienen. Los retrasos en las respuestas a los correos electrónicos, mensajes de texto y llamadas suelen ser síntomas de sobrecarga y agobio. Si el mensaje requiere atención dentro de un plazo concreto, deberíamos contar los retrasos por semanas o meses, no por días u horas".

Una semana después de publicar el artículo, Grant publicó sobre él en LinkedIn. Los comentarios fueron ilustrativos. Cualquiera que siga las publicaciones de Grant en redes sociales está acostumbrado a ver un flujo interminable de afirmaciones y elogios hacia sus recomendaciones, pero esta vez fue diferente. Los comentarios fueron, en gran medida, críticos y, además, argumentativos. Alguien escribió: "No estoy de acuerdo… SÍ es grosero esperar una semana para responder a un mensaje". Otro comentó: "Entiendo esperar 24 a 48 horas, pero si te tardas una semana en responder, me estás *ghosteando*, lo cual es altamente poco profesional". Otro fue mucho más directo: "Este es un consejo estúpido y desconectado del mundo real". Un comentarista ligeramente más reflexivo escribió: "Todos están tratando de ser los primeros en responder y reclamar crédito, y tristemente, funciona". Tales comentarios muestran qué tan fuertes y qué tan profundas están arraigadas nuestras expectativas culturales en torno a respuestas rápidas. Eso significa que, más que nunca, necesitamos ser conscientes y reflexivos sobre cómo y cuándo respondemos a los mensajes que nuestras herramientas digitales hacen tan fácilmente disponibles. Por eso, esta regla es: esperar. Si queremos reducir nuestro agotamiento, haríamos bien en ir más despacio.

TRIAJE EN LA SALA DE EMERGENCIAS DIGITAL

Nuestras herramientas digitales han eliminado las barreras de la comunicación. Hoy en día, resulta demasiado sencillo que cualquiera nos envíe un mensaje sobre lo que desee. No necesitan evaluar si su necesidad de comunicación justifica invertir el tiempo y esfuerzo de montar a caballo para llegar hasta nosotros o ir a la tienda a comprar estampillas para enviar una carta. En lugar de eso, lo piensan, lo envían, y ya está en nuestra lista exigiendo nuestra atención y respuesta. Esto significa que, en el entorno laboral digital actual (y en nuestras vidas domésticas digitalmente dependientes), tenemos más comunicaciones que nunca, pero no más recursos para gestionarlas. Si alguna vez has sentido la urgencia de enviarle a alguien un enlace a *LetMeGoogleThat.com*, sabes de lo que hablo. Conforme estas solicitudes se acumulan, drenan nuestra atención, generan la posibilidad de malinterpretar intenciones y despiertan sentimientos de culpa y enojo. Con más comunicaciones entrantes y recursos limitados, no podemos responder a todo inmediatamente o vamos a tener un *burnout*.

Esto significa que tenemos que hacer triaje de nuestras bandejas de entrada, cadenas de mensajes de texto e hilos sociales. Hacer triaje implica evaluar todos los casos disponibles de algo, compararlos entre sí, determinar cuál es más urgente o importante, y crear una lista priorizada de acciones. Es muy probable que hayas escuchado este término usado en salas de emergencias de hospitales, donde el personal de enfermería debe decidir en qué orden deben ser atendidos los pacientes por los médicos. Hacen triaje priorizando víctimas de heridas de bala sobre niños con infecciones de oído. Nuestras bandejas de entrada, hilos sociales y plataformas de mensajería pueden sentirse como una sala de emergencias: cada mensaje entrante argumenta que es lo más importante de lo que deberías ocuparte. Pero, en realidad, tienes que evaluar qué mensajes vas a priorizar. Eso es difícil de hacer. Necesitamos más y mejor información sobre la urgencia de las comunicaciones que recibimos para hacer triaje de nuestras respuestas de manera efectiva. Aquí es donde esperar se vuelve útil.

Mi primera exposición a la idea de esperar para responder llegó durante el posgrado. Como Jed, tenía muchas ganas de complacer y me enorgullecía de ser un "buen comunicador", lo que para mí significaba alguien que respondía rápido. Pero mientras cursaba el doctorado, trabajé como asistente de cátedra en una clase de licenciatura sobre comportamiento organizacional, impartida por una profesora muy experimentada, y aprendí una lección importante sobre responder demasiado rápido. Unas dos semanas después del inicio del curso, me sentía abrumado por todos los correos electrónicos y mensajes de estudiantes con preguntas sobre las tareas del curso y los conceptos que estábamos cubriendo. Sentía que pasaba la mitad del día respondiendo correos de ciento veinte estudiantes.

Los correos llegaban constantemente e interrumpían mi lectura e investigación. Me enojé y supuse que estos estudiantes no se preocupaban por mí o mis estudios. Estaba agotado. Le mencioné mi frustración a la profesora y le pregunté si tenía algún consejo. "Ah, sí", dijo. "Asegúrate de esperar un día antes de responder a sus correos. El 75 % de los problemas se resolverán solos".

No estaba seguro de qué quería decir. ¿Cómo se resolverían solos los problemas? ¿Y no se molestarían conmigo los estudiantes? Estaban pagando mucho dinero por esta clase, y yo no era un profesor estimado por quien esperarían pacientemente por respeto. Era el humilde asistente de cátedra, apenas un par de años mayor que la mayoría de ellos. Pero lo intenté. Esperé un día antes de responder. Tenía razón. Varias horas después de recibir un correo exigente, recibía un segundo correo del estudiante: "No importa, obtuve la respuesta de uno de los otros estudiantes". "Perdón por enviar ese mensaje. Debí haber revisado el programa. Encontré la respuesta ahí". "Lo pensé más y realmente no es tan importante. No es necesaria una respuesta". No diría que fue el 75 %, pero cerca de dos tercios de las consultas que recibí fueron retiradas.

Esta fue mi primera lección sobre el poder de esperar. Con frecuencia, muchas de las solicitudes urgentes que recibimos se resuelven por sí mismas. Años después, cuando mi equipo de investigación y yo pasamos tres meses observando transferencias pediátricas de emergencia entre hospitales en el área de Chicago, vi que los pacientes reales también se autorregulaban.[4] Estábamos trabajando en un proyecto con Children's Memorial Hospital (desde entonces renombrado Lurie Children's Hospital) para usar tecnologías digitales y mejorar la transferencia de datos entre hospitales de la región. El hospital tenía dificultades para atender el número de niños que podrían necesitar transferencias. Un administrador del hospital me explicó que la población del área de Chicago había crecido 20 % en la última década: "Pero no tenemos más hospitales pediátricos ahora de los que teníamos entonces". Como explicó una enfermera que era particularmente hábil facilitando transferencias: "Nuestro trabajo es hacer triaje. Claro, nos encantaría ayudar a cada niño enfermo aquí en Children's, pero tenemos capacidad limitada. Tenemos que obtener la información correcta para poder determinar qué niños necesitan más ayuda especializada. Entonces priorizamos esos casos e iniciamos una transferencia".

Magda, una de las enfermeras, me dijo: "Una cosa que aprendes es que si escuchas de un doctor [en un hospital comunitario] que un niño está muy enfermo, pero revisas los datos y no te parece que esté tan grave, tu mejor opción es simplemente esperar un poco para ver qué pasa. En nuestra experiencia, muchas veces el niño mejora y el doctor te dice que fue una falsa alarma". Recordando mis días como asistente de cátedra, le pregunté en broma si "muchas veces" significaba 75 %. "Probablemente cerca de eso, de hecho", me dijo para mi sorpresa.

Lo que las enfermeras de transporte sabían sobre el proceso de transferencia de pacientes pediátricos es lo que Giurge y Bohns descubrieron sobre la comunicación por correo electrónico: era fácil recibir un mensaje de un doctor preocupado y creer que la situación en el hospital comunitario era más urgente de lo que realmente era. Lo que hacía tan efectivas a las enfermeras de transporte era que desarrollaron un proceso para ayudar a moderar la tendencia a sobrevalorar la urgencia percibida. Examinaban los datos de manera objetiva, pensaban críticamente sobre los síntomas y su gravedad, y reflexionaban sobre las tendencias de comunicación e intercambio de datos en los hospitales de referencia (y los doctores en esos hospitales). Entonces, creaban su propia lista de prioridades urgentes basada en las solicitudes del hospital y respondían a ellas. En el proceso, muchos problemas se resolvían solos, como cuando un hospital llamaba y decía que los síntomas del niño estaban disminuyendo rápidamente y ya no necesitaban una transferencia. Las enfermeras de transporte respondían a casos urgentes y contestaban rápido, pero trabajaban más despacio en otros.

Podemos adoptar esta estrategia de triaje para lidiar con el inmenso flujo de comunicaciones que hace posibles nuestras herramientas digitales. El truco está en equilibrar la urgencia que otras personas atribuyen a sus mensajes con la que nosotros les damos, en relación con las demás tareas de nuestro portafolio. Puede sonar frío y calculador, pero en hospitales donde las vidas están en juego, hacer triaje es un algoritmo efectivo para asignar recursos limitados a los problemas más importantes. Puedes pensar que hacer triaje se siente grosero o irrespetuoso. Sin embargo, como hemos discutido anteriormente, la mayoría de los mensajes que recibimos no son tan urgentes como pensamos, así que una respuesta más lenta usualmente no tendrá consecuencias negativas. Así como señala Erica Dhawan: que nos respondan más despacio puede sentirse con más humanidad y alentar a la gente a no enviarnos tantos mensajes en el futuro. Como escribe: "Que nos apliquen triaje puede no sentirse mucho mejor que ser ignorados si tienes una pregunta urgente para tu jefe, cliente o colega... He descubierto que me obliga a confrontar mi propio egocentrismo: la idea de que todos interpretamos un papel estelar en la película que es nuestra vida, con todos los demás siendo meramente el reparto de apoyo. Me hace reconocer que quienes parecen 'ignorarnos' son, como yo, personas complejas, con responsabilidades fuera del ámbito digital que a menudo los alejan de las conversaciones en línea".[5]

SÉ EL CAMBIO QUE QUIERES VER

Supriya es ingeniera mecánica en una gran empresa aeroespacial y una gran defensora de esperar para responder. Como me dijo: "He notado a lo largo de los años que cuando le respondo a alguien rápido, me responde rápido. Pasa con el correo electrónico, desde luego, pero también en redes sociales o simplemente al poner comentarios en un Google Docs. Si respondo más despacio, la gente también me responde más despacio y, por lo general, no tan seguido". La observación de Supriya cuenta con respaldo científico riguroso. Varios estudios han demostrado que tendemos a sincronizarnos con los patrones de respuesta de otras personas.[6] Es decir, nos movemos en una danza estrechamente coreografiada: entre más rápido responden, más rápido respondemos, y viceversa. Seguimos dando vueltas sin parar, como en un vals eterno.

El patrón se mantiene a través de múltiples modalidades, incluyendo correo electrónico, los mensajes de texto y la mensajería instantánea. Un equipo de investigación encontró que, en su base de datos de dieciséis mil millones (sí, "miles millones") de correos electrónicos intercambiados por dos millones de usuarios, la variable con el "mayor poder predictivo" para explicar el tiempo de respuesta de alguien era "el tiempo mediano de respuesta del remitente de respuestas anteriores". En este estudio, el *remitente* se refiere a la persona que nos envió un mensaje. Eso significa que nuestros tiempos de respuesta están dictados, en gran parte, por los tiempos de respuesta de otros (otros que nos están respondiendo con base en nuestros tiempos de respuesta pasados). La estrategia inteligente de Supriya fue interrumpir este patrón y tomar la iniciativa. Como explicó: "Cuando finalmente dejé de responderle a la gente según la velocidad que creía que esperaban y comencé a hacerlo a mi propio ritmo, mi vida mejoró muchísimo. De hecho, la mayoría de la gente comenzó a imitar mi comportamiento y también respondían más despacio, lo que significaba que también respondían menos seguido, entonces recibo menos mensajes en general. Eso me ha ayudado totalmente a sentirme menos ansiosa y agotada".

Otro beneficio de responder con más lentitud es que podemos procesar y comprender con mayor profundidad la información que los demás nos envían. Cuando respondemos con demasiada rapidez, sin haber digerido por completo lo que otros están diciendo, actuamos como los alumnos a los que yo asistía como tutor: hacemos preguntas innecesarias porque las respuestas ya estaban ahí. Muchos estudios muestran que, si retrasamos nuestras respuestas, procesamos mejor y con mayor profundidad y pedimos menos aclaraciones. Este patrón de comportamiento es tan fuerte que incluso estudios con niños de preescolar muestran que retrasar y pensar antes de responder mejora nuestro desempeño en todo tipo de tareas.[7] Si nos tomamos nuestro tiempo, reducimos la carga de comunicación no solo para nosotros, sino también para los demás. Así como lo hizo Supriya, nosotros también podemos dar el primer paso para crear un nuevo ciclo de sincronización al reducir deliberadamente la velocidad de nuestras comunicaciones salientes, lo cual puede desacelerar también la velocidad de los mensajes entrantes, lo que, a su vez, reduce su volumen y su tendencia a agotarnos.

HAZ MÁS, PERO CON MENOS FRECUENCIA

Ese estudio de dieciséis mil millones de correos electrónicos reveló otro hallazgo importante: en general, entre más correos recibe la gente, más rápido responde y más cortas son sus respuestas. Como hemos visto, ese no es un patrón ideal para reducir nuestro agotamiento. Pero la situación empeora: los datos también mostraron que los correos más cortos suelen recibir respuestas más rápidas. Eso significa que si respondemos rápido, es más probable que respondamos con mensajes más cortos y nuestros mensajes cortos provocarán que la gente nos responda más rápido que si enviáramos mensajes más largos. Una forma más de quedar atrapados en un ciclo agotador.

Aquí es donde esperar puede ser útil una vez más. Entre más tiempo esperemos para responder, más probable es que enviemos mensajes más largos. Entre más largos sean nuestros mensajes, menos probable es que la gente nos responda con algo más sustancial que un reconocimiento de agradecimiento. Y si responden, es más probable que lo hagan con un mensaje igual de largo con un tiempo de respuesta más lento. Los datos muestran este patrón con claridad. Pero ¿por qué?

Marcel, gerente de relaciones comunitarias en un gran centro de investigación gubernamental, tiene una teoría que afirma le ha funcionado bien a lo largo de su carrera. Me dijo que le gusta enviar menos mensajes a la gente, pero más completos: "No doy respuestas rápidas. Por lo general espero para responder hasta que puedo reflexionar de verdad y crear algo significativo y útil para otras personas. Cuando soy más cuidadoso, la gente responde menos y hay menos ida y vuelta porque todos los detalles están ahí. Es resolver todo de una vez. Eso reduce de manera considerable la cantidad de comunicación que tengo que hacer en general y reduce la sobrecarga que siento". La teoría de Marcel tiene dos partes. La primera es que la mayoría de las comunicaciones digitales le permiten reflexionar y elaborar con cuidado sus comentarios de maneras que las herramientas de comunicación inmediata no permiten. Puede aprovechar estas potencialidades para ser más "significativo" y "cuidadoso". La segunda es que la rigurosidad de su respuesta reduce la necesidad de que otras personas le respondan con mensajes cortos pidiendo más aclaraciones. Veamos qué tan bien resiste la teoría de Marcel ante la evidencia.

Primero, examinemos las potencialidades de la comunicación asíncrona. Mi colega de la Universidad de California, Santa Bárbara (UCSB), Joe Walther, ha dedicado su carrera a examinar cómo las personas pueden usar herramientas digitales de manera efectiva para mantener relaciones con los demás.[8] Argumenta, en sintonía con la intuición de Marcel, que las herramientas digitales que permiten interacción asíncrona pueden ayudarnos a ser mejores comunicadores de lo que podemos ser de manera presencial o usando herramientas síncronas porque tenemos más control sobre nuestras respuestas. En sus palabras: "La capacidad de cambiar el contenido y la apariencia de un mensaje antes de enviarlo, o cancelar un mensaje y comenzar de nuevo, es un lujo que no ofrece la interacción cara a cara". Sus estudios han encontrado que cuando las personas pueden retrasar sus tiempos de respuesta para poder pensar y editar con cuidado un mensaje, reportan mayor satisfacción con su respuesta, sus respuestas tienden a ser mucho más completas, son más conscientes de las necesidades de su destinatario, y tienden a generar más intimidad relacional con sus destinatarios. En resumen, las personas que retrasan dar una respuesta se sienten mejor sobre su propio desempeño y consideran, de manera más efectiva, las necesidades de otros. Estos hallazgos se mantienen a través de todo tipo de herramientas digitales asíncronas, incluyendo correo electrónico, mensajes de texto, mensajería instantánea y redes sociales. La evidencia generada por Joe y muchos otros en apoyo de su "modelo de procesamiento de información social" respalda la primera parte de la teoría de Marcel: esperar para responder produce respuestas mejores y más útiles. La segunda parte de la teoría de Marcel es que estas mejores respuestas evitarán la necesidad de muchos intercambios. Aquí los datos también muestran un fuerte respaldo.

Otro estudio de *big-data*, que analizaba unos modestos ochocientos millones de correos electrónicos intercambiados entre cien mil personas, encontró que los correos más cortos eran eliminados por el receptor con rapidez (a menudo dentro de los cinco minutos después de haberlos recibirlos), mientras que los correos más largos se conservaban por mucho más tiempo (en muchos casos, más de una semana) y a menudo eran revisitados.[9] El 25 % fueron revisitados solo dos veces, en tanto que 64 % fueron revisitados hasta cinco veces. Los investigadores complementaron su análisis de datos de correo electrónico con encuestas a más de cuatrocientas personas para determinar qué hacía la gente cuando revisitaba correos. El 74 % de las revisitas a correos fueron para encontrar información, y solo 20 % fueron para tomar una acción como responder. De esas revisitas para encontrar información: 25 % fueron para obtener respuestas a una pregunta que hicieron o para resolver problemas, 24 % fueron para obtener instrucciones para realizar alguna tarea, y 22 % fueron para revisar un archivo adjunto con explicaciones detalladas. Lo que es importante de estos hallazgos es que los correos más largos sirvieron como fuentes de conocimiento e información durante un periodo prolongado. Las personas podían regresar a ellos y extraerles información útil sin tener que contactar de nuevo al remitente del correo para actualizaciones o más aclaraciones. Así, respaldando la segunda parte de la teoría de Marcel, tomarse el tiempo para enviar un correo más largo, con información más detallada y elaborada con cuidado para el destinatario, puede generar beneficios importantes que compensan la inversión inicial de tiempo. Como me dijo uno de los colegas de Marcel: "Cuando Marcel me envía algo es realmente bueno. Puedo usarlo como referencia y rara vez tengo que molestarlo de nuevo. Con la mayoría de las personas tengo muchos más intercambios para aclarar las cosas que con él. Definitivamente es un colega que te da energía".

CONSIDERA LAS VENTAJAS Y DESVENTAJAS

La decisión sobre cuánto tiempo esperar para responder al torrente de comunicaciones y datos que recibimos depende de muchos factores, y solo tú puedes decidir qué es apropiado. Me resulta útil pensar en términos de intervalos de respuesta de una hora, un día y una semana. Conforme he aplicado la regla de esperar a mi propia vida, he descubierto que revisar cada mensaje recibido y organizarlos en estas tres categorías es útil para pensar cuánto esfuerzo dedicaré a cada respuesta. Me he vuelto un firme partidario del triaje, y combino mi triaje con el procesamiento por lotes.

Simpatizo con Jenn, a quien conocimos en nuestra discusión de la Regla #3: me gustaría poder terminar mi día con una bandeja de entrada completamente vacía. Eso suena glorioso. Nunca me acerco siquiera. Durante muchos años solo revisaba mis correos electrónicos, mensajes de texto y cuentas de redes sociales en intervalos específicos durante el día, y determinaba qué revisaría en esos momentos con base en mi horario de triaje. Experimenté muchos beneficios. Esos años en los que aplicaba un sistema riguroso de triaje y procesamiento por lotes fueron, sin duda, los más productivos de mi carrera profesional. Publiqué una gran cantidad de artículos académicos, asesoré a una amplia gama de empresas, e hice algunas de mis mejores investigaciones. Podía sentir la energía que obtenía del enfoque intenso y el trabajo profundo, y experimenté niveles muy bajos de agotamiento. No soy el único, entre quienes reflexionan profesionalmente sobre la tecnología y sus efectos en nuestra vida y trabajo, que responde con lentitud. Cal Newport promueve una práctica similar: "Soy malo para responder correos electrónicos. A veces paso todo un día sin revisar mi bandeja de entrada (y a veces incluso más). Ignoro mensajes. Las personas que me conocen bien tienden a llamarme cuando realmente necesitan saber algo. No soy malo con los correos a propósito. Si acaso, me siento apenado y avergonzado por ello y trato de ser más receptivo cuando puedo".[10] Esperar puede no ser popular, pero ciertamente puede ser productivo y detener nuestro agotamiento.

Aunque esperar tiene muchos beneficios, aquí están algunos correos electrónicos y mensajes de texto que recibí durante este periodo en el que llevé esta práctica al extremo y respondía exclusivamente por lotes:

- "Oye, Paul, ¿sí recibiste este mensaje? Ha pasado un buen rato y no he sabido nada de ti".
- "Vamos a cancelar esta oferta porque no hemos tenido respuesta tuya".
- "Amigo, ¿por qué ya no te caigo bien?".
- "Ojalá me hubieras contestado esta mañana, tuve que buscar otra manera de resolverlo".

Es algo doloroso leer esos mensajes ahora. En mi entusiasmo por la productividad, hice que otros se adaptaran a mis horarios. Me enteré por colegas de confianza que tenía reputación de no ser confiable porque no les daba respuestas inmediatas a las personas, y mis amigos se molestaban porque era difícil coordinar conmigo. Algunos miembros de mi familia me dijeron que se preguntaban si no les agradaba. Uno de mis estudiantes de doctorado una vez me dijo: "Tienes un patrón definido. Respondes tus correos electrónicos en lotes. Sé que, si quiero tu atención de inmediato, solo debo enviarte un correo cuando estás revisándolos en bloque y, en ese momento, me vas a responder". Le pregunté si eso era molesto, y me dijo: "Un poco, pero al menos conozco el patrón y puedo manejarlo. Sé que así es como logras hacer tanto". Mi triaje y procesamiento por lotes extremos estaban reduciendo mi agotamiento digital, pero tenían un costo en mi reputación.

Hoy en día, sigo practicando el triaje y sigo procesando por lotes. Pero soy mucho más flexible al respecto. Hago la mayor parte de mi procesamiento de información y comunicación por lotes. También me aseguro de avisar a las personas que esperen una respuesta tardía si las he clasificado en cualquier categoría que requiera más de "un día". Esta estrategia también se basa en investigación que muestra que generar expectativas claras sobre el tiempo de respuesta hace que tanto quien las establece como quien las recibe se sientan bien.[11] Agrupo tareas similares que no requieren demasiado cambio de contexto, y aún tengo horarios establecidos cuando respondo la mayoría de mis correos electrónicos y mensajes de texto. Respondo con mensajes más pausados que son más detallados, y como Marcel, encuentro que recibo menos solicitudes de aclaración y menos preguntas adicionales que capturarán mi atención en algún momento posterior. Pero también proceso por flujo más de lo que solía hacer. Reviso mis canales de comunicación en intervalos periódicos y hago triaje de mensajes y tareas, respondiendo a los que necesitan acción inmediata o manejando ediciones rápidas o análisis de datos de inmediato si parece urgente. En cierto modo, estoy menos agotado porque tampoco me preocupo tanto por decepcionar a otros. El triaje, en combinación con un flujo limitado e intencional, junto con mi procesamiento por lotes, contribuye mucho a reducir mi agotamiento mientras me permite ser receptivo con otros.

REGLA #5
No asumas

Alonso trabaja en una empresa de paisajismo en California como supervisor de un equipo de cuarenta personas. Su compañía no le proporciona ninguna tecnología para coordinar a sus trabajadores. Sin embargo, como su equipo suele trabajar en una docena de ubicaciones al mismo tiempo, depende de mensajes de texto, llamadas telefónicas, WhatsApp, Facebook Messenger e incluso Instagram para estar al pendiente de todos y resolver problemas. Constantemente ve a sus trabajadores publicando en Instagram cuando se supone que deberían estar vaciando concreto, y a menudo no le responden a sus mensajes de manera oportuna. Cuando llega a casa, después de un día pesado, está físicamente agotado por el trabajo manual y mentalmente exhausto por usar tantas herramientas para coordinar su trabajo. Mientras trata de relajarse, a veces ve publicaciones de compañeros de trabajo que salen a echarse unas copas sin él. Toda esta información lo lleva a hacer suposiciones que lo agotan aún más. Como él mismo dice: "Sé que no debería adelantarme a sacar conclusiones sobre lo que veo hacer a mis muchachos y cómo afecta su trabajo. Pero la mayoría de las veces simplemente no puedo evitarlo. Todo está ahí, frente a mis ojos".

Nuestro mundo digital alimenta nuestra tendencia a hacer suposiciones. Cuando vemos a personas contando las aventuras de su fin de semana en Facebook, publicando fotos hermosas de sí mismas en Instagram o describiendo la venta increíble que acaban de cerrar en Microsoft Teams, solo vemos una parte de sus vidas. Aunque sabemos que hay mucho más detrás de escena, múltiples estudios demuestran que el entorno digital nos obliga a concentrarnos excesivamente en lo que tenemos enfrente y a usar esa información para formar suposiciones sobre los demás, las cuales a menudo no tienen fundamentos.

El estudio de las suposiciones ocupa un papel central en el campo de la psicología social.[1] Por ejemplo, constituye el mecanismo clave presente en el conocido error fundamental de atribución. Cuando observamos evidencia de individuos que tienen conductas negativas, tendemos a suponer que su mal comportamiento está causado por alguna disposición innata. Atribuimos su comportamiento a que "son" intrínsecamente malos. Sin embargo, cuando nosotros cometemos algún error, suponemos que no lo habríamos hecho de no ser por alguna influencia externa, atribuyendo nuestro propio comportamiento a circunstancias situacionales. Las suposiciones también desempeñan una función central en la escalera de la inferencia, un proceso que explica cómo sacamos conclusiones de los demás:[2]

- Estamos expuestos a datos limitados sobre los comportamientos o acciones de las personas.
- Nos enfocamos en esos datos específicos.
- Interpretamos los datos bajo nuestra propia visión del mundo.
- Hacemos suposiciones sobre las disposiciones, acciones, emociones, motivaciones y otras características de las personas.
- Sacamos conclusiones sobre ellas.
- Formamos creencias basadas en nuestras conclusiones.
- Actuamos basándonos en nuestras creencias.

Ambos modelos de comportamiento humano tratan las suposiciones como el resultado de un procesamiento más o menos automático. Solemos hacer suposiciones de manera automática, sin darnos cuenta de ello, y empezamos a sentir algo hacia alguien sin entender claramente por qué. Es difícil resistirnos a formar suposiciones sobre los demás cuando nuestras herramientas digitales nos bombardean constantemente con información sobre ellos. Las siguientes estrategias, respaldadas por mi investigación, pueden resultar de utilidad.

NO MALINTERPRETES LO QUE PUEDES VER

Cuando Tim se incorporó a un gran centro de investigación financiado por el gobierno en Colorado como el nuevo director de tecnologías de la información (TI), encontró un caos.[3] Los técnicos de TI bajo su gestión estaban repartidos entre los diversos laboratorios dentro del centro de investigación. No se comunicaban entre sí para aprender o compartir mejores prácticas. Todos eran generalistas. Si tenías un problema con la impresora, tu técnico local de TI lo solucionaría. Si enfrentabas dificultades con el almacenamiento en la nube o problemas con las integraciones de software para alguno de tus instrumentos de alta precisión, ese mismo especialista te ayudaría. Tim identificó un problema de diseño organizacional: muchas personas inteligentes actuaban como generalistas, sin desarrollar el conocimiento específico necesario para abordar los problemas particulares que enfrentaban científicos y administradores en todo el centro de investigación.

Para solucionar este problema, Tim reorganizó a todos los técnicos de TI en un solo grupo y les facilitó una nueva herramienta digital de gestión de proyectos. Esta plataforma permitía visualizar en qué estaba trabajando cada miembro del equipo. La idea fundamental era que si un técnico observaba que otro colega había resuelto con éxito un problema especializado particularmente complejo, podría solicitarle ayuda y asesoramiento. Tim también esperaba que, a medida que los técnicos desarrollaran experiencia específica, se les asignarían tareas acordes con su especialización y, con el tiempo, lograrían resolver problemas complejos con mayor facilidad.

En los primeros meses no hubo cambios significativos. Sin embargo, gradualmente, los técnicos de TI comenzaron a realizar más proyectos y a incluir más documentación sobre cómo los resolvían en la herramienta de gestión. Nadie trabajaba de manera diferente a como lo hacía antes. No obstante, la herramienta digital reveló información clave que anteriormente era desconocida para el equipo. Antes de implementar esta plataforma, pocos técnicos tenían idea de los trabajos que atendían sus colegas. La herramienta hizo que las asignaciones de tareas y los plazos de entrega fueran fácilmente observables para todos. Los técnicos tampoco conocían realmente qué procedimientos aplicaban sus compañeros para resolver los problemas de los usuarios. La documentación que ahora registraban en el sistema permitía conocer los pasos que seguían para solucionar las incidencias asignadas. Algunos aspectos de trabajo de los técnicos se habían vuelto visibles para sus colegas y entonces sucedió algo predecible: estos comenzaron a sacar conclusiones. Empezaron a suponer que, dado que ciertas personas habían realizado determinados trabajos anteriormente, querrían encargarse de tareas similares en el futuro. También suponían que, si alguien escribía documentación detallada sobre una solución, significaba que habían resuelto el problema satisfactoriamente. La visibilidad de ciertos tipos de datos alimentaba estas suposiciones, y actuaban conforme a ellas asignando a sus colegas tareas similares a las que habían completado con rapidez y documentado previamente.

La mayoría de los técnicos estaban furiosos. Como me comentó Bridgette, una de las especialistas de TI, después de ver que le habían asignado otra vez arreglar una impresora: "Nunca me había sentido tan harta de mi trabajo. Es como si todos mis compañeros pensaran que soy 'la perra de las impresoras'. Me siguen asignando esos arreglos absurdos de impresoras, ¡y ya no los quiero hacer!". Pero Bridgette tenía un plan secreto y bastante astuto para solucionar el problema: decidió manipular el sistema. Según me explicó: "Sí, voy a arreglar la impresora, como siempre. Pero ahora voy a dejar la documentación toda mal hecha. Voy a hacer que parezca que no hice un buen trabajo o que no tengo idea de lo que hago. Si lo hago varias veces, van a pensar que no soy tan buena con eso y me van a asignar otra cosa". Durante los meses que observé a estos técnicos, presencié estrategias mucho más flagrantes que la planeada por Bridgette. Algunos recibían una tarea en un área que realmente les interesaba, pero no sabían cómo resolver adecuadamente el problema del usuario. Cuando esto ocurría, buscaban en Google alguna documentación que les pareciera apropiada y la pegaban en el sistema como si fuera propia. "Esto hará que la gente piense que domino completamente este asunto", me decía sin vergüenza mientras lo observaba hacerlo.

El problema que enfrentaba el equipo era que la nueva herramienta digital de gestión de proyectos mostraba información específica sobre su comportamiento, como qué tareas habían realizado, cuánto tiempo les había tomado completarlas y su documentación sobre el proceso. Sin embargo, ocultaba muchos otros aspectos de su comportamiento, como si habían resuelto el problema de manera satisfactoria, si disfrutaban realizando ese tipo de trabajo, o si proporcionaban un buen servicio al cliente. En su rutina de asignación de tareas, los técnicos de TI malinterpretaban los datos visibles, lo que, como pudimos observar, conducía a trabajadores insatisfechos y, finalmente, a una base de datos repleta de información inexacta.

Ayudé a Tim y al equipo a implementar dos cambios significativos para resolver este problema. Primero, analizamos las consecuencias de basarse en datos visibles y limitados para hacer suposiciones sobre las motivaciones, habilidades y deseos de los demás. Lo curioso de las suposiciones es que resultan difíciles de reconocer para quienes las hacen. Así, aunque Bridgette comprendía que sus compañeros estaban utilizando la información del sistema de gestión de proyectos para asignarle tareas, no se daba cuenta que ella estaba haciendo exactamente lo mismo con los demás. Como me explicó posteriormente Benito, uno de los colegas de Bridgette: "Fue revelador reflexionar sobre las suposiciones que estaba haciendo sobre todos sin darme cuenta. Y ahora también veo que ellos hacían lo mismo que yo. Siempre resultaba agotador pensar que todos me querían encargar las tareas horribles que nadie quería hacer, pero ahora entiendo que no era tanto así, sino que, igual que yo, simplemente no se estaban preguntando por qué tomaban esas decisiones". El segundo cambio consistió en realizar modificaciones a la propia herramienta de gestión de proyectos para capturar datos nuevos que realmente fueran relevantes para el equipo. Desarrollamos un módulo que permitía a los técnicos calificar su interés en las tareas, y utilizamos una función en la herramienta donde podían registrar información sobre cosas que estaban aprendiendo y desafíos que enfrentaban que no estaban relacionados directamente con ningún trabajo específico. Incluir ambos tipos de datos ayudó a crear un conjunto más completo de opciones e intereses para asignar tareas en el futuro. También funcionó como respaldo útil para cuando, inevitablemente, alguien volviera a hacer suposiciones automáticas con base en los datos visibles de la herramienta sobre quién debía encargarse de qué.

Un contexto muy diferente en el que tendemos a hacer suposiciones basadas en datos limitados son las redes sociales. Como analizamos en el capítulo 2, personas como Dean, que ven publicaciones en Instagram sobre los viajes en bicicleta de sus amigos por Europa, no perciben el panorama completo. El carácter cuidadosamente editado de las redes sociales nos lleva a sobredimensionar lo visible. Tal vez por eso la investigación ha demostrado que las redes sociales son un terreno fértil para que los sesgos cognitivos se descontrolen.[4] Por ejemplo, la forma selectiva en que otros comparten contenido en redes sociales activa la heurística de disponibilidad, donde esos elementos, a los que estamos expuestos y nos son inmediatamente accesibles, configuran nuestra comprensión de la vida de alguien, aun cuando estamos ignorando el contexto más amplio e invisible. Las redes sociales también provocan un sesgo de recencia, mediante el cual las publicaciones recientes reciben un énfasis desproporcionado (tanto en nuestra mente como en los algoritmos de la plataforma), creando la impresión de que esos momentos que observamos ahora definen la vida entera de una persona. Y, por supuesto, entra en juego el efecto de foco: creemos que los demás prestan más atención a lo que publicamos (y a nuestras vidas) de lo que realmente hacen. Todos estos sesgos cognitivos moldean las suposiciones que hacemos sobre los demás y sobre nosotros mismos.

La mejor estrategia consiste en esforzarse por no hacer suposiciones que sean más grandes, más profundas o que vayan más allá del contenido específico que observamos en cualquier momento dado. Por ejemplo, Theresa, una urbanista en Nuevo México, describió su enfoque para manejar sus suposiciones cuando navega por las redes sociales: "Si veo una fotografía, y alguien se ve feliz y parece estar divirtiéndose, me permito suponer que realmente estaban felices y divirtiéndose en ese momento. Lo que he aprendido a trabajar es no llevar mis suposiciones más allá de eso. Simplemente asumo que se sentían así justo entonces. Hacer esto me hace sentir más tranquila". Me encanta este enfoque porque es sencillo y está respaldado por evidencia científica. Investigaciones experimentales recientes demuestran que el uso activo de redes sociales (como actualizar tu perfil o buscar información específica) tiende a reducir la ansiedad después de una sesión. En contraste, la navegación pasiva y la lectura sin un propósito claro se vinculan con sensaciones de ansiedad. Otro estudio experimental reveló que practicar técnicas de *mindfulness* antes de usar redes sociales ayudó a las personas a procesar el contenido de manera holística y crítica, y a hacer menos suposiciones apresuradas, lo que redujo la ansiedad y los sentimientos de soledad, aumentando la sensación de bienestar.[5] Mi conclusión es que, si vas a dedicar tiempo significativo a las plataformas digitales, sé activo y consciente para mantener tus suposiciones limitadas a la publicación específica que observas, sin generalizarlas para representar de manera más amplia a la persona que publicó.

El hallazgo más convincente, sin embargo, es que deberíamos intentar limitar nuestro uso de redes sociales si queremos evitar el acto agotador de hacer suposiciones. En un experimento, los participantes tomaron una semana de descanso de Facebook, Instagram,

Twitter y TikTok.[6] Estos participantes fueron emparejados con otro grupo con características demográficas similares, al que no se le impuso ninguna restricción en el uso de redes sociales. Al cabo de una semana de seguimiento, quienes dejaron de utilizar todas las redes sociales mostraron una reducción significativa en los índices de depresión y ansiedad en comparación con sus puntuaciones previas al experimento. No se observaron diferencias en el grupo que continuó con su uso habitual de redes sociales. En otro experimento, se pidió a los participantes que redujeran el uso de sus *smartphones* a una hora diaria durante tres semanas.[7] En comparación con el grupo de control, que no tenía restricciones en el uso de sus dispositivos, el grupo que limitó su uso mostró reducciones significativamente mayores en síntomas de depresión, ansiedad y FOMO.

Las implicaciones son claras: dedica el menor tiempo posible a las redes sociales si no quieres verte agotado por todas las suposiciones que inevitablemente harás. En los últimos años, he trabajado para reducir el tiempo que paso en redes sociales en varias horas semanales. Como tú, no quiero abandonarlas del todo porque me resultan verdaderamente útiles en muchos aspectos. Pero pasar menos tiempo en estas aplicaciones hace que me sienta menos agotado. Y cuando las utilizo, lo hago de manera activa y consciente, intentando adoptar la actitud de Theresa: no asumir que lo que estoy viendo significa algo más allá de lo que realmente es.

RECUERDA: NO ERES TÚ, SON ELLOS

A Reza le irritaban frecuentemente las publicaciones que su viejo amigo Juan hacía en Facebook y LinkedIn. Cada vez que Juan compartía fotos de vacaciones o anunciaba un ascenso, Reza no podía evitar suponer que lo hacía para presumir o buscar validación. "Siempre pensaba que la única razón por la que yo le contaría algo así a alguien sería si quisiera que todos pensaran que soy genial o si necesitara mucha validación externa", me explicó Reza después de describir una publicación de Juan que le había molestado particularmente. Las suposiciones que Reza hacía sobre las publicaciones de Juan empezaron a generarle rechazo hacia él. "Es agotador ver a tu amigo actuar como un idiota, y es emocionalmente desgastante darte cuenta de que tu amistad ya no es lo que era", afirmó.

Un día, mientras Reza conducía de regreso del trabajo, escuchó un pódcast que relataba una historia sobre dos piratas y un sándwich de queso. Cuando conversamos, me dijo que no podía recordar el nombre de la persona en el pódcast ni cómo se llamaba la teoría que mencionaban. Sin embargo, cuando Reza pronunció las palabras "piratas" y "sándwich de queso", supe inmediatamente a qué se refería.

Rebecca Saxe es profesora de ciencias cognitivas en el MIT, reconocida por su trabajo sobre lo que se denomina "teoría de la mente".[8] La historia que contó iba más o menos así:

> Hay un pirata llamado Iván que tiene un sándwich de queso. Iván decide que necesita una bebida para acompañar su sándwich, por lo que lo coloca encima de un cofre pirata y se marcha. Mientras está ausente, el viento sopla y arroja el sándwich sobre el césped. Un segundo pirata, Joshua, aparece y pone su propio sándwich sobre el cofre. Al igual que Iván, Joshua se aleja para buscar una bebida. Entonces Iván regresa. ¿Con qué sándwich se quedará Iván?

La investigación de Saxe demuestra que si le planteas esta pregunta a un niño de tres años, responderá inmediatamente que Iván elegirá el sándwich del suelo. Pero si le preguntas a una niña de cinco años, dirá que Iván tomará el sándwich que está sobre el cofre pirata. Saxe y sus colegas sostienen que entre los tres y cinco años los humanos desarrollamos la teoría de la mente, que es la capacidad cognitiva para comprender que otras personas tienen perspectivas, creencias, deseos e intenciones diferentes a los nuestros. Un niño de tres años que aún no ha desarrollado la teoría de la mente no puede reconocer que Iván experimenta el mundo de manera distinta a como él lo hace. No puede procesar que Iván no estuvo presente para ver cómo el sándwich caía al suelo por el viento. En cambio, el niño de tres años cree que Iván sabe todo lo que él sabe y, consecuentemente, que recogerá el sándwich del suelo.

Necesitamos la teoría de la mente para adoptar las perspectivas de otras personas. Al reconocer que alguien más podría ver o interpretar una situación de manera diferente, podemos anticipar con mayor precisión sus reacciones y responder con empatía y comprensión. Tomar la perspectiva del otro implica utilizar este entendimiento para considerar las situaciones desde el punto de vista de otra persona. Requiere que dejemos de lado temporalmente nuestras propias suposiciones para comprender mejor las experiencias y motivaciones ajenas. Esto es importante porque, como demuestra la investigación de Saxe, la teoría de la mente influye en el juicio moral. Un niño de tres años podría decidir que Iván se está portando mal al tomar el sándwich de Joshua porque no quería comer su propio sándwich sucio, y concluir que debería ser castigado.

"Ese pódcast me marcó profundamente", me contó Reza, "y decidí que iba a intentar dejar de actuar como un niño de tres años". En lugar de interpretar las publicaciones de Juan a través del prisma de sus propias motivaciones, Reza comenzó a considerar qué podría estar impulsándolo a compartir esos contenidos. Reflexionó sobre lo que sabía de su amigo y todas las experiencias que habían vivido juntos, y gradualmente empezó a apreciar que sus fotos de vacaciones probablemente surgían de un amor genuino por los viajes y la fotografía, y que sus anuncios de ascensos estaban arraigados en un merecido sentido de orgullo. Cuando comenzó a pensar en cuáles podrían ser las motivaciones de Juan, la irritación de Reza empezó rápidamente a disminuir. Comprendió que sus publicaciones eran expresiones de sus pasiones y logros, no intentos de alardear o buscar atención. La empatía que desarrolló mediante esta toma de perspectiva transformó su experiencia en redes sociales. Como me explicó: "Ahora intento poner esto en práctica constantemente. Ya no hago suposiciones sobre los motivos de otras personas basándome en lo que yo haría. Cuando me pongo en su lugar, soy mucho más feliz. Es como si hubiera decidido no entrar en un conflicto emocional que me desgastará". Trabajar activamente para adoptar la perspectiva de los demás puede ayudarnos a eludir sesgos cognitivos que nos llevan a hacer suposiciones que nos agotan.[9]

EL AGENTE DE IA DE UNA PERSONA NO ES UN REFLEJO DE ELLA

Los agentes de IA apenas comienzan a entrar en nuestras vidas. Un agente es una IA que puede recibir datos, tomar decisiones basadas en esa información y actuar en respuesta a esas decisiones. Mientras que ChatGPT y modelos similares de lenguaje pueden procesar los datos que escribes o formulas para ofrecerte respuestas, predicciones o recomendaciones, no deciden qué hacer con los resultados ni actúan de manera autónoma. Pero los agentes de IA sí lo hacen. Junto con Camille Endacott, ahora profesora en la Universidad de Carolina del Norte en Charlotte, estudié a una de las primeras agentes de IA, llamada Lisa, que fue diseñada para ayudar a las personas a programar reuniones.[10] Lisa utiliza una interfaz conversacional (similar a ChatGPT) en la que le puedes hablar en lenguaje natural sobre lo que deseas que suceda. Por ejemplo, si alguien te envía un correo para solicitar una reunión, puedes responder a dicha persona diciendo que se reunirán, copiar a Lisa y pedirle que programe el encuentro. Las personas que estudiamos escribían cosas como: "Mi asistente Lisa encontrará un momento para reunirnos en las próximas dos semanas. Por favor, coordina con ella [¡sí, casi siempre decían 'ella'!] para programar". Lisa procesaba esta instrucción e interpretaba que querías una reunión con esa persona. Luego abría tu calendario, encontraba tus horarios disponibles, decidía cuándo te gustaría reunirte y qué prioridad darías a esta reunión, y enviaba un correo de programación a quien solicitó el encuentro. Lisa decidía cuándo enviar ese correo, qué mensaje incluir, qué tono adoptar y con qué frecuencia hacer seguimiento si el primer intento no funcionaba. Si lo piensas, se requiere una cantidad increíble de toma de decisiones, razonamiento y acción para realizar esa secuencia de tareas.

Lisa lo hacía bastante bien. Pero como todos sabemos, programar reuniones es complicado. Por más preparado que estés, siempre surgirán problemas. Lisa hacía lo posible por manejarlos, pero tenía sus limitaciones. Inevitablemente, alguna persona se molestaba porque Lisa no ofrecía buenos horarios, porque su forma de expresarse resultaba confusa, porque parecía descortés o porque no respetaba el tiempo del interlocutor lo suficiente como para responder oportunamente. Cuando eso ocurría, la persona que había empleado a Lisa como su agente a menudo tenía que intervenir. Por ejemplo, Richard estaba tratando de programar una reunión con alguien que no conocía y que podría ser un contacto valioso. La persona con quien Richard intentaba reunirse recibió varios correos de Lisa, pero nunca obtuvo confirmación de horario. Richard, que estaba copiado en las comunicaciones, podía ver que esta persona se estaba molestando. Como dijo Richard: "Tuve que llamarlo y disculparme diciendo: 'Mira, lo siento muchísimo. Lisa no es una persona real, es un *bot*, y realmente me disculpo por la frustración'".

Camile y yo esperábamos que las personas a veces se sintieran frustradas y que la persona que usaba Lisa tuviera que intervenir. Pero nos sorprendió descubrir que, de todas las personas con quienes hablamos que habían programado reuniones con Lisa, casi ninguna se enojó con ella. En cambio, se enojaron con la persona que las había hecho programar a través de Lisa. Y no se molestaron por tener que coordinar con un agente de IA, sino que se enojaron con la persona como si Lisa fuera una representación directa de ella. Este patrón se ilustra claramente en el siguiente ejemplo.

Noah, quien había acordado una cita con Rahul a través de Lisa, planeaba encontrarse con él en una cafetería cerca de la oficina de Rahul cuando recibió un correo de Lisa marcado como "urgente". Lisa preguntó: "¿Puedes ver a Rahul en este bar del centro?".

Noah explicó que Lisa seguía cambiando el plan, lo cual le molestó: "Pensé: 'Qué demonios. Tomaré un taxi'. Para nada conveniente. Entonces la asistente de Rahul me dice, ya en el taxi: '¿Puedes encontrarte conmigo aquí?'. Y yo pensé: 'Está bien, perfecto'. Así que vamos ahí, y solo como amigo le digo: 'Por cierto, amigo, tu asistente personal es pésima'. Me hicieron gastar veinte dólares dando vueltas por toda la ciudad". Cuando Rahul le explicó que Lisa era un agente de IA, la situación empeoró. Noah nos dijo que pensó que Rahul era grosero y medio tonto. Al preguntarle si esto se debía a que usaba un agente de IA, Noah respondió que no, pero que era evidente que no le importaba lo suficiente para organizar bien la reunión.

Noah y muchas otras personas con las que hablamos transfirieron sus percepciones negativas sobre el agente de IA (grosero, tonto, torpe) al representado. Nos contaron cómo, tras la mala experiencia, se enojaron con la persona representada. Pero no era esa persona quien tomaba las decisiones; era el agente de IA. También estudiamos asistentes ejecutivos humanos. De vez en cuando también cometían errores al agendar citas, pero las personas molestas se enojaban solo con el asistente. No asumían que su comportamiento reflejara al representado, como sí sucedía cuando interactuaban con Lisa. En general, los hallazgos mostraron que las personas tendían a transferir sus percepciones sobre las decisiones del agente de IA a la persona a quien representaba (el responsable). Por ejemplo, asumían que esa persona era incompetente o descortés cuando el agente de IA tomaba decisiones cuestionables. Las únicas excepciones se dieron cuando los interlocutores ya tenían una relación fuerte con el responsable; en esos casos, por lo general lograban separar sus impresiones del agente de IA y no las atribuían a la persona representada. Otros estudios han mostrado efectos similares.[11] Por supuesto, si tu objetivo es causar una buena impresión en alguien, quizá no deberías delegar la tarea de comunicarte con esa persona a tu agente de IA (un tema al que volveremos en el capítulo 6).

Nuestro panorama comunicativo en constante evolución nos ofrece cada vez más más oportunidades para hacer suposiciones que nos agotan. Recordemos que las personas no son los robots que actúan en su nombre. Esforzarnos por no hacer suposiciones, aunque sea tan fácil hacerlas, es un camino claro hacia la reducción de nuestro agotamiento.

REGLA #6

Actúa con propósito

Marlon siempre deja el teléfono sobre la mesa de la cocina cuando llega del trabajo. No se lo mete al bolsillo ni se lo lleva a la mesa del comedor porque sabe que, si lo hace, lo va a estar revisando. Pero, a pesar de todos sus esfuerzos por mantenerse lejos del aparato y estar presente con su esposa o jugar con sus hijos, siente que el teléfono lo atrae irresistiblemente. "Es como un imán", dice. "Me jala aunque trate de mantenerme lejos". Lo que hace que Marlon se sienta agotado y molesto con esta conducta no es tanto que no pueda alejarse del teléfono, sino que, cuando lo agarra, lo usa sin ningún objetivo claro. "A veces me digo: 'Ah, necesito verificar que no se me haya olvidado mandar ese correo a uno de nuestros proveedores', para justificar el hecho de agarrar el teléfono. Pero sé perfectamente que no se me olvidó enviar ese correo. Me miento a mí mismo para poder ver si alguien publicó algo interesante en LinkedIn o revisar los puntajes de mi liga en el Fantasy". Treinta y cinco minutos después, Marlon vuelve a poner el teléfono sobre la mesa. "No logré absolutamente nada. Simplemente tiré media hora de mi vida a la basura", comenta.

Con demasiada frecuencia utilizamos nuestras tecnologías digitales sin ningún propósito definido. Mis propios datos indican que, incluso en el trabajo, las personas llegan a pasar hasta siete horas a la semana abriendo programas, leyendo comunicaciones, navegando archivos y explorando el internet sin un objetivo claro. Todo ese tiempo que pasamos vagando sin rumbo viene a costa de otras actividades que podríamos estar realizando. Tevfik, gerente regional de ventas de una empresa de instrumentos científicos, calcula que su uso sin propósito de las tecnologías digitales lo obliga a pasar cuatro horas adicionales por semana en la oficina, y casi una hora extra diaria trabajando después de llegar a casa. "Estoy agotado de usar todos los dispositivos digitales, entonces me quedo ahí sentado medio atontado. Pero después veo el tiempo que desperdicié y eso me hace sentir aún más cansado", explica Tevfik.

Tanto Marlon como Tevfik padecen una situación común entre muchos usuarios de tecnologías digitales: se sienten atraídos hacia sus dispositivos, pero carecen de intención clara en su uso. Agarran el teléfono o se sientan frente a la laptop sin rumbo fijo y por poca razón más que el simple hecho de que el dispositivo está ahí y los llama. No es tanto el dispositivo en sí mismo, sino el potencial de información nueva lo que nos atrae como una polilla a la luz. Nuestras apps están específicamente diseñadas para estimular la producción de dopamina en nuestro cerebro. La dopamina es un neurotransmisor: un mensajero químico que ayuda a transmitir señales entre neuronas. Frecuentemente se le conoce como el neurotransmisor del "bienestar" porque desempeña un papel fundamental en la regulación del estado de ánimo, la motivación y la recompensa. Cuando experimentamos algo placentero, digamos comer una comida deliciosa o recibir un halago, nuestro cerebro libera dopamina, lo cual genera una sensación de recompensa y placer. Esto refuerza el comportamiento que nos llevó a esa experiencia placentera, volviéndonos más propensos a repetirlo en el futuro. Simplemente seguimos queriendo regresar a esa aplicación una y otra vez. Muchas veces estamos en nuestros teléfonos para comprar zapatos o pagar una cuenta, o en nuestras tabletas o laptops investigando información para el trabajo, cuando, sin darnos cuenta, cambiamos a un juego o una aplicación de redes sociales que nos arrastra hacia su navegación infinita, o nos perdemos en un laberinto de búsquedas sin fin. Todos estos son ejemplos de cómo vagamos sin rumbo por el mundo del contenido digital. "Hablo en serio cuando digo que a veces pueden pasar horas y de repente despierto y pienso: 'Dios mío, ¿qué he estado haciendo todo este tiempo?'", me confesó Tevfik.

Un estudio global realizado en 2023 reveló que el 41 % de los usuarios de internet entre dieciséis y veinticuatro años reportó que una de sus principales razones para conectarse a sus dispositivos era "ocupar el tiempo libre".[1] De acuerdo con otra investigación enfocada en adolescentes estadounidenses, de las aproximadamente 8 horas y 33 minutos que los adolescentes reportan pasar *activamente* en línea cada día, 2 horas y 47 minutos los dedicaban solo a navegar redes sociales y sitios web sin un propósito específico.[2] Si a eso le agregamos las 3 horas y 16 minutos que reportan ver televisión, películas o videos (lo que algunos podrían considerar poco útil), resulta que más de la mitad del tiempo que invierten en tecnologías digitales se va en lo que podríamos llamar un vacío digital sin dirección clara. Las estadísticas del tiempo total que adultos y adolescentes destinan a simplemente navegar y desperdiciar sus días de esta manera son similares en muchos otros países.[3] La conclusión es clara: Marlon y Tevfik representan la norma, no la excepción. Al igual que ellos, nosotros, nuestros amigos y familiares pasamos una cantidad considerable de tiempo navegando sin rumbo en el mundo digital.

La regla fundamental que exploraremos aquí consiste en actuar con intención cada vez que usamos nuestros dispositivos. Esta regla se aplica por igual cuando estamos trabajando, cenando con amigos o pasando una noche en casa. No estoy sugiriendo que limitemos la cantidad de tiempo que usamos nuestras herramientas digitales. Aunque, si actúas con intención, es probable que termines usándolas menos. El objetivo de esta regla es garantizar que cada vez que tomemos nuestro teléfono o nos sentemos frente a nuestra computadora, lo hagamos con un propósito definido.

EL PRINCIPIO DEL PROGRESO

En uno de mis libros de negocios favoritos, del cual tomo el título de esta sección, la profesora de la Universidad de Harvard, Teresa Amabile, y su esposo, el profesor de la Universidad de Brandeis, Steven Kramer, presentan los resultados de un estudio que examina las entradas de diario de doscientos treinta y ocho participantes.[4] Los autores evaluaron qué impulsaba a las personas a tener experiencias significativas y satisfactorias en el trabajo, o lo que los investigadores denominan una "vida laboral interior plena". Su conclusión fue contundente: "De todos los eventos positivos que influyen en la vida laboral interior, el más poderoso es el progreso en el trabajo significativo". Nos sentimos bien cuando percibimos que avanzamos y damos pasos enfocados hacia una meta importante. Si no vemos progreso o, peor aún, si experimentamos retrocesos, nos sentimos agotados y desmotivados. La sensación de progreso funciona como un verdadero energizante emocional y mantiene alejado el cansancio. Pero ¿qué cuenta exactamente como progreso? Y ¿cómo sabes que realmente lograste algo?

Como respuesta a la primera pregunta, Amabile y Kramer analizan la importancia de las pequeñas victorias. Las pequeñas victorias son logros discretos sobre los que uno puede reflexionar y celebrar. No tienen que ser hazañas importantes; el éxito en actividades aparentemente sencillas puede impactar de manera significativa el bienestar emocional de una persona en el trabajo. Las entradas de diario que presentaron para su estudio estaban llenas de reportes de victorias pequeñas que energizaron a las personas: un científico que se sintió muy contento después de que alguien le dijera lo bueno que era su experimento; la emoción de una programadora después de corregir un error molesto en su código. Estas pequeñas victorias, aunque menores, se acumularon para marcar una diferencia considerable en el bienestar general de las personas en su trabajo. Resulta fundamental que la experiencia de estas pequeñas victorias ayudó a darles a las personas el impulso de energía necesario para seguir adelante, aunque su proyecto completo no estuviera ni cerca de terminarse y quedaran muchos obstáculos por delante.

En el segundo punto, la investigación sugiere que reconocer el progreso en el trabajo requiere conciencia de las mejoras reales. Richard Hackman y Gregory Oldham, pioneros de la "teoría del diseño de trabajos",[5] señalan dos vías principales a través de las cuales se puede lograr esa conciencia. La primera implica la retroalimentación de un supervisor o colega conocedor: alguien que nos confirme que lo que estamos haciendo es bueno, importante o útil. Esta validación externa nos ayuda a reconocer y celebrar nuestros logros. Aunque el reconocimiento de nuestro progreso por parte de otros es útil, Hackman y Oldham sugieren que hay una vía aún mejor y más significativa: obtener retroalimentación directamente del trabajo mismo. Por ejemplo, una programadora que prueba un código complejo y descubre que funciona tal y como lo planeó recibe confirmación inmediata de progreso. Esta interacción directa con el trabajo proporciona una sensación de logro sin necesitar validación externa o contacto con otros. Pero muchas veces no diseñamos nuestro trabajo para darnos retroalimentación directa e inmediata sobre nuestro progreso. Podríamos diseñar el código, pero después se lo damos a alguien más para que lo pruebe. Hackman y Oldham argumentan que el diseño de trabajos que separa la ejecución de la recompensa inmediata es desalentador y te lleva al agotamiento. En mi propio trabajo de consultoría, he usado estas métricas de potencial motivacional para entender si los trabajos están diseñados para dar a mis clientes suficiente retroalimentación y para evaluar qué progreso han logrado. He observado consistentemente que los trabajos que no están diseñados alrededor de estos principios llevan a los empleados a sentirse desmotivados y agotados.

Sin importar qué actividades tengan que realizar las personas en el trabajo o en casa, reportan sentirse menos agotadas si tienen una meta hacia la cual trabajan y una sensación real de que están logrando progreso significativo hacia esa meta. Pero si vamos a tener una meta y una forma de medir nuestro progreso hacia ella, tenemos que actuar con intención. Navegar por internet buscando calcetines decorativos, pasar horas en las redes sociales leyendo memes, o revisar Slack solo para ver si alguien ha enviado mensajes sobre actualizaciones de proyectos son actividades que no siguen el principio del progreso. Nuestro tiempo se siente desperdiciado y nos frustramos cuando reconocemos que hemos caído en la distracción sin propósito, cuando podríamos haber estado haciendo algo más productivo.

Una forma de combatir nuestras tendencias nocivas es ser conscientes cuando usamos nuestras tecnologías digitales. La psicóloga Ellen Langer, quien ha explorado el concepto de *mindfulness* en diversos contextos, la define como el proceso de participación activa en el momento presente.[6] Cuando somos conscientes, notamos lo que estamos haciendo y sabemos por qué lo estamos haciendo. El *mindfulness* es esencial para establecer metas y buscar retroalimentación sobre si estamos progresando hacia ellas. Sin ello, es difícil reconocer nuestras pequeñas victorias, y es fácil desviarse del camino y perderse en la falta de sentido.

Varios estudios han encontrado un vínculo directo entre *mindfulness*, progreso y agotamiento. Muestran que las personas que son conscientes al establecer metas para su uso de la tecnología digital tienen significativamente menos probabilidades de experimentar estrés y agotamiento, y sienten un mayor grado de progreso en su trabajo que los usuarios que no actúan con intención.[7] Además, las personas que son lo suficientemente conscientes para usar sus herramientas digitales de manera intencional y con propósitos específicos logran priorizar mejor sus actividades y enfocar su atención, sacan menos conclusiones precipitadas sobre personas y eventos, y se sienten en control de sus acciones. Las personas que son menos conscientes en su uso de herramientas digitales reportan saltar constantemente de una actividad a otra, dispersando su atención entre diferentes dominios y áreas, y sienten niveles de moderados a altos de ansiedad por desperdiciar tiempo mientras se pierden en actividades sin sentido. Estos hallazgos confirman los fundamentos del progreso consciente: si actuamos con intención al usar nuestras herramientas digitales, estableciendo metas claras y logrando victorias pequeñas hacia ellas, nos sentimos menos agotados y más energizados.

Como querían vencer su agotamiento digital, Marlon y Tevfik cambiaron su comportamiento para seguir el principio del progreso, cada uno a su manera. Marlon se aseguró de que, cada vez que fuera a agarrar su teléfono, pudiera articular un objetivo real e importante para su uso, así como un indicador que mostrara qué progreso logró hacia su objetivo. Como describió: "Si decido que quiero comprar tenis para correr, me digo: 'Tu meta es encontrar tres buenas opciones'. Entonces, antes de siquiera tomar mi teléfono, creo un plan. Algo como: 'Primero entraré a Runner's World para buscar algunas reseñas, después voy a ver los sitios de Nike, Hoka y Brooks. Luego voy a revisar en Amazon y encontrar los precios y agregar tres al carrito'". Al especificar un objetivo y una métrica para medir su éxito, y crear un plan para lograrlo, Marlon se aseguró de no tomar su teléfono sin razón. Como reflexionó: "La verdad, me está empezando a gustar hacer esto. Ahora, cada vez que veo mi teléfono, pienso: '¿Por qué? ¿Por qué lo estoy usando? ¿Y cómo sabré parar?'. Eso me da control y se siente bien cuando de verdad consigo hacer algo".

Tevfik aplicó el principio del progreso en el trabajo. Me dijo que su mayor pérdida de tiempo era "perderme en investigaciones que en realidad no importaban. Tanto *scrolling* y tantos clics sin sentido". Al establecer una meta y especificar pequeñas victorias, no solo supo cuándo parar, sino que también pudo sentirse bien por lograr algo: "El cambio que hice usando tu regla", me dijo, "es que ya no abro mi navegador y empiezo a navegar sin rumbo. Decido qué tipo de artículo estoy buscando y decido en dónde buscarlo. Simplemente pienso, okey, no necesito navegar para siempre, solo necesito encontrar, digamos, cinco estudios que respalden nuestras afirmaciones y entonces estaré satisfecho. Así que en realidad me siento muy bien cuando consigo esos cinco. Poner el número específico me ayuda muchísimo. Puedo lograrlo, y siento una gran satisfacción cuando lo consigo". Ya sea en casa o en el trabajo, asegurarnos de que cada acción intencional con nuestros dispositivos culmine en alguna sensación de progreso, nos da un impulso de energía y evita el desgaste que proviene del cambio constante, las suposiciones y las emociones asociadas con la navegación sin propósito.

CREA UN BÚFER

En *El retrato de Dorian Gray* de Oscar Wilde, Lord Henry, un amigo del pintor de Dorian, aconseja al protagonista epónimo que "la única manera de librarse de la tentación es ceder ante ella. Si se resiste, el alma enferma, anhelando lo que ella misma se ha prohibido". Lord Henry se refería a un estilo de vida hedonista, pero si Wilde escribiera hoy, podría haber estado hablando perfectamente sobre los *smartphones* o las redes sociales. Adam Alter, autor de *Irresistible*, escribe sobre cómo las tecnologías digitales están diseñadas para tentarnos. Al hablar sobre el atractivo de nuestros dispositivos, señala: "Nuestra fuerza de voluntad es limitada, y eventualmente, como seres humanos, todos sucumbimos ante la tentación".[8] Marlon admite que es vulnerable cuando se trata de alejarse de sus dispositivos. "En serio", me dijo, "probablemente la tentación más grande en mi vida es revisar mi teléfono. Puedo resistir casi cualquier otra cosa. Pero es como si siempre cediera a mi teléfono. Si no lo hago, me pongo muy inquieto". Ciertamente conozco esa sensación, aunque no me tienta tanto mi teléfono como a Marlon. Sí parece que mi teléfono ejerce una fuerza magnética, atrayéndome hacia él, aunque no haya razón para usarlo. Y no es solo porque tengo las notificaciones activadas que me llevan al teléfono. Los datos más recientes sugieren que las notificaciones impulsan nuestras interacciones con *smartphones* en solo el 11 % de todas las ocasiones de uso;[9] el 89 % de nuestras interacciones con nuestros teléfonos ocurren porque los tomamos y los usamos sin estímulo externo. Así que simplemente apagar las notificaciones, como muchas personas sugieren, no va a ayudar mucho. La mayoría de las veces no quiero tomar mi teléfono, pero, por alguna razón, siento que necesito hacerlo. Usualmente puedo tratar de resistir por un rato, pero hay una sensación inquieta por dentro que no se disipa hasta que cedo revisando algo que no necesita revisión. Bueno, tal vez sí tengo el mismo problema que Marlon.

La risa más fuerte que he escuchado en una conferencia académica fue cuando el profesor Jeff Hancock, quien en ese momento estaba en la Universidad de Cornell, vino a la Universidad Northwestern a presentar su investigación sobre cómo el uso de nuestros *smartphones* puede afectar directamente la forma en que nuestro cerebro procesa los estímulos. Mostró evidencia de un estudio que realizó con un equipo de anestesiólogos sobre cómo los pacientes que se sometían a procedimientos menores necesitaban menos analgésicos (medicamentos para controlar el dolor) cuando enviaban mensajes de texto durante la cirugía.[10] Nadie se rio de ese hallazgo. Pero sí se carcajearon cuando sugirió que la conexión entre nuestro teléfono y nuestro cerebro es tan poderosa que la mayoría de las personas en la audiencia probablemente experimentaron el "síndrome de vibración fantasma del teléfono" durante su conferencia: pensaron que su teléfono estaba vibrando para señalar una llamada o mensaje de texto cuando en realidad no era así. Entonces, en cuanto se apagó la risa, casi todos en el salón sacaron sus teléfonos para revisar.

La investigación de Hancock en el quirófano mostró una versión amplificada de lo que muchos de nosotros experimentamos en nuestras cocinas y salas. El uso excesivo de nuestros *smartphones* cambia nuestra química cerebral.[11] Específicamente, el uso intensivo del teléfono altera la proporción normal de ácido gamma-aminobutírico (GABA) con respecto a otros neurotransmisores. El GABA es un neurotransmisor inhibitorio que produce un efecto calmante o eufórico. Tener demasiado puede resultar en varios efectos secundarios, incluyendo agotamiento y ansiedad. Drogas como la heroína causan un aumento en la actividad del GABA, lo que deprime el sistema nervioso central.[12] Esta investigación parece indicar que el uso crónico del celular puede provocar cambios en el cerebro similares a los que generan sustancias ilícitas como la heroína. Anna Lembke, quien dirige la Clínica de Medicina de Adicciones con Diagnóstico Dual en Stanford Medicine, llama a los *smartphones* "la droga de nuestra era".[13] Todo esto significa que, cuando sentimos que nos cuesta resistir la tentación de usar el celular, puede tener una base fisiológica real. Como bien entendía Lord Henry, nuestro cerebro hace que se sienta bien ceder ante la tentación.

Esta base fisiológica también se ve reforzada por el poder de los hábitos. Los hábitos son en gran medida el resultado de acciones inconscientes.[14] Cuando algo alcanza el umbral de un hábito, típicamente dejamos de pensar en lo que estamos haciendo y simplemente lo hacemos. Si eres como yo, Marlon o Tevfik, tienes muchos hábitos con tus tecnologías digitales, algunos de los cuales reconoces al hacer un acto de reflexión, y algunos que no. Por ejemplo, sentarte en tu computadora e inmediatamente abrir el navegador es un hábito. También lo es sacar tu teléfono del bolsillo varias veces al día solo para verlo. Como me dijo Tevfik: "Simplemente abro la app de Pandora todo el tiempo. No estoy seguro por qué. La mayoría de las veces no planeo escuchar música. Es como si mi pulgar se sintiera atraído a la aplicación". Más allá de si nuestros *smartphones* y aplicaciones cambian nuestra química cerebral, ciertamente los usamos de maneras habituales sin pensar. Los estudios han mostrado que tomar nuestros teléfonos, revisar Facebook, enviar correos electrónicos, e incluso consultar ChatGPT, todos se convierten rápidamente en hábitos que las personas tienen dificultad para romper.[15] Si necesitan usar sus dispositivos o esas apps, no es algo en lo que piensen de manera consciente; los patrones de uso se vuelven tan habituales que son difíciles de detener. Ahora, si a estos hábitos les sumamos los cambios en nuestra química cerebral (que a la vez son causa y consecuencia de estos mismos hábitos), resulta fácil entender por qué Marlon, Tevfik y el resto de nosotros tenemos tantas dificultades para alejarnos de nuestras herramientas digitales, incluso cuando realmente queramos hacerlo.

Es difícil actuar con intención si no estás pensando en tus acciones. Por eso, la mayoría de las personas con las que he trabajado que han tenido éxito al adoptar esta regla han encontrado maneras de crear un búfer entre ellas y sus herramientas digitales. Solo añadir obstáculos entre tú y aquello hacia lo que te sientes atraído de manera automática puede generar una barrera suficientemente efectiva como para romper tus hábitos. James Clear, el experto en hábitos y autor de la obra maestra *Hábitos atómicos*, proporciona un ejemplo convincente. Habla sobre cómo solía abrir su refrigerador, ver una lata de cerveza en la puerta, y tomarla de manera automática. Con tan solo colocar la cerveza en la parte trasera del refrigerador, donde era más difícil agarrarla, rompió el comportamiento automático de tomarla. Ahora que había obstáculos entre él y la cerveza, tenía que pensar (aunque fuera por una fracción de segundo) si quería la cerveza lo suficiente como para apartar las cosas que se interponían en el camino y conseguirla. Esa pequeña vacilación podría no ser suficiente para detener a alguien que realmente quiere tomar una cerveza o tiene una adicción a ella, pero a menudo es suficiente para romper la automaticidad de nuestro comportamiento. Muchas veces, en realidad no queremos revisar nuestro teléfono o abrir nuestro navegador, pero no hay obstáculos en nuestro camino que nos hagan cuestionar nuestro comportamiento. Los obstáculos nos permiten, como observan Meryl Reis Louis y Bob Sutton, "ajustar nuestros engranajes cognitivos" para pasar de los hábitos al pensamiento activo.[16]

Entonces, ¿cómo logramos realmente ajustar estos engranajes cognitivos cuando vamos a tomar el celular y empezar a actuar con intención? Recopilé una lista de prácticas útiles de personas que he entrevistado a lo largo de los años que han creado con éxito un búfer entre ellas y sus dispositivos digitales. Tal vez despierten tu imaginación mientras creas tus propios búferes.

Ideas para crear búferes entre tú y tus dispositivos digitales

IDEA	POR QUÉ FUNCIONA
1. Compra una estación de carga para dispositivos como teléfonos y laptops y ponla en un lugar central donde toda la familia pueda verla.	"Cuando todos los teléfonos y tabletas están ahí, puedes verlos y te hace pensar: '¿Quiero ser el único en sacar el mío?'. Además, mi esposa e hijos sabrán que estoy en mi teléfono si ven que falta y entonces será mejor que tenga una buena excusa de por qué". **—MARLON**
2. Designa una hora para enviar mensajes de texto.	"En mi caso, simplemente planeo responder a todos los que me han enviado mensajes por la noche alrededor de las 8:30. Reviso mi teléfono entonces y mando los mensajes. Saber que tengo ese tiempo para revisarlo me hace sentir menos necesidad de estar viendo constantemente si ha llegado algún mensaje". **—TEVFIK**
3. Apaga las notificaciones en tus dispositivos.	"Si veo que mi teléfono se ilumina porque hay una notificación, soy, literal, como una palomilla atraída por la luz. Pero si las apago, mi teléfono no se ilumina. Suena simple, pero funciona. Simplemente no veo mi teléfono tanto. Y ninguna de esas notificaciones es sobre algo urgente". **—RENEE**

4. Pon tus aplicaciones en carpetas.	"Pongo todas mis aplicaciones en carpetas. Así cuando veo mi teléfono no puedo entrar a una aplicación al azar o ver una notificación inmediata. Tengo que recordar qué aplicación está en qué carpeta y muchas veces eso es suficiente para que simplemente no la use". **—KATHRYN**
5. Deshabilita el reconocimiento de huella digital/facial.	"Sé que es raro, pero tener que escribir mi código de acceso para abrir mi teléfono es todo lo que se necesita para preguntarme: '¿Qué estás haciendo en tu teléfono?' y '¿Realmente necesitas hacerlo?'. No tenía esa barrera cuando el teléfono se desbloqueaba automáticamente para mí". **—BART**
6. Mantén tu laptop en tu escritorio conectada a un monitor externo.	"Solía tener mi laptop cerca y la abría todo el tiempo. Ahora, la mantengo en mi escritorio conectada a mi monitor. Si quiero usarla, voy a mi escritorio y tengo que sentarme y eso me da la sensación de estar trabajando. Entonces me pregunto si realmente quiero estar trabajando en lugar de ver una película con la familia". **—MIKE**

7. Ten solo una cuenta de Netflix y Spotify para toda la familia para que tus recomendaciones se mezclen.	"Cambié a tener una cuenta para toda la familia para mis servicios de streaming. De esa manera obtengo recomendaciones de películas malas y canciones que no quiero –cosas que les gustarían a mis hijos– y ellos obtienen cosas que el algoritmo piensa que yo quiero porque no puede distinguir quién es quién. Eso significa que ahora sé que si me conecto a una de esas cuentas, voy a tener un montón de basura que revisar y me voy a molestar. Así que muchas veces simplemente leo un libro en su lugar". **–ÁNGEL**
8. Deshabilita las pestañas en tu navegador para que tengas que presionar conscientemente un enlace o escribir una nueva URL para llegar a contenido nuevo.	"Si tengo muchas pestañas abiertas, regreso a ellas y las veo. Luego presiono un enlace en ellas y pierdo el control completamente. Así que simplemente deshabilito mis pestañas para que solo pueda tener una abierta a la vez. Entonces tengo que elegir si quiero ir a la siguiente cosa o no. La mayoría de las veces eso me detiene de hacerlo". **–XIN**

9. Dile a la gente que te llame. Hazles saber que no revisarás mensajes de texto, correo electrónico o redes sociales después del trabajo, pero estás disponible por teléfono.	"Me he vuelto tradicional. Simplemente le digo a la gente que si me quieren después del trabajo –gente del trabajo o amigos o quien sea– necesitan llamarme. No responderé correos electrónicos o mensajes de texto. De esa manera tienen que decidir si realmente me necesitan lo suficiente como para llamar, ya que nadie llama ahora. Eso funciona para mí, porque puedo poner mi teléfono en algún lugar que no me tiente y puedo escucharlo sonar en toda la casa". **–BRUCE**
10. Deshazte de los accesos directos en tus dispositivos.	"Si algo está ahí, le vas a dar clic sin siquiera pensar en ello. He descubierto [que] para romper ese hábito me deshago de las cosas a las que se les puede dar clic. Me he deshecho de todos mis accesos directos. Si quiero ir a algún lugar en línea o llegar a alguna aplicación, ahora tengo que ir ahí, lo cual es suficiente trabajo para hacerme pausar por un segundo y pensar en ello, así que no lo hago por puro hábito". **–SOFÍA**

Esperando algunas respuestas divertidas y creativas, también les pregunté a varias herramientas de inteligencia artificial generativa qué me podrían recomendar. Las consulté de la siguiente manera: "Dame diez ideas poco convencionales de cosas que una persona puede hacer para crear un búfer entre ella y sus dispositivos digitales para que no los use por puro hábito. Para cada idea, explica por qué funcionaría". Obtuve algunas respuestas aburridas y otras que eran muy extravagantes. ChatGPT me dijo que contratara a un "guardia telefónico" para que me retirara físicamente el teléfono durante periodos designados. Explicó que "la responsabilidad social es poderosa. Saber que alguien más controla tu acceso al teléfono añade una capa de responsabilidad e inconveniencia, haciéndote menos propenso a pedirlo nuevamente a menos que sea necesario". Y Claude, desarrollado por Anthropic, me dijo que usara guantes de horno en casa puesto que: "El volumen y la incomodidad de los guantes de horno hacen que usar una pantalla táctil o escribir en un teclado sea casi imposible sin quitárselos, lo cual añade una inconveniencia significativa al uso del teléfono".

"Así no estoy revisando el celular a cada rato".

Algunas de estas sugerencias no son tan locas como parecen al principio. En 2024, una empresa llamada FTLO Travel comenzó a ofrecer viajes sin dispositivos digitales a ubicaciones alrededor del mundo.[17] Los clientes que reservan deben entregar sus teléfonos al llegar y no los recuperan hasta el último día. "Eliminar ese tipo de tentación siempre ha ayudado a facilitar una mejor vinculación y conversación", dice el fundador de la empresa. La compañía tuvo reservas de casi tres mil viajeros para sus excursiones sin dispositivos en el primer año que las ofreció. En un hotel en la Riviera mexicana, los huéspedes pueden optar por un "servicio de desconexión digital" que retirará la televisión de la habitación del hotel y encerrará todos los dispositivos electrónicos personales del huésped en una caja fuerte.

Como me recordó Marlon la última vez que hablé con él: "En realidad me gusta usar mi teléfono para hacer y aprender cosas. Pero sí me siento mucho menos agotado si entro sabiendo lo que estoy haciendo y lo que espero obtener de ello. Supongo que ese es el punto de ser intencional, ¿verdad? Eso me hace sentir mucho más lleno de energía". Ese es, después de todo, el objetivo. Pero a veces para actuar con intención necesitamos que nos recuerden cómo formar intenciones. Crear barreras que generen la fricción suficiente para obligarnos a reflexionar sobre por qué estamos usando nuestros dispositivos, cómo sabremos que es hora de dejar de usarlos y qué nos haría sentir que tuvimos éxito al hacerlo. Ahí radica el alma de esta regla sencilla pero poderosa.

REGLA #7

Aprende a través de otros

Las primeras seis reglas nos enseñan cómo usar nuestros dispositivos de formas que eviten agotarnos. Esta regla y la siguiente nos muestran que podemos usar nuestros dispositivos de maneras que nos proporcionen nuevas fuentes de energía. Un proyecto que desarrollé con Discover Financial Services (un banco estadounidense con más de diecisiete mil empleados) ilustra cómo lograrlo. Cuando conocí por primera vez a los empleados de la división de marketing de Discover, casi todos mencionaron lo agotados que se sentían y cómo el uso de tantas herramientas digitales diferentes los estaba agobiando. Desde asistentes junior hasta vicepresidentes senior, la gente se quejaba de que todo el tiempo que dedicaban al manejo de datos y a la comunicación entre equipos empezaba a resultarles abrumador.

Justo cuando los sentimientos de agotamiento alcanzaban su punto máximo, la gerencia decidió agregar otra herramienta más: una nueva plataforma de redes sociales construida por una empresa llamada Jive. Imagínate Jive como el Facebook de tu empresa. La plataforma estaba limitada a los empleados de Discover, quienes podían publicar contenido y conectarse entre sí de la misma manera que lo hacían en plataformas como Facebook. La empresa implementó esta red social corporativa para ofrecer otra alternativa mediante la cual los empleados pudieran conectarse y compartir datos y conocimiento entre sí. Como era de esperarse, los empleados no mostraron el menor entusiasmo. No solo tendrían que aprender a usar otra tecnología digital, sino que la nueva herramienta sería otra cosa que tendrían que revisar y otro canal de información con el que lidiar.

Como el ánimo estaba tan bajo, convencí a los líderes senior de que me permitieran hacer un experimento con su nueva plataforma de redes sociales en dos de las divisiones de la empresa. El primer grupo de empleados estaba en la división de marketing, el cual tenía diez departamentos y varios cientos de empleados. Esta división tendría acceso a la herramienta Jive, mientras que el otro grupo (la división de operaciones) no lo tendría. Operaciones tenía nueve departamentos y aproximadamente el mismo número de empleados con la misma demografía, así que conformaban una buena comparación con marketing. Antes de que el estudio comenzara, apliqué una serie de encuestas a ambos grupos, buscando identificar qué tan certeros eran los empleados para identificar a los expertos (personas a quienes podían acudir si tenían preguntas sobre un tema en particular). También probé qué tan bien podían encontrar personas que pudieran conectarlos con empleados que tuvieran el conocimiento o los recursos que necesitaban. Después de estas pruebas iniciales, el grupo de marketing usó Jive durante seis meses, mientras que el grupo de operaciones no lo hizo. Entonces apliqué la misma encuesta que habíamos dado antes de que comenzara el estudio.

Me sorprendieron los resultados, y a los líderes de la empresa también. Los empleados de marketing que utilizaron la plataforma de redes sociales mejoraron su habilidad para localizar expertos en un 31 %.[1] También incrementaron su capacidad para identificar con precisión a quién podía conectarlos con especialistas en un impresionante 88 %. El grupo de operaciones (que no utilizó Jive) no mostró mejoría en ninguna de las dos métricas durante el mismo periodo. Al profundizar en los resultados, descubrimos las razones detrás de esta diferencia. El grupo de marketing estuvo expuesto a las comunicaciones entre empleados a través de publicaciones en el muro de Jive, mensajes directos y "me gusta". Al observar de qué hablaban sus compañeros de trabajo entre sí y con quién interactuaban, los empleados lograron identificar las áreas de conocimiento y las redes de contacto de sus colegas. El grupo de operaciones no tuvo acceso a estas interacciones cotidianas y, por consiguiente, no desarrolló este conocimiento sobre las competencias y conexiones de sus compañeros.

Uno de los principales beneficios de utilizar tecnologías digitales (difícil de replicar por cualquier otro medio) es el acceso que nos proporcionan a nuevas y diversas fuentes de conocimiento. Podemos aprovechar este acceso para aprender a través de otros, es decir, simplemente observando a los demás sin necesidad de interactuar directamente con ellos. Cuando ampliamos nuestra capacidad de aprendizaje indirecto, descubrimos aspectos nuevos sobre las personas que nos rodean. Esto nos permite innovar de manera más efectiva, resolver problemas con mayor rapidez, desarrollar perspectivas diferentes del mundo y establecer conexiones más profundas con otros. Mi trayectoria en esta línea de investigación demuestra que todos estos elementos nos recargan de energía.[2] El problema radica en que, con frecuencia, desconocemos cómo aprovechar el potencial de nuestras herramientas digitales para obtener estos beneficios y "anticiparnos a lo que se avecina", como lo expresó uno de los ejecutivos de marketing de Discover.

LOS BENEFICIOS DE ESCUCHAR CONVERSACIONES AJENAS

En las organizaciones actuales centradas en el conocimiento, gran parte del trabajo que hacemos permanece oculto a la vista. Los empleados se sientan frente a sus computadoras, redactan reportes, efectúan análisis, escriben textos y ejecutan tareas que otros difícilmente pueden observar. Nuestra economía posindustrial ha vuelto el trabajo cada vez más abstracto, dejando pocas huellas físicas que los demás puedan seguir. Esta invisibilidad se intensifica cuando las organizaciones dividen el trabajo en unidades más pequeñas, distribuyéndolo entre diversos equipos y departamentos que, con frecuencia, se encuentran dispersos geográficamente. Incluso cuando el trabajo conserva un componente físico, la dispersión de tareas implica que pocos colegas se encuentran cerca para observarlo. Esta realidad llevó a Bonnie Nardi e Yrjö Engeström, dos académicos destacados en el estudio de las dinámicas laborales cambiantes, a una conclusión reveladora: en una economía del conocimiento, "el trabajo es, en cierto sentido, siempre invisible para todos excepto para quienes lo realizan".[3] Podemos trabajar justo al otro lado del pasillo de alguien durante años, o vivir en la misma cuadra, y aun así desconocer por completo qué sabe realmente esa persona.

En Discover, al igual que en la mayoría de las empresas, los empleados generalmente tenían una idea clara de las actividades diarias que realizaban sus compañeros de equipo inmediatos y sus colegas cercanos. Sin embargo, frecuentemente carecían de perspectiva sobre las labores de compañeros de diferentes departamentos o de aquellos ubicados en otras oficinas. Ese trabajo permanecía invisible para ellos. La causa principal de esta brecha de conocimiento radicaba en la falta de comunicación. Los empleados solían conocer el trabajo de sus compañeros al participar en reuniones conjuntas, al formar parte de equipos colaborativos, o al recibir reportes u otros entregables de su trabajo. En otras palabras, aprendían mediante experiencia directa. Ginny, asociada senior del grupo de marketing, describió cómo típicamente se informaba sobre el trabajo de otros: "Normalmente interactúo con personas de quienes conozco algo: sé qué hacen. Eso significa principalmente que me comunico con la gente de mi equipo inmediato… En realidad, nunca veo a esas personas trabajar. Quiero decir, las veo frente a sus computadoras, pero desconozco qué están haciendo exactamente. Pero, generalmente, me doy una idea de sus actividades porque me comentan sobre ellas cuando conversamos, me incluyen en correos que envían a otros, leo lo que escriben, o las escucho discutir algún aspecto de su proyecto con alguien que llega a su escritorio". La descripción de Ginny sobre la interacción con sus colegas en Discover podría aplicarse fácilmente a miles de otras empresas. Habitualmente conocemos lo que otros saben cuando interactuamos directamente con ellos. No obstante, el problema en la mayoría de nuestras organizaciones contemporáneas radica en que interactuamos siempre con las mismas personas. La investigación demuestra que nuestras redes laborales carecen de diversidad, y tendemos a repetir experiencias con personas de nuestros equipos, departamentos, o que se ubican físicamente cerca de nosotros. Esto significa que observamos lo mismo una y otra vez.

Las redes sociales y otras herramientas digitales que nos permiten acceder a personas de diferentes partes de nuestras empresas (si estamos hablando de plataformas corporativas como Jive o Chatter) o de diferentes ámbitos de la vida (si estamos hablando de plataformas públicas como Instagram o LinkedIn) proporcionan una oportunidad diferente para aprender lo que las personas saben. Nos permiten aprender a través de otros. Existe una larga línea de investigación que muestra que las personas pueden aprender de manera efectiva observando. En algunos trabajos manuales, como los que realizan operadores de máquinas o las parteras, las personas con frecuencia comienzan su trabajo como aprendices observando a expertos durante periodos prolongados, después de lo cual típicamente pueden desempeñar el trabajo práctico con un alto nivel de destreza.[4] En contextos de trabajos del conocimiento, las personas no suelen aprender cómo hacer un trabajo con tan solo observar a alguien; sin embargo, observarlos o escucharlos hablar sobre su trabajo son las principales formas en que podemos desarrollar conocimiento preciso sobre lo que esas personas saben. Saber qué y a quién conocen otras personas es lo que los psicólogos sociales llaman "metaconocimiento", una palabra elegante que significa conocimiento sobre el conocimiento. Existen muchos estudios que demuestran que el metaconocimiento preciso se asocia con mejor productividad laboral, menos errores y satisfacción general con tu propio trabajo.[5] Es útil saber qué saben las personas y a quién conocen, pero también es emocionante aprender sobre conceptos e ideas nuevas, así como descubrir personas y conocimiento nuevo. Como me dijo Jamon, un ingeniero eléctrico de una empresa de dispositivos médicos con la que trabajé una vez: "Lo más emocionante de mi trabajo es aprender qué cosas nuevas hay por conocer y descubrir quién las sabe y quién podría enseñarme. Si alguna vez me siento aburrido o con *burnout*, averiguar quién sabe qué me da energía y me emociona".

En las plataformas sociales, fungimos como observadores de situaciones que no nos involucran directamente, pero a las cuales tenemos acceso privilegiado. Como demostró mi investigación con Discover, la manera en que nuestras plataformas sociales nos permiten acceder a conversaciones de personas con las que normalmente no tendríamos contacto, o que no vemos regularmente, puede mejorar significativamente nuestro metaconocimiento. Regina, integrante de uno de los equipos de marketing, proporcionó un excelente ejemplo de cómo funcionaba escuchar conversaciones ajenas. Como me explicó: "Vi un intercambio de mensajes entre dos colegas de otro departamento sobre cómo determinaban la tarifa apropiada para un consultor. Desconocía ese proceso y pensé que sería valioso dominarlo, así que hice un registro mental de que estos compañeros tenían ese *expertise* para poder consultarlos en el futuro. Ese conocimiento resultaría realmente útil para algunos proyectos próximos… Si hubieran enviado ese mensaje por correo electrónico, nunca habría sabido de esa comunicación y no habría podido acceder a ella, por lo que no habría descubierto que estos colegas dominaban los cálculos de tarifas". Regina tuvo acceso privilegiado a una conversación laboral rutinaria entre dos colegas que resultó rica en información. Para quienes interactuaban directamente, esto constituía solo una conversación cotidiana de trabajo. Sin embargo, contenía información valiosa que Regina utilizó para actualizar su metaconocimiento y construir su comprensión sobre quién dominaba qué competencias y quién conocía a quién en diferentes departamentos.

Estas mejoras en metaconocimiento resultaban energizantes por sí mismas. No obstante, se volvían mucho más estimulantes cuando se traducían en ideas innovadoras o derivaban en alguna forma de innovación.

Por ejemplo, Marta, quien laboraba en el departamento de marketing para tarjetahabientes, había dedicado varios meses a investigar por qué los consumidores tendían a elegir una marca de tarjeta de crédito sobre otra. Su investigación reveló que, dentro del grupo demográfico de su interés, los consumidores basaban sus decisiones principalmente en la disponibilidad de programas de recompensas y, más específicamente, en recompensas canjeables por efectivo o crédito en el estado de cuenta. Durante varias semanas, Marta intentó, sin éxito, desarrollar un plan estratégico fundamentado en sus hallazgos.

Sin embargo, un día Marta experimentó un momento de claridad significativo. Recordó haber observado una comunicación en Jive entre dos colegas. Uno de ellos, perteneciente al departamento de precios y análisis, había mencionado algo sobre variaciones en las tasas de interés influenciadas por los hábitos de gasto. Esto despertó el interés de Marta y, después de revisar la conversación, comprendió que debía existir cierta flexibilidad en la asignación de tasas. Al reconocer el potencial de esta información, propuso implementar un bono de devolución de efectivo para consumidores en una categoría particular de gasto, asegurándose de mantenerlo dentro de los límites de asignación de tasas. Se comunicó por correo electrónico con uno de los participantes de esa publicación para obtener más detalles, confirmó que el concepto era factible y construyó un programa completo alrededor de él. "Ha resultado realmente exitoso hasta ahora", me comentó Marta. "Fue genuinamente innovador, por lo que me siento muy orgullosa". Marta logró esta innovación recombinando conocimiento existente de maneras novedosas. Es importante destacar que pudo hacerlo gracias a su conocimiento sobre la *expertise* de un colega con quien no tenía contacto directo, porque tuvo visibilidad de su comunicación a través de la plataforma social. El personal de toda la división de marketing reportó numerosos casos similares al de Marta, la mayoría de menor escala, en los que lograron combinar conocimiento que ya existía dentro de Discover de formas innovadoras porque Jive les permitió identificar qué *expertise* tenían otras personas.

A partir de entonces he colaborado con cinco empresas adicionales que han utilizado redes sociales y plataformas de colaboración digital para "ampliar su campo de visión". En cada una de ellas, el aprendizaje a través de otros generó ideas que resultaron energizantes. Sin embargo, este proceso no siempre siguió una ruta directa, y no todas las personas obtuvieron estos beneficios de manera equitativa. Examinemos ahora qué tipos de ajustes necesitamos implementar cuando utilizamos nuestras herramientas digitales para transformar aquello que escuchamos por casualidad en una fuente genuina de energía renovada.

REPLANTEA MEJOR TUS CONEXIONES

La primera lección que he aprendido sobre cómo desbloquear el poder energizante de escuchar conversaciones ajenas mediante las herramientas sociales es que tenemos que replantearnos la forma en que vemos nuestras redes. La mayoría tenemos numerosas conexiones en nuestras redes sociales y herramientas de colaboración digital. Sin embargo, de todas esas conexiones solo prestamos atención real y mantenemos relaciones significativas con algunas de ellas. Robin Dunbar, antropólogo de la Universidad de Oxford, propuso que los seres humanos realmente solo pueden mantener alrededor de 150 conexiones significativas.[6] Esto se conoce popularmente como el "número de Dunbar". Dunbar sostiene que existe una correlación entre el tamaño del neocórtex (la parte del cerebro responsable de funciones superiores como la percepción sensorial, la cognición y el lenguaje) y el tamaño máximo del grupo social que un individuo puede manejar eficazmente. Su investigación demostró que los primates con neocórtices más desarrollados tienden a vivir en grupos sociales más grandes. Al aplicar este principio a los humanos, Dunbar sugiere que el tamaño de nuestro neocórtex limita el número de relaciones que podemos procesar funcionalmente. La explicación radica en que la carga cognitiva necesaria para gestionar interacciones sociales complejas se incrementa con el tamaño del grupo, y nuestro neocórtex tiene una capacidad limitada para manejar esta complejidad. Independientemente de si estamos de acuerdo o no con el número ciento cincuenta, el principio es claro: simplemente no podemos prestar atención a todos nuestros colegas en Jive o a todos nuestros contactos en Facebook. Entonces, ¿qué hacemos? Limitamos nuestras redes enfocándonos en un pequeño subconjunto de contactos (leyendo sus publicaciones, observando sus fotos y respondiendo a sus comentarios) mientras ignoramos prácticamente al resto. Podrías decir: "Yo no. Sigo y leo el contenido de muchas personas que no conozco tan bien o con quienes no hablo regularmente fuera de las plataformas digitales". Eso afirman la mayoría de las personas, incluyéndome. Sin embargo, los datos revelan una realidad diferente.

Un estudio publicado en la prestigiosa revista *Nature* analizó los datos de toda la población de usuarios adultos activos de Facebook en Estados Unidos durante el 2020. Los resultados revelaron que "el contenido de fuentes 'afines' constituye la mayoría de lo que las personas observan en la plataforma".[7] Los autores sostienen que esto probablemente se debe, en parte, a nuestras propias decisiones sobre a quién prestamos atención (tendemos a enfocarnos en personas que consideramos similares a nosotros y que percibimos como relevantes) y también, en parte, a la selección algorítmica, ya que nos presenta contenido de personas con quienes compartimos características comunes y a quienes es probable que percibamos como semejantes a nosotros o a otros conocidos. Una investigación adicional, realizada por académicos de la Universidad de Washington y Microsoft, basada en datos de usuarios de las herramientas de comunicación digital de Microsoft, demostró que el número y la variedad de conexiones disminuyeron significativamente durante la pandemia cuando las personas comenzaron a trabajar de forma masiva desde sus hogares.[8] Las personas con trabajos intensivos en áreas del conocimiento aumentaron su interacción con colegas de sus grupos y departamentos de trabajo, y redujeron de forma drástica tanto la interacción activa como la atención que prestaban a personas fuera de sus departamentos. Aunque las redes digitales que cultivamos pueden ser enormes y podrían ofrecernos grandes oportunidades para aprender a través de otros, la verdad es que solo ponemos atención a una fracción muy pequeña de ellas.

Junto con Luke Rhee, profesor de la Universidad de California, Irvine, desarrolló dos investigaciones con empresas de software coreanas que demuestran cómo nuestra orientación hacia nuestras redes limita o genera posibilidades para aprender a través de otros.[9] Logramos documentar a las personas con quienes los ingenieros de diversas funciones de desarrollo de productos mantenían contacto, a través de sus herramientas digitales y en contextos presenciales durante un año completo. También registramos las ideas que propusieron para mejoras de procesos y productos en sus organizaciones, así como el nivel de innovación que sus gerentes senior atribuyeron a esas propuestas. En sintonía con estudios previos, descubrimos que, de las numerosas conexiones que las personas desarrollaron y mantuvieron a través de sus herramientas digitales, dedicaban atención activa únicamente a un pequeño subconjunto. Las personas que tendían a captar su atención eran aquellas con quienes colaboraban en proyectos específicos. Descubrimos que también prestaban atención a diversas personas en la empresa con quienes no trabajaban regularmente, solo a menos de que sospecharan que podrían tener información relevante para su trabajo. A este fenómeno lo llamamos "sesgo de atención": tendemos a prestar más atención a quienes creemos que pueden darnos datos o información útil. Sin embargo, nuestros hallazgos revelaron que los ingenieros con mayor probabilidad de generar innovaciones de alto valor eran quienes lograban superar su sesgo de atención. Cuando dirigían su atención hacia personas con quienes no colaboraban o que no consideraban que podrían compartir información útil, desarrollaban ideas significativamente superiores (y observamos que obtenían mejores aumentos salariales y promociones más rápidas como resultado). ¿Por qué? Porque la mayoría de las innovaciones surgen al conectar cosas que todavía no están relacionadas. La innovación no consiste en crear algo completamente inédito; se trata de identificar problemas nuevos para soluciones existentes o combinar ideas de maneras novedosas.[10] Para establecer esas conexiones, las personas necesitan prestar atención a partes de su red que no parecen útiles ni relevantes a simple vista y aprender de ellas de forma indirecta.

Las personas en Discover que lograron energizarse mediante el uso de la plataforma de redes sociales lo consiguieron expandiendo deliberadamente sus redes y tomando la decisión consciente de cultivar y mantener un grupo de contactos distinto de aquellos con quienes se comunicaban regularmente como parte de su trabajo. Jordan, gerente de la división de marketing de tarjetas de crédito, explicó cómo esa expansión constituía una estrategia deliberada: "Somos una empresa de… ¿qué? ¿Unas quince mil personas? En un día habitual, logro interactuar con tal vez siete de ellas, y en una semana, quizá con cuatro o cinco más. Además, solo trabajo directamente con cuatro de ellas en mi equipo. Entonces Jive representa una oportunidad para conocer a otras personas e interactuar con ellas, tener experiencias diferentes. Por eso no quiero desperdiciar mi tiempo conectándome con personas con las que ya converso regularmente". Como Jordan comprendía, el uso de la plataforma social tenía el potencial de conectarlo con personas en la empresa a quienes de otra manera difícilmente conocería y con quienes tendría escasas oportunidades de construir y mantener una relación. La naturaleza de estas relaciones en la plataforma era casual; con frecuencia no se caracterizaban por ser vínculos fuertes. Sin embargo, el desarrollo de vínculos sólidos no era lo que Jordan y otros como él buscaban. En cambio, reconocían que las relaciones débiles, que requerían poco esfuerzo para mantenerse, resultaban bastante valiosas desde una perspectiva estratégica. Como me explicó Bekah, especialista en cuentas: "En las plataformas de redes sociales, ya sea dentro del lugar de trabajo o fuera de él, puedes desarrollar relaciones con personas sin esforzarte tanto. Ves lo que comunican a sus compañeros de equipo, ofreces un comentario de forma ocasional y, gradualmente, adquieres conocimiento sobre ellas y sus actividades. Pero no necesitas invitarlas a tomar café o comprarles regalos a sus hijos. Es sencillo y eficiente. Realmente, todo lo que busco cuando estoy ahí es obtener una perspectiva de lo que hace la gente; no estoy buscando encontrar un nuevo mejor amigo". Para los empleados en Discover y en las otras organizaciones con las que he colaborado, la expansión deliberada de redes y la atención dirigida hacia personas que inicialmente parecían poco relevantes para sus funciones inmediatas demostraron, para la mayoría, superar con creces los costos sociales limitados necesarios para mantener estas relaciones y este enfoque estratégico. Tener acceso y prestar atención a personas con quienes de otro modo tendrían escasas oportunidades de interactuar permiten que un empleado expanda su red y comparta experiencias con personas fuera de su equipo de trabajo inmediato, de maneras que contribuyen a la construcción de un mejor metaconocimiento y a la generación de ideas más innovadoras.

Aunque estos ejemplos provienen del ámbito empresarial (donde he desarrollado la mayor parte de mi investigación sobre este tema), su relevancia trasciende definitivamente ese contexto específico. Como me explicó Brenda sobre su uso de Twitter e Instagram: "Me lleno de energía cuando descubro aspectos nuevos sobre las personas o ideas innovadoras que provienen de fuera de mi círculo habitual. Procuro interactuar realmente solo con personas en mis redes sociales que no encontraría en mi vida cotidiana, porque es precisamente ahí donde aprendo más, y eso resulta mucho más transformador para mí". El estudio antropológico que Bonnie Nardi realizó del videojuego *World of Warcraft* proporcionó evidencia similar.[11] Nardi documentó cómo los jugadores formaban equipos y alianzas con otros participantes durante sus misiones, desarrollando relaciones que se asemejaban a vínculos "superficiales" que no demandaban mucho esfuerzo, pero que permitían a los participantes de su investigación aprender de personas que de otra manera no habrían conocido. Estas interacciones resultaban energizantes de múltiples formas, particularmente porque la exposición a grupos diversos proporcionaba a los participantes nuevas habilidades e ideas sobre cómo mejorar su desempeño en el juego. Ampliar nuestras redes implica trabajo. Sin embargo, mantener el contacto con aquellas personas cuya experiencia aprovechamos de forma indirecta no requiere tanto esfuerzo, y hacerlo puede resultar muy estimulante.

REPLANTEA TU MANERA DE PENSAR

Una segunda lección que he desarrollado sobre cómo transformar la escucha indirecta en nuestras herramientas digitales en una actividad energizante radica en que debemos replantear nuestra concepción sobre los datos y su organización.

Mi descripción favorita de la manera en que experimentamos los datos a través de las redes sociales y la mayoría de las herramientas de colaboración digital que utilizamos proviene del periodista Clive Thompson. El autor comenta (en especial sobre Facebook) que "cada pequeña actualización, cada fragmento individual de información social, carece de importancia por sí mismo, incluso resulta sumamente mundano. Sin embargo, cuando se consideran en conjunto a lo largo del tiempo, estos pequeños fragmentos se fusionan en un retrato sorprendentemente sofisticado de las vidas de tus amigos y familiares, como miles de puntos que conforman una pintura puntillista. Esto antes no era posible, porque en el mundo real ninguna amiga *se tomaría la molestia* de llamarte para describirte con detalle los sándwiches que se está comiendo".[12] Como señala Thompson, una fotografía o una publicación sobre un sándwich carece de significado, tal vez incluso resulte molesta. No obstante, si observamos suficientes publicaciones sobre los hábitos alimenticios de alguien, podemos inferir patrones reveladores sobre esa persona: que experimenta hambre consistentemente a las 2:00 de la tarde, que no le gusta la mayonesa, que lleva una dieta vegetariana, o que su departamento se ubica a dos cuadras de una reconocida tienda de sándwiches. Los detalles dispersos pueden cobrar sentido si aprendemos a interpretarlos.

En Discover, las personas del grupo de marketing que utilizaron la plataforma social se adaptaron a este nuevo entorno informacional modificando su comportamiento. Vince, empleado senior con mayor antigüedad, estableció una analogía reveladora entre el aprendizaje en plataformas de redes sociales y la experiencia estudiantil. Como explicó: "Si le preguntas algo directamente al maestro, sabes cómo la respuesta se relaciona en el panorama general porque tú formulaste la pregunta. En cambio, si escuchas al maestro hablar con otro estudiante, igual puedes aprender mucho, pero tienes que encontrar la forma de darle contexto". En las plataformas de redes sociales, Vince observa que puede acceder a las comunicaciones que "mantienen entre sí numerosas personas con las que normalmente no interactuaría y toda esa conversación contiene fragmentos valiosos de información". Para que esa información fuera útil, debe cambiar su comportamiento. Como describió: "Tengo que establecer un proceso para leer esas comunicaciones o, al menos, echarles un vistazo rápido, y debo reflexionar sobre ellas más de lo que haría si conversara directamente con cualquiera de esas personas, porque necesito intentar captar el contexto subyacente de los comentarios". Esta contextualización es importante. Con frecuencia requiere desarrollar una intuición sobre el conocimiento de una persona y, posteriormente, buscar evidencia que confirme o refute dicha intuición inicial. Del mismo modo en que podrías darte cuenta de que alguien es vegetariano al revisar todas sus publicaciones sobre sándwiches para ver si alguna vez pidió uno de pavo o jamón, explorar las publicaciones de las personas sobre trabajos específicos que realizaron o conversaciones sobre una tarea en particular puede revelar patrones más profundos. La clave está en saber dónde y cómo buscar.

La forma tradicional en que las personas enfrentan los problemas que surgen en el trabajo o en la vida cotidiana consiste en buscar de manera reactiva el conocimiento que les ayude a resolverlos. El agua de la regadera no se calienta, así que buscas en Google las posibles causas. O no logras descifrar cómo aplicar cierto análisis estadístico, así que consultas un libro de texto para investigar sobre técnicas multivariadas. Podríamos caracterizar este proceso como reactivo porque las personas no piensan en adquirir nuevos conocimientos, o el metaconocimiento que podría ayudarles a obtenerlos, hasta que surge el problema. Podríamos denominar este comportamiento como búsqueda, porque las personas están de manera activa y enfocada buscando un tipo específico de conocimiento.

Pero los empleados del grupo de marketing que lograron aprender a través de otros no buscaron conocimiento de modo reactivo cuando se enfrentaron a un problema específico. En cambio, agregaban de forma proactiva el metaconocimiento que iban adquiriendo cada día al pasar tiempo en la plataforma de redes sociales. En otras palabras, se topaban con información como "quién sabe qué" o "quién conoce a quién" en momentos aleatorios y, aunque en ese momento no tuvieran un uso específico para ese metaconocimiento, lo guardaban en la memoria pasiva para usarlo más adelante. Como me explicó Deena, este cambio sutil en el procesamiento de información resultó bastante transformador: "Ahora hago algo nuevo cuando estoy en redes sociales: observo todo lo que la gente dice y me hago una idea de lo que saben. Cuando veo algo y me doy cuenta de que John sabe sobre las tasas de promoción al consumidor, tomo un respiro, me digo que debo recordarlo y lo guardo en la cabeza. Ese representa un cambio bastante significativo: observar algo y esforzarse por asimilarlo para poder utilizarlo después, cuando ni siquiera sabes si alguna vez vas a necesitar usarlo". Este cambio conductual rindió frutos significativos.

Cuando se enfrentaban a un problema, estos usuarios exitosos de redes sociales recordaban fragmentos de información que habían almacenado y luego pasaban por un proceso mental complejo para conectar esas piezas y formar una solución completa. Crear estas imágenes completas sobre quién tiene qué conocimiento requiere una gran agilidad mental. Habilidades cognitivas clave como recopilar, abstraer y filtrar información son esenciales para lograr esta integración. Si las redes sociales y otras herramientas digitales van a ser efectivas para ayudarnos a aprender a través de otros, necesitamos desarrollar las habilidades cognitivas necesarias para el pensamiento abstracto y para vincular diversas piezas de información. Aunque realizar estas proezas de gimnasia mental puede parecer agotador, y sin duda requiere cierto esfuerzo cognitivo, mi investigación muestra con bastante claridad que cualquier cansancio se compensa con creces con la emoción que genera aprender y la energía revitalizante que se obtiene al presentar ideas nuevas que mejoran las cosas.

REGLA #8

Quédate aquí, no en otra parte

Mariana es profesora en una universidad del suroeste. Enseña e investiga sobre educación y reformas de política social para promover la diversidad en las escuelas. Un vistazo a su calendario durante dos semanas mostró que pasó dieciséis horas respondiendo mensajes por correo electrónico y en los canales de Slack de su grupo de investigación, doce horas en reuniones (principalmente por Zoom), seis horas haciendo análisis de datos, ocho horas escribiendo un artículo de investigación, y seis horas dando clases a sus estudiantes de posgrado vía Zoom. Durante todas estas actividades, estaba activamente involucrada con una o más tecnologías digitales. Su calendario también muestra una curiosa serie de eventos llamados "azulejos". Esas entradas ocurren temprano en la mañana y al final de la tarde en varios días, así como durante casi seis horas el viernes de la segunda semana. Cuando le pregunté de qué se trataba lo de "azulejos", respondió con orgullo: "Estoy poniendo azulejo en mi baño: el piso y la regadera. Ah, y estoy haciendo un salpicadero superbonito detrás del lavabo". Mariana reportó un 2 en la escala de agotamiento digital.

La mayoría de las personas que tienen una mezcla similar de actividades en sus dispositivos digitales reportan niveles mucho más altos de agotamiento digital que Mariana. Se quejan de que pasan demasiado tiempo frente a la pantalla, que tienen muchas actividades diferentes y en varios formatos, y se sienten culpables cuando hacen cosas que no son trabajo, como poner azulejos en el baño, porque su agotamiento ya las hace estar atrasadas en el trabajo y se sienten culpables hasta por divertirse. Además, no pueden disfrutar sus actividades extracurriculares porque su mente sigue en Zoom o en los correos electrónicos que deberían haber enviado.

Entonces, ¿cómo lo hace Mariana? ¿Cómo puede llenar su horario con actividades laborales y no laborales y aún reportar tan poco agotamiento? "No soy una supermujer", me dijo. "No tengo la capacidad de hacer más que otras personas. Mis hijos bromean que soy malísima para hacer dos cosas a la vez porque me equivoco o me abrumo". El secreto de Mariana es que ha dominado el arte de estar presente en cada actividad en la que se involucra, sin pensar, preocuparse o anticipar otras actividades que no está haciendo en ese momento. Está realmente donde está. Mariana atribuye su capacidad de "estar presente" a un concepto llamado "estado de flujo" (*flow*), popularizado por el psicólogo Mihaly Csikszentmihalyi.[1] El estado de flujo se caracteriza por un enfoque intenso, una sensación de atemporalidad y un sentimiento de estar completamente concentrado en el momento presente. Por lo general, este estado ocurre cuando los desafíos de una tarea están equilibrados con las habilidades y capacidades de un individuo. Suele surgir en actividades que son lo suficientemente desafiantes para requerir esfuerzo y concentración, pero no tan difíciles como para volverse abrumadoras. En un estado de flujo, la investigación muestra que los individuos experimentan una sensación de satisfacción profunda y plenitud.[2] Se sienten con energía. Quieren estar donde están, no en otro lugar. Sin embargo, la mayoría de las personas no experimenta un estado de flujo al usar herramientas digitales porque dividimos nuestra atención, hacemos inferencias, y dejamos que nuestras emociones nos dominen.

Las personas como Mariana siguen esta única y sencilla regla: se aseguran de estar presentes y comprometidas en cualquier actividad que estén haciendo en el momento (ya sea en el mundo digital o no), y se aseguran de que su mente esté ahí, no en ningún otro lugar. Pero también hacen una segunda cosa que es muy importante. Se aseguran de que su conjunto de actividades cambie de manera que les permitan desconectarse de lo que hicieron antes, y eligen nuevas actividades que involucren capacidades mentales y físicas distintas, pero complementarias. Esta mezcla de inmersión en el trabajo al usar nuestras tecnologías digitales y desconexión estratégica de ellas es el elemento clave que impulsa esta simple regla.

CÓMO DEJAR DE TELETRANSPORTARTE

Dana #1 llevaba seis meses en su primer trabajo como asistente ejecutiva de cuenta en una firma de relaciones públicas. Había estudiado lengua inglesa en la universidad y le encantaba la idea de trabajar en la práctica de atención médica de la firma para garantizar la presencia mediática de sus clientes. "Siempre quise trabajar en Relaciones Públicas", me dijo. "Pero, en serio, nunca imaginé lo agotada que me sentiría". Dana se sentía abrumada por toda la variedad de bases de datos, herramientas y canales de comunicación disponibles en su trabajo. Sus clientes también tenían formas preferidas de comunicarse con ella, y a menudo era por medio de herramientas digitales diferentes a las que usaba con sus colegas en el trabajo. Durante un periodo de meses, Dana redujo su agotamiento digital siguiendo varias de las reglas que ya hemos discutido: utilizó solo la mitad de sus herramientas, trabajó en hacer *match*, redujo sus suposiciones, e hizo su mejor esfuerzo en actuar con propósito. Pero aún se sentía algo agotada. Después de reflexionar seriamente sobre su trabajo y vida, llegó a una conclusión: "Honestamente, creo que estoy algo aburrida. Estoy leyendo artículos, leyendo biografías de editores, encontrando menciones en medios de nuestros clientes y cosas así. Pero realmente no es tan desafiante". Continuó: "Entonces termino abriendo TikTok en mi teléfono o buscando cosas al azar en Google mientras se supone que debería estar trabajando. Ya sabes, todas las cosas que no se supone que deba hacer. Pero no puedo evitarlo, y aún me siento cansada".

Dana #2 llevaba casi treinta años en su trabajo, en la séptima empresa de su carrera. Era consejera senior de ética y cumplimiento en una gran empresa de dispositivos médicos. También amaba su trabajo. "Los abogados tienen mala reputación. Pero en realidad siento que lo que hacemos ayuda a asegurar que tengamos una gran empresa que sea un gran lugar para trabajar", dijo con orgullo. Dana #2 también se sentía abrumada por todas las diferentes herramientas digitales en el trabajo. La conocí porque su equipo estaba implementando una nueva herramienta digital de cumplimiento para ayudar a la empresa a cumplir con los requisitos de la Ley de Transparencia, que formaba parte de la Ley de Cuidado de Salud a Bajo Precio, una legislación emblemática de la administración de Obama que requería que los fabricantes de medicamentos y dispositivos médicos que participaban en los programas federales de atención médica de Estados Unidos reportaran ciertos pagos y artículos de valor otorgados a médicos. Al reflexionar sobre su propio trabajo, confesó: "La verdad, creo que me siento sobrecargada de trabajo y estresada. Hay tantas cosas pasando que muchas veces me siento desconectada, como si mi mente necesitara un descanso. Me pasa que me distraigo pensando en un viaje que hice hace un par de años o en cualquier otra cosa, justo cuando debería estar escribiendo una circular importante. Últimamente me pasa seguido. No estoy realmente presente, y eso me tiene agotada".

Las situaciones que estaban viviendo cada una de las Danas están bien ilustradas por la ley de Yerkes y Dodson.[3] A principios del siglo XX, los psicólogos Robert Yerkes y John Dodson llevaron a cabo una serie de experimentos en los que pusieron a ratones en laberintos. Al final de algunos caminos había recompensas de comida, y al final de otros había descargas eléctricas. Variaron la intensidad de las descargas para generar diferentes niveles de activación en los ratones y luego midieron qué tan rápido aprendían a recorrer el laberinto para encontrar la recompensa. Descubrieron que, cuando la descarga era leve, los ratones tardaban mucho tiempo en aprenderse el camino correcto. Cuando la descarga era alta, también tardaban mucho tiempo. Pero cuando la descarga estimulaba un nivel moderado de activación en los ratones, eran más rápidos para aprender a recorrer el laberinto. Yerkes y Dodson concluyeron que existe un nivel óptimo de activación para alcanzar el máximo rendimiento.[4] Si la activación es muy baja, un ratón no se esforzaría lo suficiente. Si hay demasiada activación, se esforzaría demasiado hasta agotarse. Pero con el nivel justo de activación, alcanzaba su máximo rendimiento. Extrapolando de los ratones a los humanos, los primeros investigadores en psicología sugirieron que la cantidad adecuada de estimulación y estrés nos mantiene atentos, concentrados y en nuestro mejor desempeño.

Dana #1 se encontraba en algún punto del lado izquierdo de la curva de Yerkes y Dodson. Su trabajo no era lo suficientemente exigente para mantener su atención, y su mente la llevaba a otros lugares por aburrimiento. A donde iba su mente, iban también sus clics, *swipes*, *scrolls* y tecleos, llevándola de nuevo a la trampa del agotamiento digital. Dana #2 se encontraba en el lado derecho de la curva.

Su trabajo era demasiado demandante, y tenía dificultad para mantener su nivel de concentración. Las investigaciones muestran que, cuando sostenemos nuestra concentración durante demasiado tiempo y nos involucramos en tareas cognitivas demandantes, experimentamos fatiga cognitiva. Esto sucede debido a la acumulación de algo llamado glutamato en la corteza prefrontal del cerebro.[5] El glutamato es un aminoácido y la molécula principal que las neuronas usan para comunicarse entre sí. Esta acumulación puede hacer más difícil realizar otras actividades de la corteza prefrontal, como la toma de decisiones y la planificación. Cuando el glutamato se acumula, las personas a menudo se encuentran haciendo acciones que requieren poco esfuerzo, pero ofrecen recompensa moderada, como navegar por LinkedIn o ver fotos de unas vacaciones favoritas en su app de fotos. En resumen, la fatiga cognitiva que experimentamos en niveles altos de activación nos lleva a usar nuestras tecnologías digitales para teletransportarnos de forma mental lejos de ese trabajo agotador hacia ámbitos de menor activación, que, como hemos visto, también son una fuente de agotamiento. No importa si eres como Dana #1, que se teletransporta mentalmente del trabajo por aburrimiento, o como Dana #2, que se teletransporta mentalmente porque está saturada: tu plan de escape para llevar tu mente a otro lado, en lugar de estar aquí significa que no puedes entrar en un estado de flujo. Todas las tecnologías digitales a nuestro alcance facilitan que nuestra mente se desconecte cuando tenemos muy poca o demasiada estimulación. Como escribe la profesora del MIT, Sherry Turkle, sobre la vida en nuestro mundo digital: tenemos la posibilidad de estar "siempre en otra parte".[6]

Como ya comentamos, el estado de flujo es un estado en el que estamos estimulados, pero no demasiado. Estamos concentrados en lo que hacemos y no tenemos necesidad de buscar refugio en algún otro lugar. Si podemos encontrar el estado de flujo, es poco probable que recurramos a nuestras herramientas digitales para distraernos o evadir la realidad.[7] Entonces, la gran pregunta es, ¿cómo llegamos ahí?

Dos equipos de investigación, uno dirigido por profesores de la Universidad Estatal de Pensilvania y el otro por la Universidad de Maryland, llevaron a cabo una serie de estudios para analizar cómo las personas podrían lograr experimentar un estado de flujo al usar sus herramientas digitales. Sus hallazgos en conjunto nos ofrecen una idea de lo que se necesita para alcanzar el flujo con las tecnologías:

1. **Flexibilidad.** Puedes usar la herramienta de muchas maneras diferentes. Por ejemplo, si eres un gerente de producto en una empresa de software, podrías usar una herramienta de gestión de proyectos como Trello para crear tarjetas que ayuden al manejo de tareas, como "Acceder a API" o "Crear integración de software". O podrías no usar las tarjetas y, en su lugar, utilizar etiquetas con códigos de color para categorizar tareas por prioridad, tipo o equipo.
2. **Modificabilidad.** Puedes organizar las herramientas de manera que sean efectivas para ti. Por ejemplo, un maestro podría tomar notas y organizarlas modificando su espacio de trabajo en Notion para que contenga una base de datos para episodios de pódcast y un calendario con el contenido de las actividades que hará con sus estudiantes.
3. **Experimentación.** Puedes experimentar con las funciones de tus herramientas mientras trabajas. Si eres diseñador gráfico y pruebas diferentes pinceles y capas en una herramienta como Photoshop, estás explorando cómo la herramienta puede ayudarte en tu trabajo.
4. **Espíritu lúdico.** Te sientes libre de ser espontáneo, imaginativo, creativo e inventivo mientras usas la herramienta digital. Por ejemplo, si eres urbanista, podrías utilizar una herramienta de simulación como UrbanSim para explorar los efectos de diferentes ordenanzas de zonificación o patrones de tráfico en la elección de vivienda o en la expansión urbana.

Como dejan claro estos hallazgos, alcanzar el estado de flujo al usar tecnologías digitales tiene que ver tanto con las características de las herramientas como con la actitud que tenemos hacia ellas. Por supuesto, estas características y actitudes deben combinarse con un nivel apropiado de estimulación laboral. Si sentimos que podemos hacer estas cuatro cosas con nuestras herramientas digitales, pero estamos trabajando en un problema imposible, no vamos a poder entrar en un estado de flujo. Aunque lo contrario también es cierto: si tenemos un problema que cae justo en el punto óptimo de la curva de Yerkes y Dodson, pero no podemos usar las tecnologías digitales que necesitamos para el trabajo de las maneras descritas anteriormente, pues tampoco vamos a lograr experimentar el flujo.

Considerando estos factores, no es sorprendente que, de todos los estudios sobre el estado de flujo en el uso de tecnología digital, los efectos más grandes se encuentren entre los jugadores de videojuegos.[8] La mayoría de los videojuegos multijugador modernos proporcionan muchas características diferentes que permiten a las personas modificar sus personajes y accesorios. Por supuesto, la mayoría de los juegos requieren experimentación y un espíritu lúdico. No olvidemos que la mayoría de los juegos están diseñados con una serie de niveles que aumentan en dificultad, permitiendo a los jugadores operar de manera constante en el límite de sus habilidades, incluso mientras mejoran a través de más tiempo de juego.

Pero es posible encontrar el estado de flujo usando herramientas digitales que son mucho más aburridas que los videojuegos. Investigaciones recientes han encontrado que las personas que usan redes sociales de manera consciente tienen más facilidad para experimentar el flujo que quienes no lo hacen, y que, cuando estás en este estado en redes sociales, es menos probable que experimentes emociones negativas como miedo y ansiedad.[9] Sin embargo, consideremos una tecnología realmente aburrida: un software de análisis de elementos finitos llamado HyperMesh, que se usa para simular cargas de energía en choques automovilísticos. Si leer esa descripción sonó aburrido, ¡imagínate qué tan aburrido sería usarlo! Pero incluso herramientas como HyperMesh pueden usarse de maneras que nos ayuden a entrar en un estado de flujo, si las abordamos de la forma correcta. Una forma en que muchas personas en mis estudios han experimentado el flujo al usar sus tecnologías digitales es crear juegos, imponer reglas y desarrollar fechas límite. Jensen, ingeniero de seguridad en choques en una empresa automotriz, dio un ejemplo: "A veces, cuando me toca un buen proyecto, como intentar cambiar la geometría del riel frontal (una parte estructural del auto cerca de la defensa delantera), lo convierto en un juego. Veo cuáles son los diseños más creativos que se me pueden ocurrir [*espíritu lúdico*] y me pongo a probar en HyperMesh para ver si encuentro nuevas formas de representar las estructuras que no había considerado antes [*experimentación*]. Si hago eso, puedo perderme durante horas en el diseño. Es como si apenas hubiera llegado al trabajo y ya fuera la hora del almuerzo". O considera la estrategia usada por Darcy, una colega de Jensen: "Si tengo un montón de cambios de diseño que hacer, muchas veces creo estos pequeños módulos de prueba dentro de HyperMesh, que son básicamente todo un conjunto de comandos que automatizan cosas como insertar cortes de sección [*flexibilidad*]. Luego, para mantenerlo interesante, reorganizo los menús y pongo las partes en diferentes colores, solo para poder visualizar mejor los cambios que estoy haciendo [*modificabilidad*]. Me encanta hacer esas cosas porque hace que el día se me pase volando". Jensen y Darcy no se teletransportan de su trabajo cuando crean condiciones similares a un juego en HyperMesh. Están presentes, realmente enfocados, y trabajando en un nivel de activación que los mantiene con sus habilidades al máximo. Están realmente en donde necesitan estar.

Entonces, ¿qué ocurrió con las dos Danas que conocimos antes? Dana #1 encontró dos maneras de entrar en un estado de flujo usando sus herramientas digitales en la compañía de Relaciones Públicas. La primera fue hablar con su jefa para pedirte actividades más desafiantes. "Requirió algo de valor, pero le dije que podía manejar cosas más complejas, y me dio una oportunidad. Si bien aún quedan cosas por mejorar, algunas de las cosas que me asigna requieren más habilidad y reflexión, y me siento con mucha más energía trabajando en ellas". La segunda manera fue cambiando cómo empleaba sus herramientas para las tareas que aún la ponían en el lado izquierdo de la curva de Yerkes y Dodson. Como me dijo: "Básicamente he comenzado a explorar diferentes maneras de generar contenido en las herramientas que tenemos. Hay una aplicación que usamos con la que puedes hacer análisis ágiles del contenido de las historias. Comencé a explorar esas características para ver si puedo hacer diferentes pruebas que me den diferentes perspectivas sobre lo que le podría interesar a un editor, de acuerdo con sus publicaciones pasadas. Hago estos pequeños experimentos, y he creado estos conjuntos de pruebas. Es increíble. El tiempo se pasa volando cuando lo hago". Al ser valiente con su jefa y hacer algunos cambios pequeños en su uso de la tecnología digital, Dana #1 pudo encontrar el mismo tipo de estado de flujo en el trabajo que tenía a Mariana tan feliz sin reportar altos niveles de agotamiento.

La historia de Dana #2 no termina tan bien. Renunció. "Simplemente sentí que ya no podía más", me dijo por teléfono después de que me enteré de que había renunciado. "Estaba demasiado agotada por todo el trabajo complejo y todas las nuevas tecnologías que nos seguían pidiendo que aprendiéramos. Si hubiera podido encontrar la manera de regresar a ese lugar donde te sumerges en el trabajo, creo que habría tenido la energía para quedarme. Pero no pude llegar ahí". Su historia nos muestra algo importante: tenemos que esforzarnos por encontrar formas de entrar en ese estado de flujo para que nuestro agotamiento de nivel 1 se mantenga bajo. Si estamos en cualquiera de los extremos de la curva de Yerkes y Dodson durante demasiado tiempo, podemos pasar al agotamiento de nivel 2 y ser incapaces de recuperarnos. Por supuesto, solo cambiar la manera en que usaba sus herramientas digitales en el trabajo probablemente no habría sido suficiente para detener el agotamiento de nivel 2 de Dana #2. Para hacerlo, también habría necesitado encontrar cómo desconectarse mejor del trabajo para poder recargarse por completo. Eso es lo que exploraremos a continuación.

ENCUENTRA OPUESTOS COMPLEMENTARIOS

¿Recuerdas esos eventos llamados "azulejos" en el calendario de Mariana? Nos enseñan una segunda lección importante sobre estar presentes en el momento actual: encontrar el estado de flujo en actividades que no requieren tecnologías digitales puede reducir el tiempo total que pasamos frente a una pantalla, lo que nos da más energía para cuando realmente necesitamos sentarnos a trabajar con nuestras herramientas digitales.

Como mencioné en la introducción, existe evidencia actual de que la desintoxicación digital y la abstinencia tecnológica no producen aumentos significativos en el bienestar de las personas. El objetivo no es alejarnos permanentemente de nuestras herramientas, ni por periodos prolongados, sino aprovechar cualquier momento de respiro para recargarnos y sentirnos con energía cuando regresemos a nuestras pantallas.

Los investigadores que estudian específicamente las sensaciones de agotamiento relacionadas con el uso de medios digitales han descubierto que los descansos voluntarios y deliberados de las herramientas digitales pueden reducir temporalmente esa sensación de cansancio. Por ejemplo, un estudio con trabajadores adultos en Corea descubrió que, cuando las personas pasaban su hora de almuerzo caminando afuera, lejos de sus teléfonos, reportaron "más energía y menor agotamiento emocional"[10] en comparación con quienes pasaron su descanso laboral usando sus teléfonos en actividades no relacionadas con el trabajo. Los datos específicos sobre la reducción del agotamiento asociada con descansos voluntarios de nuestras herramientas digitales nos cuentan una historia consistente: tenemos mayor capacidad de recargarnos cuando disponemos de tiempo alejados de nuestros dispositivos.

Como puedes imaginar, abundan los estudios que intentan determinar cuáles son las mejores actividades no tecnológicas para ayudarnos a recargarnos. Existen muchas sugerencias, pero aquí están algunas de mis favoritas:

- **Pasar tiempo al aire libre.** La investigación demuestra que pasar tiempo al aire libre sin herramientas digitales después del horario de trabajo aumenta las emociones positivas y reduce las sensaciones de agotamiento al comenzar el siguiente día laboral.[11] Pero (y esto es importante) solo funciona para personas que señalaron poder "conectar" de verdad con la naturaleza cuando estaban afuera.
- **Observar el agua.** Pasar 1 minuto y 40 segundos mirando un cuerpo de agua redujo significativamente la presión arterial sistólica en una cantidad considerable cuando se comparó con mirar un árbol o el suelo. Las reducciones en la frecuencia cardiaca también fueron mayores cuando las personas miraron el agua en comparación con el suelo,[12] al igual que las evaluaciones subjetivas de relajación y rejuvenecimiento. Cuanto más amplio era el cuerpo de agua que alguien miraba y más intensa su mirada, mayores eran los efectos.
- **Tener relaciones sexuales.** En un resultado que probablemente no sorprenderá a nadie, las personas casadas que vivían juntas y tuvieron relaciones sexuales por la noche después del trabajo reportaron emociones positivas significativamente mayores en el trabajo a la mañana siguiente cuando se compararon con personas que no tuvieron relaciones sexuales.[13] Experimentaron un aumento del 5 % en el estado de ánimo positivo cada vez que tuvieron relaciones sexuales la noche anterior. Lo más importante es que los resultados también mostraron que entre más calificaran los participantes que se sentían involucrados en la experiencia sexual, más fuerte era su efecto sobre el estado de ánimo positivo.

Todos estos estudios señalan que las personas se recargan mejor cuando *participan* en actividades que no involucran sus tecnologías digitales. Así, pues, como entre más concentradas están en dichas actividades (ya sea disfrutar la naturaleza, contemplar el agua o tener relaciones sexuales), se sienten con mayor energía.

Bien, regresemos a los azulejos de Mariana. La razón por la que esta actividad fue tan efectiva para ayudarla a recargar energía después de experimentar agotamiento diario de nivel 1 fue que se involucraba por completo: le permitía entrar en un estado de flujo haciendo algo en lo que no necesitaba usar tecnología. De hecho, entre más flujo siente Mariana al poner sus azulejos, menos quiere usar sus herramientas digitales. Como me describió: "Me pasa algo medio raro cuando estoy poniendo azulejos o cualquier manualidad del estilo. Simplemente no quiero revisar mi correo, ni Slack, ni las noticias, ni nada digital en realidad. Como que me desconecto. Normalmente no puedo parar de agarrar mi teléfono. Aunque, la verdad, mientras más metida estoy en un proyecto, menos me importa. Así, cuando termino de poner azulejos, al final del día ni siquiera quiero entrar a Twitter o ver un video de YouTube. Es como si ya no me interesara".

He descubierto que las personas como Mariana, que logran entrar en estado de flujo en áreas no digitales de su vida, no buscan al azar actividades no digitales. Encuentran actividades que llamo "opuestos complementarios". Un opuesto complementario es una actividad que es prácticamente lo contrario de tu trabajo diario respecto a la habilidad física que necesitas para hacerla, el entorno en el que se realiza, el lugar donde la llevas a cabo y, por supuesto, las tecnologías que usas al hacerla. Sin embargo, es complementaria a lo que haces en tu trabajo cuando se trata del tipo de razonamiento analítico y pensamiento crítico necesarios. Escogí la historia de los azulejos de Mariana para ilustrar en este capítulo porque es un opuesto complementario que ella y yo compartimos, así que para mí es fácil describirlo.

El tipo de trabajo que me pone en un estado de flujo y hace que mis herramientas digitales me parezcan poco atractivas es la renovación de casas.[14] En mi trabajo diario como profesor, estoy en mi computadora casi ocho horas al día. Recibo cientos de correos, busco artículos de investigación en Google Scholar y Web of Science, y los leo ya sea en línea o en PDF. Uso herramientas de análisis estadístico como R y herramientas de análisis cualitativo como ATLAS.ti. Entro a reuniones vía Zoom con estudiantes y líderes de empresas. Actualizo los sitios de Canvas de mis cursos. Hago presentaciones para varias audiencias en PowerPoint y Keynote, escribo artículos en MS Word y Google Docs, y uso herramientas de IA como ChatGPT, Claude y Gemini tanto para mi uso personal como para aprender más sobre ellas para mis estudiantes y clientes. Sin embargo, cuando estoy colgando paneles de yeso, trabajo de electricidad, instalando molduras o, como Mariana, poniendo azulejos, no utilizo ninguna tecnología digital. Tampoco hay estudiantes, ni clientes (aparte de mi esposa), ni evaluación por pares, ni artículos que leer sobre "costos de transacción" o "estructuración". Los proyectos de construcción en casa es lo más alejado que puedes estar de la vida académica. Son prácticamente opuestos.

Pero también son complementarios. Para realizar un proyecto de investigación que culmina en un artículo con revisión por pares, o para desarrollar un curso que sea realmente significativo para los estudiantes, se requiere mucha planeación, resolución de problemas, precisión y revisión. En principio, un esfuerzo individual, aunque siempre necesitas ayuda de otras personas durante el proceso. En realidad, no tienes un "jefe", y dejas de recopilar datos, revisar un artículo o prepararte para una clase cuando *tú* crees que está lo suficientemente bien. No obstante, las personas van a interactuar con tu producto final y juzgar qué tan bien cumple con sus necesidades. Todas esas características también describen los proyectos de construcción en casa. Hay un conjunto complementario de habilidades cognitivas en ambos tipos de trabajo. Si tuviera que comenzar desde cero tanto con las habilidades físicas (por ejemplo, aprender cómo difuminar una unión de panel de yeso) como con las habilidades cognitivas (por ejemplo, planear cómo colgar el panel de yeso), probablemente sería demasiado para mí y no podría entrar en estado de flujo. Como me dijo Mariana: "Una cosa que me encanta de poner azulejos es que todavía puedo usar mi conocimiento profesional, pero no tengo que hacer trabajo de profesora". Lo entiendo perfectamente: opuestos complementarios.

He escuchado muchos otros ejemplos de opuestos complementarios durante estos años. Por supuesto, lo que es "opuesto" y lo que es "complementario" va a variar de persona a persona. Estos son algunos ejemplos:

- Contador/cocinar.
- Coordinador de eventos/escalar.
- Inversionista de capital de riesgo/jiu-jitsu.
- Ingeniero estructural/levantar pesas.
- Arquitecto/restauración de carros.
- Abogado/bailar salsa.

Tal como Mariana y yo, cuando las personas encuentran sus opuestos complementarios, experimentan niveles más altos de flujo, descubren que tienen menos interés en regresar a sus herramientas digitales, y muestran niveles más bajos de agotamiento (algo que, como ya sabes, mido de manera sistemática).

Desconectarse no lleva directamente al rejuvenecimiento.[15] Como observa Shawn Achor, autor de *The Happiness Advantage*: "La mayoría de las personas asume que si dejas de hacer una tarea como responder correos o escribir un artículo, tu cerebro se recuperará naturalmente, de tal manera que cuando empieces de nuevo más tarde en el día o a la mañana siguiente, habrás recuperado tu energía". Pero como muestra Achor, esto no sucede si estás mentalmente fatigado o sufres de agotamiento digital, en lugar de agotamiento físico. Sumergirse en otra actividad que te atrape por completo es una forma mucho más efectiva de recargar energía que dedicarte a actividades de ocio donde tu mente está desconectada. Laura Giurge y Vanessa Bohns, cuya investigación leímos en la Regla #4, descubrieron que hacer planes para realizar actividades que no estén relacionadas con tu trabajo realmente ayuda a las personas a recargarse mejor que cuando no hacen nada o se dedican a actividades que no son opuestos complementarios. En un estudio, hallaron que las personas que se fijaron metas para sus días libres del trabajo fueron 12 % más felices que aquellas que no tenían planes. Otro estudio reveló que las personas que hicieron planes para sus fines de semana fueron 13 % más felices que quienes no los hicieron.[16] Y en un tercer estudio se llegó a la conclusión de que las personas que hicieron planes para participar en actividades específicas en la noche después del trabajo fueron 10 % más felices que quienes no lo hicieron. En conclusión: "El descanso pasivo no es tan efectivo para recuperarse del ajetreo diario como aprovechar las pausas para avanzar en tus propias metas (no las del trabajo) personales".

Otro estudio, que tomó como base encuestas a personas activas laboralmente durante un periodo de siete meses, descubrió que aquellos que reportaron menor agotamiento y los niveles más altos de energía después de sus actividades no laborales fueron quienes participaron en una actividad muy diferente de su entorno laboral y que además se tomaron esa actividad muy en serio. Si la actividad se parecía mucho a lo que hacían en el trabajo o no se tomaron la actividad en serio, reportaron niveles más altos de agotamiento y menores niveles de energía cuando regresaron al trabajo.[17]

Otro tema que vale la pena explorar es: ¿qué tanto deberías planear tus actividades fuera del trabajo para realmente recargar energía? Los resultados de trece estudios distintos mostraron que las personas que programan sus actividades de ocio fuera del trabajo con demasiada precisión, es decir, planear exactamente a qué hora empezarán y terminarán, reportan menos disfrute y menos involucramiento mientras las realizan.[18] Los estudios sugieren que una mejor estrategia es "la programación flexible", es decir, sin establecer horarios fijos, como: "Voy a poner los azulejos del salpicadero durante la mañana", en lugar de decir: "Voy a empezar exactamente a las 9:00 a. m.". En resumen, si lo que buscas es entrar al estado de flujo en tus actividades no laborales y realmente estar presente, deberías:

- Identifica una actividad que sea un opuesto complementario de tu trabajo.
- Asegúrate de que sea algo en lo que te puedas sumergir por completo.
- Busca que sea una actividad que te involucre mentalmente, en lugar de un mero descanso, y no debe involucrar usar la tecnología digital de manera sustancial.
- Planear cuándo la vas a llevar a cabo.
- No la programes con horarios exactos, mejor decide un rango aproximado para empezar y terminar.

Hacer actividades distintas pero que complementan lo que haces en el trabajo puede ayudarte a descansar, relajarte y recargar energía. Es importante destacar que estas actividades nos mantienen alejados voluntariamente de las tecnologías digitales, al menos por un rato, de manera cómoda y sin esfuerzo. Como sabiamente dice la autora Anne Lamott: "Casi todo vuelve a funcionar si lo desconectas unos minutos, incluyéndote a ti".

TERCERA PARTE

Entornos complejos

CAPÍTULO 4

Cómo no ser un vampiro energético: lecciones para gerentes

Griffin es socio de un despacho especializado de arquitectura. Es adicto al trabajo y lo sabe. Sin embargo, también es consciente de que no todos en la firma quieren trabajar tantas horas como él. Cerca de un año antes de conocerlo, Griffin comenzó a incluir un pequeño mensaje debajo de su firma en el correo electrónico y en su perfil de Slack. Decía: "Te escribo en este momento porque el horario es conveniente para mí. No te sientas obligado a responder a este mensaje justo cuando lo recibas si no te queda bien". Sin embargo, a pesar de su recordatorio de que los destinatarios de sus mensajes no necesitan responder de inmediato, Griffin descubrió que los empleados de su firma casi siempre respondían al instante, incluso durante la noche y los fines de semana. "No lo entiendo", me dijo con frustración. "He estado tratando de cambiar las cosas para mejorar nuestra cultura, pero simplemente no parece estar funcionando".

En los últimos años he notado un gran cambio en la conciencia sobre el agotamiento digital entre gerentes y líderes senior del ámbito laboral. El director de producto de una empresa de SaaS (Software como Servicio) me dijo hace poco: "Hace diez años, o quizá incluso hace cinco, no estaba seguro de que el agotamiento digital fuera real. Aunque ahora es obvio que las personas lo sienten de manera intensa. Tenemos que hacer algo al respecto como empresa".

Asimismo, un gerente de nivel medio en una empresa de biotecnología señaló que, desde la pandemia, "me he dado cuenta de que la gente está cada vez más saturada por las tecnologías. Tenemos que ser más sensibles ante esta situación en nuestra organización y encontrar maneras de ayudarlas".

Por desgracia, muchas de las soluciones bien intencionadas, como la nota de Griffin a sus empleados, tan solo no funcionan. Como mostró hace muchos años la profesora de Harvard Dorothy Leonard: la mayoría de los empleados no dan mucho crédito a lo que *dicen* sus líderes sobre las normas de uso de la tecnología en una organización;[1] en cambio, prestan atención a lo que *hacen* sus líderes. Dado que Griffin siempre respondía rápido a los mensajes de otras personas, estableció el ritmo para el resto de la empresa: que los demás también deberían hacerlo. Rana, una líder de proyecto en la firma de Griffin, notó esta discrepancia entre lo que él decía y lo que hacía: "Claro, dice que no necesitamos responder de inmediato. Sin embargo, él siempre lo hace, así que está claro cuál es la prioridad. Simplemente hace que su pequeña frase (o como se llame) se sienta falsa". Rana no está sola al sentir una desconexión entre lo que dicen los líderes y lo que hacen cuando se trata de lidiar con el agotamiento digital en sus empresas. Mira lo que dijeron empleados de otras empresas cuando vieron mensajes parecidos al de Griffin, pero de parte de sus propios jefes:

> "Si escucho a una persona más decir que no responda a su correo solo porque lo envió, voy a explotar".
>
> "Es bueno que la gerencia sepa que todos estamos en *burnout*, pero esas palabras no van a solucionar nada".
>
> "Esa mierda es pura mentira. O sea, no puedes hacer que todos se sientan menos agobiados diciéndonos que no nos sintamos tan sobrecargados. Sí, claro: tú eres el jefe, por supuesto que vamos a seguir tu ejemplo".

Cal Newport sugiere que los enfoques gerenciales para abordar el agotamiento digital, como los que provocaron estas reacciones, no son más que intentos de evadir el problema y que, en lugar de solucionarlo, lo empeoran. En palabras del autor: "Es esta mentalidad la que nos lleva a plantear 'soluciones' sobre cómo mejorar las expectativas en torno a los tiempos de respuesta del correo electrónico o escribir líneas de asunto más efectivas. Nos lleva a utilizar la función de autocompletado en Gmail para escribir mensajes más rápido, o la función de búsqueda en Slack para poder encontrar más rápido lo que buscamos entre el caos del intercambio de mensajes. Es el equivalente, en el trabajo del conocimiento, a querer hacer más autos más rápido solo porque les diste calzado deportivo a los obreros que los ensamblan a mano. Es una victoria pequeña en la guerra equivocada".

La última "solución" gerencial que apenas empieza a popularizarse, y que me temo nos acompañará por mucho tiempo, es anunciar la próxima ola de herramientas de IA generativa como la solución definitiva al problema del agotamiento digital. Muchas empresas que desarrollan herramientas o aplicaciones de IA generativa han comenzado a promocionar intensamente sus productos como la cura para el agotamiento digital. Microsoft Copilot (que funciona con tecnología de OpenAI, los creadores de ChatGPT),[2] por ejemplo, presenta algunas estadísticas impresionantes para ayudar a los empleados a manejar el bombardeo de información que reciben a diario, según sus propios estudios con empleados y clientes seleccionados. Como dice Jared Spataro, vicepresidente de la iniciativa Modern Work de Microsoft: "Durante el año pasado, he experimentado personalmente el impacto significativo de #Microsoft365Copilot en mi propio correo electrónico. Desde resumir hilos largos hasta redactar respuestas e incluso contestar a la pregunta '¿Qué es lo más urgente en mi bandeja de entrada en este momento?': Copilot colabora conmigo para ahorrar tiempo y esfuerzo. No quiero volver a trabajar sin él".[3] Eso se escucha bastante impresionante. Hablaremos específicamente de la IA en el capítulo 6 y exploraremos cómo usarla de cierta forma puede ser útil para manejar nuestro agotamiento digital. No obstante, como aprendimos en la primera parte de este libro, no podemos abordar nuestra atención fragmentada, la capacidad de inferir y las respuestas emocionales a las tecnologías digitales simplemente usando IA. De hecho, como analizaremos en la última sección de este capítulo, si no tenemos cuidado con la forma en que implementamos la IA en nuestras organizaciones, podríamos incluso empeorar el agotamiento digital.

Entonces, como gerente y líder en tu organización, la clave para reducir el agotamiento digital de tus empleados no es simplemente alentar a las personas a desarrollar sus propios hábitos saludables o implementar aún más herramientas digitales para resolver el problema. En lugar de eso, se trata de crear una cultura saludable de uso de tecnología dentro de tu organización y asegurarte de no ser un vampiro energético que usa herramientas digitales de maneras que cansan a los demás. Vamos a explorar cómo adaptar las reglas que aprendimos en la segunda parte para ayudar a otros a manejar su agotamiento digital.

SOLO TÚ PUEDES EVITAR QUE LA TECNOLOGÍA SE SALGA DE CONTROL

Cuando conocí a Gunter, llevaba tres meses en su trabajo como director de tecnología de una empresa mediana que desarrollaba equipos de imagen infrarroja. Como parte de su "ronda de consultas", como solía llamarlas, habló con personas de diferentes divisiones para entender cuáles eran sus necesidades tecnológicas y qué pensaban sobre el conjunto actual de herramientas digitales de la empresa. Lo que descubrió lo sorprendió: "Las personas de casi todos los departamentos me mostraban todas las herramientas que estaban usando. Había muchísimas, muchas más de las que teníamos en nuestra lista oficial de proveedores. Les preguntaba por qué usaban esa tecnología, y me decían: 'Ah, porque nos ayuda'. Luego les preguntaba cómo la habían conseguido, y me respondían: 'No sé, creo que mi gerente lo gestionó por nosotros'". Gunter decidió hacer una auditoría formal para identificar cuántas herramientas digitales diferentes se estaban usando realmente en toda la empresa. Resultó que eran más de ciento cincuenta. Para empeorar las cosas, herramientas como Slack se estaban pagando múltiples veces y las cuentas de Slack de un grupo no estaban conectadas con las de otro.

Había dos razones interrelacionadas por las que se usaban tantas herramientas digitales en la empresa. La primera razón era ideológica. Muchos gerentes creían que la solución a los problemas de comunicación, información y agotamiento digital de las personas era que no estaban implementando las *tecnologías correctas*. Como me confesó uno de los líderes de equipo de la empresa de Gunter: "Simplemente pensé que necesitábamos comunicarnos más rápido y que si podíamos conseguir más herramientas que nos permitieran ser más asíncronos, seríamos más eficientes. Por eso conseguí Slack". He escuchado esta lógica de gerentes infinidad de veces; sin embargo, es lo que muchos líderes con los que he hablado parecen creer: que la solución a nuestro agotamiento digital es usar más herramientas digitales. Tal vez es porque eso es lo que nos venden las empresas de herramientas digitales: la promesa de que, si usamos su herramienta "perfecta", nos liberaremos de las otras herramientas que simplemente no funcionan. Aun así, esta forma de pensar contradice directamente los principios que aprendimos en la Regla #1 (Utiliza solo la mitad de tus herramientas), la Regla #2 (Haz *match*) y la Regla #4 (Espera). Se basa en las suposiciones de que más herramientas son la solución, que un tipo de herramienta sirve para todo y que más rápido siempre es mejor.

La segunda razón era práctica. Este gerente simplemente podía suscribirse a Slack para su equipo porque el modelo de precios y ventas de Slack le permitía hacerlo sin tener que obtener aprobación formal. Muchas empresas de herramientas digitales han encontrado una forma de eludir el extenso proceso de ventas de tecnología empresarial. La mayoría de los gerentes tienen autorización para gastar cierta cantidad en sus tarjetas de crédito corporativas sin generar supervisión. Muchas empresas de tecnología digital, especialmente aquellas que fabrican software basado en suscripciones, aprovechan esta situación al establecer el precio de su software por debajo del umbral que requeriría revisión y aprobación previa por parte de la mayoría de las empresas. Además, muchas empresas SaaS han desarrollado una estrategia de ventas de "penetrar y expandir"[4] en la que primero buscan vender a gerentes individuales dentro de una empresa. Luego, una vez que tienen suficientes equipos usando su herramienta, cada uno con suscripciones individuales, contactan a la empresa a través de sus canales oficiales de compra de tecnología y básicamente dicen: "Ya tienes cien equipos pagando por nuestro software, ¿por qué no creamos una cuenta empresarial?". Lo que constituye una estrategia de ventas sutil y efectiva para los proveedores de tecnología digital a menudo resulta en una expansión tecnológica descontrolada.

El problema, como aprendimos en la Regla #1, es que a menudo es difícil para cualquier empleado dejar de usar una herramienta que está ampliamente adoptada en su empresa. Tus empleados no pueden simplemente optar por no usar MS Teams si es la forma principal de comunicación de su equipo. Eso significa que debe ser trabajo de un gerente o líder senior detener la expansión descontrolada de tecnología digital en la empresa.

Gunter entendió su responsabilidad y tomó medidas decisivas. Instruyó al equipo de contabilidad de la empresa a identificar todas las tarifas recurrentes cobradas a proveedores de tecnología en tarjetas corporativas e identificar cualquier cargo nuevo para su revisión. Después, Gunter canceló cada suscripción que no estaba autorizada por el departamento de TI. Si el gerente quería reinstalarla, tenía que hacer una solicitud formal por escrito. Sin duda, este fue un enfoque estricto, pero realmente obligó a los gerentes a cuestionarse si realmente necesitaban la tecnología o no, y a confirmar si realmente era la herramienta correcta para el trabajo. Seis meses después de la cancelación masiva, la empresa estaba usando treinta herramientas menos. "Tuve problemas por eso", me dijo Gunter. "Pero al final, la gente constantemente me dice que está más feliz, porque o no se daba cuenta de lo pesado que era mantenerse al día con tantas herramientas, o querían detenerse, pero no sabían cómo. A veces solo los líderes senior principales tienen la autoridad para poner barreras suficientes y evitar que las malas decisiones sean las más cómodas.

También es importante que los líderes den el ejemplo del tipo de comportamiento en el uso de tecnología que reduce el agotamiento digital. Decirles a los empleados que no respondan correos fuera del horario laboral si no quieren no es suficiente. Puedes hacer esto estableciendo pautas claras sobre qué tipos de herramientas digitales son apropiadas para qué tipos de trabajo. Luego, puedes dar el ejemplo siguiendo esas pautas cuando interactúas con tu equipo. Varios líderes con los que he trabajado que han destacado por crear una cultura saludable de tecnología han desarrollado guías de consulta rápida para que los empleados las tengan junto a sus computadoras para recordarles qué tipos de herramientas usar para qué propósitos. Incluso alientan a sus empleados, si se sienten inseguros, a simplemente decirle a alguien: "La guía del jefe dice que esta es una conversación que requiere una llamada telefónica". Otros líderes también han aplicado el mismo enfoque para la Regla #3 (Procesa la información por lotes y en flujo), la Regla #4 (Espera) y la Regla #8 (Quédate aquí, no en otra parte), proporcionando pautas sobre los tiempos apropiados que se deben permitir para respuestas a compañeros de trabajo y clientes, y especificando qué tareas deben tener prioridad sobre una respuesta. Puede parecer extraño al principio proporcionar tales guías, ya que a la mayoría nos gusta presumir de ser buenos comunicadores. Aun así, es un error pensar que lo que se considera "bueno" es igual en todos los contextos. Dejar en claro que en tu equipo existen normas bien definidas y visibles es una forma segura de ayudar a prevenir el agotamiento digital.

DEJA DE HABLAR TANTO DE TECNOLOGÍA

"Sé que suena insensible y trillado", comenzó Misha en respuesta a mi pregunta sobre los cambios que estaban ocurriendo en su empresa, "pero si pudiera pedir un gran cambio en el mundo sería que todos simplemente dejaran de hablar tanto sobre tecnología. ¡Ya fue mucho!". Entendí por qué se sentía así. Había pasado las últimas dos semanas en su empresa, una firma de servicios aéreos comerciales, y yo también me sentía abrumado por la cantidad de discusiones que escuché sobre tecnologías digitales. Casi todas las reuniones de equipo en las que participé incluyeron algo de conversación sobre una nueva herramienta digital que el equipo estaba usando. Los líderes senior parecían hablar casi sin parar sobre el trabajo híbrido y si tenían las tecnologías y estrategias correctas implementadas para ello. Estuve presente en cuatro reuniones en las que directores de división hablaron con sus gerentes sobre IA y su papel para ayudar a agilizar las operaciones en la empresa (aunque, por lo que pude ver, nadie estaba usándola aún). Además, la herramienta de redes sociales internas de la empresa estaba llena de artículos de la industria sobre los cambios tecnológicos que estaban sacudiendo la industria de las aerolíneas.

Como analizamos en el capítulo 3, hablar demasiado sobre tecnología puede ser agotador. Es particularmente agotador si esas conversaciones sobre tecnología siguen una visión determinista y hacen que las personas sientan que las nuevas tecnologías cambiarán todo, y que ellas son meras pasajeras sin poder decidir hacia dónde se dirigen. Por supuesto, muchas de estas conversaciones sí siguen esa narrativa. Además, como aprendimos en la Regla #6 (Actúa con propósito), sentirse indefenso frente a las tecnologías puede llevar a los empleados a actuar sin intención y caer en la trampa de sentir que no han logrado mucho después de largos periodos de uso, lo que luego intensifica aún más los sentimientos de agotamiento. Después de pasar veinte años trabajando con cientos de empresas, puedo decir esto con gran certeza: tus empleados piensan que hablas sobre tecnología mucho más de lo que crees, y eso los está agotando.

Además del gran volumen de comunicación gerencial sobre nuevas tecnologías que experimenta la mayoría de los empleados, las cosas que dicen los líderes senior sobre las herramientas digitales permanecen en la organización por bastante tiempo y pueden tener efectos negativos y duraderos. Uno de mis primeros proyectos de investigación fue con General Motors.[5] En ese momento, la empresa trabajaba intensamente para digitalizar el diseño de productos al cambiar el análisis del rendimiento de vehículos a una serie de tecnologías que permitirían a los ingenieros enfocarse más rápidamente en las soluciones de diseño. Como parte de ese proceso, estaban implementando una nueva herramienta digital que llamaron CrashLab, que automatizaría cómo los ingenieros configuraban sus simulaciones de pruebas de choque. Resultó que, por varias razones que no vienen al caso, uno de los grupos de ingenieros que estaba estudiando escuchó muchas conversaciones de sus gerentes de que CrashLab *aceleraría* su análisis. El segundo grupo de ingenieros, que hacía exactamente el mismo trabajo que el primero, no escuchó que CrashLab aceleraría su trabajo. En cambio, escucharon que *estandarizaría* cómo construían sus modelos. Como seguí de cerca a estos dos grupos, pude comparar cuántos mensajes sobre "velocidad" o sobre "estandarización" escuchó cada uno de ellos. El primero escuchó seis veces más mensajes sobre "velocidad" que mensajes sobre "estandarización". El segundo escuchó más de cuatro veces y media más mensajes sobre "estandarización" que mensajes sobre "velocidad". Recuerda: ambos grupos estaban haciendo exactamente el mismo tipo de trabajo e iban a usar exactamente la misma herramienta digital. En cambio, las cosas que sus gerentes dijeron sobre CrashLab fueron muy distintas. Estos son dos ejemplos:[6]

LO QUE ESCUCHÓ EL GRUPO 1: CRASHLAB = VELOCIDAD	LO QUE ESCUCHÓ EL GRUPO 2: CRASHLAB = ESTANDARIZACIÓN
Gerente: Aparentemente, CrashLab está diseñado para ayudar a asegurar que nos mantengamos a la vanguardia del desarrollo. Parece que va a mejorar el posicionamiento de las barreras y las funciones de ubicación del acelerómetro, y realmente funcionará bien y te ahorrará mucho tiempo, así que asegúrate de aprovecharlo bien en el futuro. **Ingeniero:** ¿Sabes cómo funciona el algoritmo detrás de eso? Me causa curiosidad. **Gerente:** ¿Detrás de qué? **Ingeniero:** Para la automatización. **Gerente:** No lo sé, pero ¿recuerdas a Brett Pascal que solía trabajar en él [otro grupo de programas de vehículos]? Creo que él participó en algo así, entonces podrías preguntarle. De cualquier manera, deberías poder resolverlo con el entrenamiento y luego deberíamos verte trabajar como un rayo.	**Gerente:** Entonces, sé lo que piensas sobre usar CrashLab. ¿Por qué deberías hacerlo cuando otras cosas funcionan bien? Es que te va a hacer más lento, ¿verdad? CrashLab podría ser un obstáculo a corto plazo, pero una pequeña pérdida de productividad no es nada comparado con los beneficios a futuro. **Ingeniero 1:** ¡Qué exagerado! **Gerente:** Tienes razón, solo decía... **Ingeniero 2:** Entonces, ¿realmente necesitamos usar esto? **Gerente:** Solo tómenlo con calma. Descubre cómo usarlo y migra tu trabajo. Ya verás que no será tan problemático. Realmente va a ayudarlos a estandarizar para que puedan comparar mejor sus resultados.

¿Entonces qué fue lo que pasó? Rastreé cómo cada ingeniero usaba CrashLab semanalmente durante cincuenta y una semanas. Los ingenieros de ambos grupos hicieron exactamente lo que era de esperarse de unos buenos empleados: probaron CrashLab y buscaron las mejoras que sus gerentes les habían prometido. Los ingenieros del primer grupo realizaron muchas pruebas para ver si usar CrashLab aceleraba su trabajo más que los métodos habituales. Los ingenieros del segundo grupo no hicieron comparaciones de velocidad. En cambio, buscaron ver si sus compañeros de trabajo estaban usando las funciones de CrashLab de la misma manera que ellos para poder configurar sus modelos de modo similar y, por lo tanto, poder comparar fácilmente sus resultados entre sí.

Los ingenieros del primer grupo descubrieron que CrashLab en realidad no los ayudaba a realizar su análisis más rápido de lo que podían sin él, así que prácticamente dejaron de usarlo. Mas esa decisión les causó bastante estrés y agotamiento. Como me dijo Clara, una ingeniera del primer grupo: "Realmente quería intentar que CrashLab funcionara. Stan y Dennis [sus dos jefes] realmente querían que lo usáramos. Con todo, simplemente no podía justificarlo. Era más lento. Además, la única razón por la que supuestamente deberíamos usarlo es para acelerar las cosas". Luego agregó: "Es algo estresante que no esté funcionando como ellos querían, y me siento algo ansiosa al respecto. Pero qué se le va a hacer". Pude entender el punto de Clara. Sentía que estaba decepcionando a sus jefes al no usar CrashLab, y se sentía algo insubordinada porque sus pruebas de comparación de velocidad básicamente habían demostrado que estaban equivocados. Muchos de los otros ingenieros en este primer grupo que escucharon todo lo que decía la gerencia sobre "velocidad" se sintieron de la misma manera. Como era de esperarse, obtuvieron puntajes altos en la escala de agotamiento digital. A los ingenieros del segundo grupo les fue mucho más fácil. Ellos también hicieron comparaciones, pero no para determinar si CrashLab los ayudaba a configurar sus modelos más rápido. Nadie les dijo que deberan hacerlo, así que no tenían eso como objetivo. En su lugar, prestaron atención a si CrashLab les ayudaba a configurar sus modelos de forma similar a otros, de manera que facilitara las comparaciones a los ingenieros. Resultó que CrashLab fue bastante útil para eso. Los ingenieros del segundo grupo no se vieron en la incómoda posición de tener que demostrar que sus gerentes estaban equivocados, y la mayoría reportó niveles bajos de agotamiento.

Existe una línea de investigación muy sólida sobre el enfoque gerencial acerca de las nuevas tecnologías.[7] Toda la evidencia indica lo mismo: los empleados abordan las nuevas tecnologías en el lugar de trabajo y evalúan sus experiencias usándolas de acuerdo con lo que han escuchado de sus gerentes opinar sobre ellas. Por desgracia, esa línea de investigación muestra que, la mayoría de las veces, los gerentes no saben de qué están hablando. Eso no es una crítica hacia ellos. El impacto de las nuevas tecnologías es algo realmente difícil de predecir. Como dice mi increíble colega Steve Barley, uno de los principales expertos mundiales en tecnología y cambio organizacional: "Después de casi cuarenta años de estudiar el trabajo, la tecnología y la organización, he llegado a la conclusión de que hay una sola certeza sobre el cambio tecnológico: casi nunca obtienes *solo* lo que en verdad esperas, a veces ni siquiera obtienes eso. No obstante, algo suele pasar".[8] Al igual que en el caso de Steve, mis estudios también han demostrado que los gerentes no suelen estar en lo correcto porque el cambio tecnológico es un proceso tan desordenado, demasiado desordenado como para poder predecir sus resultados con buena precisión. Eso no es culpa suya. Aunque sí sugiere que los gerentes podrían beneficiarse de moderarse un poco con sus predicciones sobre los efectos que aún no se ven de la tecnología, o al menos reducir su nivel de certeza cuando las discuten con los empleados. Como hemos visto, si lo que dices sobre tecnología choca con las propias experiencias de tus empleados con ella, puedes crear más agotamiento que alivio. Sin importar lo que pienses que serán los efectos de una tecnología, es más probable que estés equivocado. Así que evítales a todos el problema y simplemente habla menos sobre tecnología.

REPLANTEA EL TRABAJO HÍBRIDO: COORDINACIÓN Y COMPAÑERISMO

Después del correo electrónico, el trabajo híbrido y la IA son los dos cambios tecnológicos del ámbito laboral en el último medio siglo que han creado más oportunidades para que los empleados se sientan digitalmente agotados. No entraré en detalles sobre las estadísticas sobre la magnitud del cambio global hacia el trabajo híbrido. Estos cambios ya están bien documentados, incluso si las políticas sobre el trabajo híbrido siguen cambiando para muchas empresas. Aunque el trabajo híbrido puede significar varias cosas diferentes, defino una fuerza laboral híbrida como aquella donde los empleados están trabajando desde muchas ubicaciones diferentes en cualquier momento. Algunos pueden estar trabajando en las oficinas centrales de la empresa, mientras que otros están trabajando desde casa, hoteles, la playa, las instalaciones de un cliente, una oficina regional, o un sinfín de lugares. Prácticamente todo el trabajo hoy se basa en tecnologías digitales. Sin embargo, es la combinación de dispositivos digitales, aplicaciones de software e infraestructura de red lo que hace posible que las personas trabajen juntas para realizar tareas estando separadas en tiempo y espacio entre sí.

Desde que la pandemia aceleró rápidamente el gran experimento de trabajar desde casa, muchas empresas han comprobado que las personas pueden ser tan productivas trabajando desde lugares remotos como lo son en la oficina. Sin embargo, cuando caemos en el error de tratar todos los tipos de trabajo como iguales y suponer que las personas pueden trabajar de manera remota todo el tiempo, aumentamos la probabilidad de que experimenten agotamiento digital. Del mismo modo, cuando hacemos que las personas vayan a la oficina cuando no necesitan estar ahí, no aprovechamos las capacidades de las tecnologías digitales, que permiten a las personas tener horarios de trabajo más flexibles y mayor concentración. La arbitrariedad asociada a las decisiones sobre cuándo hay que estar en la oficina, así como el desajuste entre las expectativas laborales y las tecnologías digitales, es una fuente importante de agotamiento para las personas que trabajan en esquemas remotos e híbridos.

Hoy en día, resulta muy difícil ojear un periódico o revisar las publicaciones de LinkedIn sin ver un titular que plantee alguna variante de: "¿Cuántos días a la semana en la oficina es ideal para el trabajo híbrido?". Como si hubiera una cifra mágica que pudiera funcionar para todas las situaciones. Esta es la pregunta equivocada. La mejor pregunta sería: "¿Cuándo deberían venir los empleados a la oficina?". Cuando el agotamiento digital es un criterio principal a tener en cuenta, la respuesta es bastante clara: haz que tus empleados vengan a la oficina cuando las demandas de coordinación sean altas o cuando necesiten fortalecer el compañerismo. Veamos cada una brevemente.

Coordinación

Como gerente, tu trabajo es ayudar a los empleados a encontrar *el match* adecuado para sus necesidades tecnológicas y comunicativas. Don, quien dirige equipos de operaciones en una empresa de comercio electrónico, gestiona más de veinte equipos cuyos miembros están repartidos en diferentes lugares. Trabaja con los líderes de equipo para planificar proyectos. Cuando esos proyectos incluyen tareas que requieren mucha coordinación, les indica a los miembros del equipo que vengan a la oficina. Cuando el equipo cambia a tareas que requieren poca coordinación, les permite decidir si quieren trabajar desde la oficina o desde otro lugar. El éxito de Don como gerente se basa en identificar las fases del proyecto para determinar las necesidades de coordinación de tareas y planificar con suficiente anticipación para dar tiempo a los empleados para llegar a la oficina o elegir su ubicación de trabajo.

Cuando trabajo con empresas para ayudarlas a planificar su modelo de trabajo remoto de maneras que reduzcan el agotamiento digital, uso un marco basado directamente en la Regla #2 (Haz *match*). Si estás trabajando con alguien en la oficina sincrónicamente, estás trabajando en el mismo lugar que tus colegas. Ahora bien, si estás trabajando de manera asincrónica y fuera de la oficina, estás trabajando en un lugar diferente y en un momento distinto que tus colegas. Con base en mi investigación y en estudios sustanciales sobre coordinación de trabajo remoto de otros académicos, he descubierto que el factor más importante para reducir el agotamiento digital en el trabajo remoto e híbrido es pensar cuidadosamente en las lecciones que aprendimos en la Regla #2, cuando tratamos de decidir si nuestros trabajadores necesitan estar juntos en la oficina o no. Me resulta útil pensar en la riqueza de manera más amplia en este contexto, centrándome solo en si el trabajo que estamos haciendo se puede realizar asincrónica o sincrónicamente. Si las tareas en las que estamos trabajando tienen interdependencia secuencial, entonces nuestras necesidades de coordinación son bajas. Eso significa que podemos hacer nuestro trabajo asincrónicamente, lo cual suele ser fácil de conseguir si el equipo es remoto. De hecho, reunir a un equipo cuyas tareas tienen interdependencia secuencial (ya sea a través de herramientas digitales que permiten comunicación sincrónica o en persona en la oficina) podría ser un gran distractor. Si el trabajo que estamos haciendo tiene interdependencia agrupada, es probable que necesitemos cierta capacidad de comunicarnos sincrónicamente para resolver problemas donde las partes de nuestras tareas se encuentran, pero quizá no habrá problema si el equipo está trabajando de forma remota. No obstante, si estamos haciendo tareas que tienen interdependencia recíproca en las que necesitamos un constante intercambio para resolver ambigüedades e incertidumbres, queremos tener comunicación sincrónica, y claro que ayuda si estamos juntos en la oficina. Para este tipo de tareas, nada es mejor que ver a nuestros colegas entender el contexto de sus preocupaciones, ajustarnos a su ritmo y emociones, estar en sintonía. Todo eso sucede mejor cuando estamos juntos en una sala.

Para ilustrar esto con datos, mi equipo de investigación y yo realizamos un estudio amplio de casi ciento cincuenta proyectos en dieciocho empresas. Rastreamos la complejidad de las actividades de los equipos. También recopilamos datos sobre qué tecnologías utilizaron los empleados mientras trabajaban en cada actividad y desde qué lugares estaban trabajando. Luego encuestamos a los gerentes para conocer qué tan bien se desempeñaron los equipos, y preguntamos a los miembros del equipo sobre el nivel de participación que tuvieron durante cada actividad. Descubrimos que, cuando los gerentes ayudaron a los equipos a hacer *match* con las necesidades de coordinación de la tarea y las tecnologías apropiadas (tanto digitales como físicas, como es el caso de la oficina), tanto el desempeño del equipo como su compromiso fueron significativamente más altos que si los gerentes no lograban encontrar el *match* adecuado.

Compañerismo

La necesidad de coordinación no es lo único que Don busca cuando organiza las tareas de sus equipos para decidir dónde deberían trabajar. Una segunda variable crítica es el compañerismo. Aquí uso "compañerismo" en el sentido más amplio, para incluir sentimientos bienintencionados, amistad, confianza y un conjunto compartido de normas y expectativas. El compañerismo sugiere un sentimiento de unidad o unión con un equipo u organización. Casi tres décadas de investigación sobre trabajo distribuido muestran que los equipos que trabajan virtualmente o de forma remota tienen dificultades para desarrollar estos aspectos del compañerismo. No es del todo imposible ni mucho menos; simplemente es más difícil hacerlo a través de herramientas digitales que en persona. Pamela Hinds, de la Universidad de Stanford, y Catherine Cramton, de la Universidad George Mason, demostraron que incluso los equipos que logran desarrollar bastante bien el compañerismo a través del uso inteligente de sus herramientas digitales terminan recibiendo un impulso importante en sentimientos de confianza, respeto y afinidad hacia sus colegas cuando se reúnen en persona cada cierto tiempo.[9] Mi coautora habitual, Tsedal Neeley, experta en trabajo global, escribe en su libro *Remote Work Revolution* que los equipos deben realizar sesiones de arranque presenciales para ayudar a las personas a desarrollar compañerismo, y después repetir estas sesiones varias veces a lo largo de un proyecto.[10]

Los empleados que rara vez se ven en persona muestran niveles más bajos de confianza, afinidad y entendimiento que aquellos que se ven con frecuencia en la oficina.[11] Como me dijo Don: "Mis equipos tienen mejor ánimo cuando se ven en persona. Simplemente se agradan más entre sí. Así que me aseguro de planificar reuniones casuales para que puedan crear vínculos". Como ejemplo, Don llevó a dos de sus equipos, compuestos de dieciséis personas en total, a San Diego durante dos noches. Discutieron algunos aspectos de su proyecto durante el retiro, pero la mayor parte del tiempo lo pasaron en restaurantes y jugando golf. Como explicó Don: "El objetivo es nada más juntar a las personas, y es bueno hacerlo en un lugar neutral donde todos tengan que viajar. He tenido que reconsiderar mis solicitudes de presupuesto para financiar estos viajes para el equipo, pero sin duda valen la pena. La buena voluntad perdura tiempo después y mis equipos tienen mejor relación porque se conocen mejor".

Tsedal y yo hemos encontrado en nuestra investigación conjunta que hay maneras en que los buenos gerentes pueden potenciar sentimientos de compañerismo animando a los empleados a usar herramientas digitales si no es posible reunirlos en persona.[12] Examinamos dos empresas donde los empleados estaban usando herramientas sociales internas para compartir conocimiento. Los líderes senior animaron a los empleados de diferentes divisiones a compartir información interesante y actualizaciones de sus vidas personales con frecuencia en la plataforma de redes sociales de la empresa, de forma similar a como lo harían en Facebook o Instagram. La idea era que, al descubrir compañeros de trabajo con intereses compartidos o experiencias similares fuera de él, los empleados pudieran sentirse más cómodos contactando a esas personas sobre temas laborales. Al principio, los empleados se sintieron incómodos publicando lo que llamaron contenido "estilo Facebook" en una herramienta laboral, pero la gerencia no solo fomentó este comportamiento, sino que también dio el ejemplo. Pronto, el algoritmo de la plataforma empezó a conectar personas con intereses similares ajenos al trabajo. La empresa descubrió que, cuando los empleados participaban en conversaciones sobre comida, deportes, películas y ejercicio, era más probable que descubrieran cosas nuevas de su trabajo que les serían útiles, y empezaron a comunicarse entre sí para cuestiones laborales también. Un empleado que había creado vínculos con un compañero de trabajo por un gusto compartido por el cine independiente señaló: "Hablar de películas con ella me hizo sentir cómodo para pedirle consejos sobre algunos asuntos complicados de trabajo".

Con frecuencia, los empleados necesitan un pequeño empujón conversacional para acercarse a un colega distante y convertirlo en un colaborador ocasional. Tanto el contenido laboral como el personal en las herramientas digitales puede actuar como facilitador social, promoviendo estas conversaciones. Es importante destacar que los empleados pueden mantener contacto ligero con sus colaboradores ocasionales siguiendo sus publicaciones y comentando en ellas durante momentos en que no necesitan ayuda. Esta interacción continua hace que pedir ayuda se sienta menos transaccional y más natural. En organizaciones grandes, esto también ayuda a los empleados a sentirse conectados con su empresa y a sentirse parte de la comunidad. Como gerente, tienes que promover y facilitar este tipo de conexiones informales y personales porque, como Tsedal y yo descubrimos, sin el impulso activo de la gerencia, los empleados a menudo dejan de usar sus herramientas de esta manera.

SÉ INTELIGENTE CON LA INTELIGENCIA ARTIFICIAL

Como discutimos anteriormente, es raro que los gerentes hagan buenas predicciones sobre cómo las nuevas tecnologías cambiarán el trabajo. Intentar hacerlo probablemente sea aún más inútil cuando se trata de herramientas de inteligencia artificial generativa que están diseñadas para aprender y cambiar sus propias capacidades de forma regular. Eso hace aún más importante que consideremos cómo manejar la inteligencia artificial en el lugar de trabajo para que la incertidumbre que generan estas herramientas, combinada con la aprensión que muchos empleados ya tienen sobre ellas, no cause un agotamiento generalizado. Aunque hablaremos específicamente sobre la inteligencia artificial en el capítulo 6, creo que vale la pena dedicar un poco de tiempo aquí para discutir cómo los gerentes y líderes organizacionales pueden pensar en implementar la inteligencia artificial de maneras que no provoquen un *burnout* a sus empleados.

Al ver que las tasas de agotamiento de los empleados subían de forma drástica, mientras las empresas se apresuraban a descubrir cómo incorporar inteligencia artificial en los flujos de trabajo existentes, decidí iniciar un proyecto con diez empresas del sector del conocimiento que usan inteligencia artificial para tratar de encontrar maneras de mitigar el agotamiento que sentían los empleados cuando trabajaban con estos nuevos tipos de herramientas.

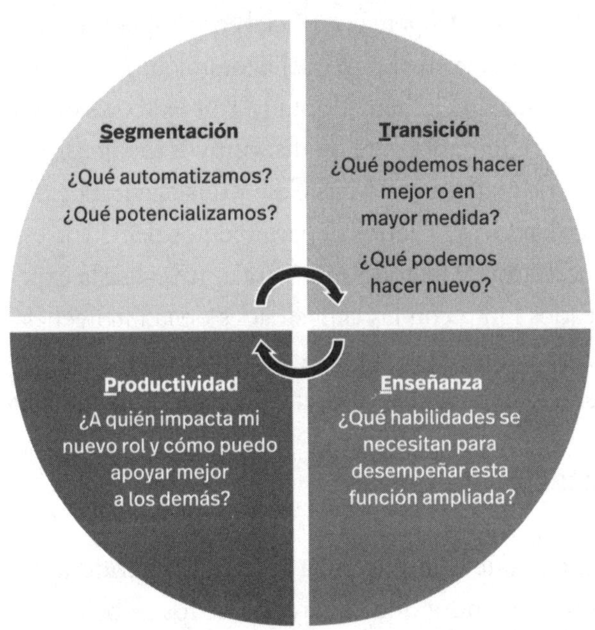

En este proyecto desarrollé una metodología para que los líderes ayuden a los empleados a usar las funciones de la inteligencia artificial para mejorar su trabajo y beneficiar a sus compañías sin fomentar sentimientos de agotamiento. Esta metodología, llamada STEP, consiste en cuatro actividades interconectadas:[13] **S**egmentar la función de la inteligencia artificial para automatizar o incrementar tareas; realizar la **T**ransición de actividades entre funciones; **E**nseñar a los trabajadores el uso de las capacidades cambiantes de la inteligencia artificial, y evaluar la **P**roductividad de formas que reflejen su nuevo aprendizaje y los nuevos niveles de apoyo que brindaron a sus colegas mientras cambiaron sus funciones laborales.

La idea de la metodología STEP es involucrar de manera activa a los empleados en descubrir cómo usar la inteligencia artificial en su trabajo e involucrarlos en la toma de decisiones sobre cómo esta debería cambiar la manera en que nos organizamos. Queremos que los empleados estén presentes y comprometidos cuando usen la inteligencia artificial, y que la utilicen con propósito. He descubierto que la metodología STEP los ayuda a lograr ambas cosas.

Para ilustrar cómo puedes usar STEP de forma efectiva para implementar el uso de la inteligencia artificial en tu organización, sin hundir más a los empleados en el pozo del agotamiento, veremos ejemplos de tres empresas que lo han adoptado con éxito (usaré seudónimos para cada una): un fabricante de dispositivos médicos, "HealthCo"; una agencia de marketing, "MarkCo"; y una agencia de planificación urbana, "UrbanGov". Ciertos departamentos dentro de estas organizaciones utilizaron la metodología para aprovechar la experiencia de sus empleados junto con las capacidades de la inteligencia artificial. Estas lecciones ofrecen ejemplos sobre cómo aplicar la metodología para mejorar la experiencia laboral y prevenir el agotamiento.

Segmentación de tareas

Se dice mucho que la inteligencia artificial se apoderará de los empleos, pero esto ignora que la mayoría de los trabajos en empresas del sector del conocimiento incluyen múltiples tareas. Ninguna inteligencia artificial realizará todas las tareas del puesto de una persona. Los líderes deberían preguntarse: "¿Cómo afectará la inteligencia artificial las diversas tareas que realizan mis empleados?". Las estimaciones sugieren que hasta el 80 % de la fuerza laboral estadounidense podría ver al menos el 10 % de sus tareas afectadas por la inteligencia artificial, con un 19 % que podría ver afectado el 50 % de sus tareas.[14] La inteligencia artificial no afectará todas las tareas, pero puede (y, probablemente, influirá de manera significativa) hacerlo en muchas de ellas. Los líderes deberían permitir que los trabajadores segmenten las tareas en tres categorías: *1)* aquellas que la inteligencia artificial no puede o no debería realizar; *2)* aquellas que puede mejorar, y *3)* aquellas que puede automatizar por completo.

Tomemos la división de ética y cumplimiento de la empresa HealthCo, que implementó ChatGPT en su personal junior. Los líderes de HealthCo, junto con otras compañías, motivaron a los trabajadores a dirigir el proceso de segmentación, fomentando la confianza y mostrando que la automatización no eliminaría sus empleos. Al principio, los líderes de la división de ética y cumplimiento motivaron al personal a determinar para qué tareas la inteligencia artificial no sería útil.[15] Tareas como determinar el cumplimiento de las políticas federales y decidir parámetros para proteger la propiedad intelectual de la empresa cuando se trabaja con consultores externos encabezaron la lista. Estas tareas requerían juicio humano y comprensión contextual que la inteligencia artificial no tenía.

Después, el equipo identificó tareas donde la inteligencia artificial podría potenciar su trabajo. Una tarea que tomaba mucho tiempo era garantizar que los contratos reflejaran de manera precisa los detalles de las solicitudes de propuestas. En este sentido, la inteligencia artificial fue muy útil. Al leer una solicitud de propuestas y una plantilla de contrato estándar, la inteligencia artificial podía generar un borrador de contrato que reflejara los términos del acuerdo. Después, los asistentes legales revisaron y modificaron estos borradores, centrándose en puntos específicos de interés que podían identificar gracias a su experiencia.

Por último, llegó el momento de identificar tareas que la inteligencia artificial podría automatizar por completo. Una de esas tareas, perfecta para ser ejecutada exclusivamente por la inteligencia artificial, era la tediosa labor de escribir correos electrónicos a entidades externas solicitando cambios en contratos. Después de segmentar las tareas en estas tres categorías, los empleados empezaron a descubrir cómo usar la inteligencia artificial para potenciar y automatizar las tareas que habían identificado.

Los líderes de HealthCo y las otras empresas que usaron inteligencia artificial de forma efectiva motivaron a los trabajadores a dirigir el proceso de segmentación porque entendían que estos empleados estarían en la mejor posición para evaluar dónde y cómo la inteligencia artificial podría ayudar. Esto lo hicieron pidiendo a los trabajadores que experimentaran con herramientas de inteligencia artificial y organizando reuniones, en las que compartieron los resultados de su experimentación y llegaron a acuerdos sobre las mejores prácticas. Los empleados se mostraron entusiasmados por participar en este proceso por dos razones. En primer lugar, el hecho de que los líderes les pidieran dirigir el ejercicio de segmentación demostró la confianza que tenían en ellos. En segundo lugar, tal vez más importante, los empleados entendieron que automatizar parte de sus trabajos no los dejaría sin empleo.

Transición de funciones

Si la inteligencia artificial hace que las tareas sean más rápidas y precisas, los empleados pueden tener menos que hacer en sus puestos actuales. Una opción, entonces, es tomar el trabajo que dos personas solían hacer y que una sola lo haga, reduciendo así la plantilla a una persona. Este es el resultado que preocupa a los escépticos de la inteligencia artificial. Sin embargo, en las diez empresas con las que trabajé, solamente una eliminó empleos o planeó eliminar empleos como resultado de las eficiencias obtenidas al automatizar y potenciar el trabajo. Además, el número de despidos fue pequeño. Dos estrategias alternativas fueron mucho más comunes: implicaron hacer la transición de funciones laborales profundizando en ellas o mejorándolas.

MarkCo profundizó en sus funciones al adoptar una inteligencia artificial de chat para ayudar a asistentes de marketing junior a crear material promocional, como descripciones de productos y folletos. Al liberarse de tareas rutinarias, los empleados se enfocaron en el análisis de competidores y pruebas de campañas. Ambas eran tareas que la empresa ya realizaba, pero no con frecuencia ni con el nivel deseado de sofisticación. Como los empleados ahora tenían tiempo para dedicarse a estas tareas, la empresa pudo desarrollar capacidades en estas áreas de formas que sus competidores no podían.

Los líderes comenzaron por identificar las habilidades que faltaban, como el análisis de competidores y la experimentación. Identificaron empleados con la aptitud e interés para profundizar su conocimiento en estas áreas, además recurrieron a la experiencia interna para proporcionar capacitación inicial. Como comentó uno de los ejecutivos de cuentas senior de MarkCo: "Mi equipo no ha logrado comprender del todo a la competencia de nuestros clientes. Me entusiasma poder dedicar una parte del tiempo del equipo a enfocarse en esta área, que es de alto valor, en lugar de que pierda tiempo ajustando el formato de nuestros materiales publicitarios".

Una segunda manera de hacer la transición de funciones laborales es elevarlas de categoría. Elevarlas implica que los empleados hagan tareas que realizan habitualmente sus gerentes. Por ejemplo, en UrbanGov, los planificadores junior solían construir modelos de uso del suelo. Al segmentar tareas, potenciaron y automatizaron algunas de ellas, liberándolos para desarrollar nuevos escenarios de modelado, una tarea que hacen habitualmente planificadores senior. Para equilibrar esto, los planificadores senior asumieron tareas de gestión de relaciones del planificador líder. El planificador líder explicó: "Si no hubiéramos descubierto qué nuevas tareas podían hacer los planificadores senior, no habrían dejado que los junior participaran más en la construcción de escenarios... Después de una evaluación cuidadosa, decidí darles una gran parte de mi trabajo. Eso les permitió sentirse cómodos cediendo la construcción de escenarios. La buena noticia es que ahora puedo centrar mis esfuerzos en nuevas direcciones también, ya que me liberé de mantener todas esas relaciones".

En todas las organizaciones con las que trabajé, la clave para hacer la transición de funciones laborales fue la creatividad. Ya sea que los líderes trabajaran con empleados para profundizar su experiencia en ciertas áreas o ampliaran sus funciones para incluir tareas que antes hacía alguien de mayor nivel, los líderes tuvieron que imaginar nuevas tareas que la empresa no realizaba: tareas que aportarían valor tanto en los niveles más bajos de la organización como en el nivel gerencial medio.

Educar a los trabajadores

Tanto la segmentación como la transición exigen que los empleados aprendan nuevas habilidades. Algunas de estas habilidades se relacionan directamente con el uso de datos, algoritmos e inteligencia artificial. Los empleados necesitan saber cómo funcionan las nuevas herramientas de inteligencia artificial, cómo entrenarlas con documentos o datos propios de la empresa (lo que suele llamarse "ajuste fino"),[16] cómo crear comandos o *prompts* que hagan que la inteligencia artificial ejecute lo que necesitan (conocido como "ingeniería de *prompts*") y cómo evaluar las predicciones o recomendaciones que genera la inteligencia artificial. Algunas de esas habilidades no se relacionan directamente con el uso de la inteligencia artificial, sino que son consecuencia de profundizar o mejorar las funciones laborales, como aprender a hacer análisis competitivo de marketing o planificación de escenarios.

Las habilidades de la inteligencia artificial evolucionan con rapidez, lo que requiere de un aprendizaje continuo. Si la nueva realidad que surge de trabajar con inteligencia artificial es de cambios constantes, la capacitación de los empleados debe ser una prioridad máxima. HealthCo, MarkCo y UrbanGov adoptaron la necesidad de actualización de manera continua de sus empleados,[17] pero cada una lo hizo de forma diferente. Para las habilidades de inteligencia artificial y datos, HealthCo trabajó con el equipo de aprendizaje y desarrollo (L&D, por sus siglas en inglés) de Recursos Humanos para crear un "programa intensivo" de inteligencia artificial y ciberseguridad dirigido a los empleados. Algunos de los cursos los impartían miembros del equipo de L&D, otros los impartían profesores universitarios, y otros más estaban a cargo de profesionales y capacitadores de la industria contratados por HealthCo. La división de ética y cumplimiento compartió el costo del programa intensivo con Recursos Humanos, y los empleados podían repetir el curso cada vez que cambiaba el contenido.

MarkCo contrató a una universidad local para crear programas personalizados que enseñaran a los empleados nuevas habilidades en ciencia de datos e inteligencia artificial. La universidad diseñó una serie de exámenes que cada empleado debía aprobar para certificar que estaban "preparados para la IA". Cada año, el examen cambiaba según las evoluciones tecnológicas, y si los empleados no aprobaban el nuevo examen, tenían que volver a tomar el programa. Con un presupuesto mucho menor, UrbanGov compró suscripciones para cursos cortos impartidos por empresas como LinkedIn y Udacity, enfocados en inteligencia artificial, simulación y gestión de datos. Crearon, de manera colaborativa, una lista de cursos de estas plataformas que empleados y gerentes consideraron útiles, y alentaron a cada empleado involucrado en el proceso de planificación (sin importar si su trabajo tenía relación directa con la inteligencia artificial o no) a completar un curso cada mes.

Las empresas que apoyaron el aprendizaje de forma exitosa tenían dos elementos en común. En primer lugar, incorporaron la filosofía del aprendizaje en su cultura. Los líderes y gerentes presentaron la inteligencia artificial como una oportunidad de aprendizaje. No se esperaba que los empleados supieran usar la inteligencia artificial a la perfección al adoptarla, ni que de inmediato supieran cómo segmentar sus tareas en torno a ella. En cambio, se esperaba que exploraran sus capacidades y determinaran la mejor manera de incorporar estas nuevas tecnologías a sus funciones laborales. En segundo lugar, proporcionaron tiempo para que los empleados participaran en las oportunidades de aprendizaje ofrecidas. HealthCo esperaba que los empleados dedicaran al menos dos días por trimestre a asistir al programa intensivo o a repasar las habilidades aprendidas en él. UrbanGov destinó tres horas por semana para que los empleados tomaran los cursos en línea. Es importante señalar que los líderes de las empresas verificaban de manera periódica si la evolución de las herramientas de inteligencia artificial y el aprendizaje hacían necesario revisar la segmentación y la transición. Los empleados, al saber que sus habilidades impactarían directamente sus funciones, estaban muy motivados a aprender.

Evaluación de la productividad

La actividad final en la metodología STEP requiere que los gerentes replanteen la manera típica en que se evalúa la productividad de los empleados. Los líderes de las empresas que ayudaron a sus trabajadores a usar la inteligencia artificial de forma eficaz moldearon su pensamiento y prácticas en torno a la productividad de los empleados. En lugar de tratar la productividad como un resultado sobre el cual evaluar a los trabajadores, se reorientaron para usarla como un insumo. Durante el proceso de segmentación, los líderes asignaron a los empleados la responsabilidad de determinar si podían usar la herramienta de formas que hicieran su trabajo más rápido o preciso. Así, la productividad se convirtió en algo que los propios empleados gestionaban, en lugar de algo sobre lo cual se les evaluaba. Como comentó un líder senior de MarkCo: "Solíamos medir qué tan productivos eran nuestros empleados. Eso no tiene sentido con la inteligencia artificial. Ahora confiamos en que descubran cómo usar la inteligencia artificial de la manera más productiva. Lo que esperamos que hagan y la forma en que los evaluamos ha cambiado".

El cambio principal en la evaluación en las diez empresas se enfocó en determinar qué tan bien los empleados se ayudaban entre sí. Debido a que las personas no trabajan de manera aislada, cualquier cambio que la inteligencia artificial traiga al puesto de un empleado probablemente se extienda a sus interacciones con otros, lo que afecta el trabajo de muchos.[18] Al reconocer esto, los líderes que integraron la inteligencia artificial con éxito vieron que ayudarse mutuamente a aprender y adaptarse era una manera crucial en que los empleados podían agregar valor. Como indicó el director general de UrbanGov: "Lo que necesitamos que nuestros empleados hagan en esta era de inteligencia artificial es ayudarse entre sí a aprender y reinventar sus trabajos. Es un esfuerzo colaborativo".

En consecuencia, en todas las empresas que estudié, la práctica de evaluación del desempeño cambió de varias maneras. Primero, debido a las actividades de segmentación y transición que se estaban realizando, las expectativas sobre qué tareas debían realizar los empleados, y cómo, cambiaron con rapidez. Las evaluaciones anuales de la productividad ya no funcionaban porque las funciones laborales cambiaban varias veces en un año, lo que a menudo hacía que los objetivos identificados al inicio de un periodo de evaluación ya no fueran relevantes al final de ese mismo periodo. Todas las empresas del estudio cambiaron a un periodo de evaluación del desempeño más corto; la mayoría prefirió tener reuniones trimestrales. Segundo, debido a que el uso de la inteligencia artificial estaba cambiando las tareas que hacían los empleados y, por lo tanto, sus funciones, constantemente interactuaban con gente nueva. Así, una parte significativa de la evaluación del desempeño implicaba identificar a las personas con quienes más interactuaron en ese periodo y evaluar si el trabajador en cuestión era un colaborador útil. En la mayoría de las empresas, los colaboradores proporcionaban la evaluación de qué tan bien el empleado en cuestión los ayudó en sus funciones. La ventaja de que un colaborador realizara esta tarea era que podía evaluar el nivel de ayuda recibida mejor de lo que podía hacerlo un gerente. Además, debido a que estas evaluaciones ocurrían a intervalos mucho más cortos, la retroalimentación que un empleado recibía sobre cómo apoyó a los colaboradores se podía poner en práctica de inmediato; podía cambiar su comportamiento para proporcionar más ayuda y asistencia si era necesario.

El sistema renovado de evaluación del desempeño de HealthCo fue el más agresivo y tecnológicamente avanzado. Los científicos de datos de la división de Recursos Humanos de HealthCo crearon un tablero que extraía datos de las comunicaciones por correo electrónico, el uso de Slack y los calendarios de los empleados para crear redes sociales que mostraran de quiénes dependían más y quiénes dependían de ellos. Cada seis semanas, el tablero enviaba una lista de los colaboradores más frecuentes de los trabajadores, pidiéndoles que calificaran sus interacciones. Los datos se compilaban y compartían con los empleados y sus gerentes, lo que les permitía medir y mejorar su desempeño colaborativo.

Después de dos años de este nuevo enfoque, los empleados de HealthCo reportaron un aumento del 72 % en la satisfacción con el sistema de evaluación. Como compartió un líder senior de la división de ética y cumplimiento: "El nuevo sistema significa que los empleados no solo escuchan de sus gerentes, sino que reciben retroalimentación directa de las personas que dependen de ellos. Eso es tan importante ahora que la inteligencia artificial está cambiando tan rápido cómo trabajamos. Necesitamos que todos se ayuden entre sí, y cuando los empleados se perciben a sí mismos ayudando o encuentran mejores oportunidades para hacerlo, su desempeño mejora".

Las experiencias de MarkCo, HealthCo y UrbanGov demuestran que la metodología STEP puede beneficiar de manera significativa a las organizaciones. El uso de inteligencia artificial por parte de MarkCo para manejar tareas rutinarias de marketing permitió a los empleados enfocarse en actividades valiosas, como el análisis de competidores y las pruebas de campañas. Al profundizar en sus funciones, los empleados se volvieron más comprometidos y agregaron más valor a la empresa. Los procesos de segmentación y transición de HealthCo aseguraron que los empleados no se sintieran amenazados por la automatización, sino que la vieran como una oportunidad para mejorar sus puestos. Al involucrar a los empleados en el proceso de segmentación y apoyar su educación continua, HealthCo creó una cultura de confianza y aprendizaje. El enfoque de UrbanGov respecto a elevar los puestos de los empleados demostró la importancia de la creatividad para reinventar el trabajo. Al reasignar tareas y responsabilidades, aseguraron que tanto los planificadores junior como los senior tuvieran trabajo significativo y desafiante que utilizara sus habilidades y fomentara el crecimiento.

Muchos de los problemas que llevan al agotamiento digital en el lugar de trabajo son sistémicos, y solo pueden abordarse por personas con la autoridad para generar cambios. Aunque tus empleados pueden aplicar las ocho reglas de este libro para ser más proactivos al lidiar con su propio agotamiento digital, los mayores beneficios vendrán cuando puedas crear un entorno que prevenga muchas de las prácticas negativas que crean las condiciones para el agotamiento digital.

CAPÍTULO 5

Guía para padres: preocúpate por ti antes de preocuparte por los demás

Este capítulo NO habla sobre cómo ser padres. Tampoco es sobre cómo ayudar a tus hijos a triunfar en el mundo digital. No voy a dar consejos sobre si debieras limitar el tiempo que tus hijos pasan frente a las pantallas, esperar a que tengan cierta edad para comprarles un teléfono o revisar de vez en cuando el contenido de sus redes sociales. No soy psicólogo infantil, terapeuta familiar ni experto en uso de medios digitales en niños y adolescentes. Existen muchos libros que sí abordan estos temas y muchos expertos con las certificaciones apropiadas a los que puedes acudir. Si te interesa saber por dónde empezar, puedes consultar las notas al final de este libro.[1] Ahí encontrarás algunas que, como padre y científico social acostumbrado a distinguir entre lo que constituye buena evidencia y lo que no, me han parecido especialmente reveladoras.

Este *es* un capítulo en el que abordaremos cómo los padres pueden mantener la cordura en la era digital. A lo largo de los años, he escuchado a muchos padres al borde del colapso. Estos son algunos testimonios:

> "Nunca pensé que ser papá fuera tan agotador. Me refiero a lo agotador que es todo el tema de la tecnología. O sea, los viajes compartidos, los mensajes de la escuela, los correos de los orientadores, las apps que me avisan en qué cancha

es el partido. Luego estoy preocupado por si debieran tener teléfono y cuándo es el momento adecuado para que usen redes sociales, o si van a hacer cosas malas en internet. Es demasiado."

—STEVE, papá de dos hijos, de catorce y ocho años

"Pensé que estaba cansada cuando eran bebés o comenzaban a caminar y me necesitaban físicamente noche y día, pero ahora estoy aún más cansada porque tengo que estar al tanto de sus horarios todo el tiempo. Como en este momento que me están escribiendo dos papás para ver si mi hija puede salir a jugar. Tengo que revisar la app de ParentSquare porque en la clase de mi hijo necesitan *snacks* para su fiesta y también estoy esperando [en la app médica] a ver si la enfermera me responde sobre el dolor de garganta de mi hijo. ¿Cómo se supone que voy a poder con todo?".

—AMANDA, mamá de tres hijos, de trece, ocho y cuatro años

"Se supone que mi hijo debe mandarme mensaje si va a salir tarde de la escuela, así que debo tener el celular conmigo. Pero no me escribe, así que entro a Snap para ver si ahí me contesta, porque se la vive ahí. Después me llega un mensaje por Facebook de otro papá del equipo de futbol bandera de mi otro hijo, preguntándome a qué hora es el entrenamiento, pues siempre cambian. Pero no lo sé, así que tengo que revisar la app de GameChanger, y ni me acuerdo si el entrenador mandó mensaje de texto con el horario, o si lo puso en la app, o si me llamó y me lo dijo. Me estoy volviendo loco".

—JOAQUÍN, papá de dos hijos, de diecisiete y doce años

"Estoy superenojada. Nuestros papás no tuvieron que lidiar con toda esta tecnología. Otros papás no les estaban mandando mensajes todo el tiempo porque no existían los mensajes de texto; además, no podían ver nuestras calificaciones tarea por tarea porque no existía Canvas. Ahora resulta que la maestra de canto de Amelia termina la clase antes porque todos tienen celular, así que espera que llamen a casa para que los recojan cuando haga falta. Yo tenía que esperar a que la clase terminara y mi mamá pudiera venir por mí. Estoy harta de toda esta tecnología. Nuestros papás enfrentaron más o menos los mismos problemas que sus propios papás. No tenían toda esta tecnología. Ahora es una locura".

—RODDA (mi esposa), mamá de tres hijos, de trece, doce y diez años

Si eres como yo, quizá el simple hecho de escuchar que otras personas viven las mismas frustraciones que tú sobre ser padres en este mundo digital te haga sentir menos loco y acompañado. De entre los cientos de personas con las que he hablado sobre criar hijos en la actualidad, ninguna me ha dicho que crea que las tecnologías digitales que forman parte de nuestras vidas han hecho que ser padres sea más fácil. Claro, muchos elogiaron las ventajas de poder hacer planes rápidamente o contactar a sus hijos si lo necesitaban, sin embargo, la mayoría coincide en que ser padres en la era digital es difícil y agotador.

Ya sabemos que la presión de criar hijos que también usan tecnologías digitales es una fuente importante de estrés y fatiga. Existe una cantidad considerable de investigación que puede guiarnos sobre cómo manejar el uso de la tecnología de nuestros hijos. Pero me sorprende que haya tan poca investigación sobre cómo manejar el agotamiento que sienten los padres como resultado de estar atrapados en la red de tecnologías digitales, datos y comunicación que nos rodean a nosotros y a nuestros hijos. Creo que, si no tratamos nuestro propio agotamiento digital como padres, eso afectará de forma negativa a nuestros hijos. Una amplia línea de investigación muestra que los niveles altos de agotamiento parental están relacionados con relaciones deterioradas entre padres e hijos y, en los casos más extremos, contribuyen a comportamientos negligentes y violentos hacia los niños.[2] Es similar a lo que nos recuerdan los sobrecargos cada vez que nos subimos al avión: si la cabina pierde presión, siempre debemos ponernos nuestra propia máscara de oxígeno antes de ayudar a otros, para evitar que la falta de oxígeno no nos deje inconscientes antes de poder ayudar. Si los padres no abordan su propio agotamiento digital, pueden encontrarse en la terrible situación de no tener el tiempo, la fuerza, la paciencia o los recursos emocionales para ayudar a sus hijos con su propio agotamiento.

En este capítulo exploraremos varias formas de reorientar nuestra relación con las tecnologías digitales como padres. Como hay pocos estudios publicados sobre este tema, me basaré principalmente en mis propios datos y destacaré ejemplos que han funcionado para los padres con los que he hablado. Cada una de estas estrategias incorpora varias de las reglas que ya hemos analizado, pero las presento de una manera que ofrece a los padres una guía sencilla para reducir su agotamiento digital.

CALCULA LAS HORAS INVISIBLES

Mari es mamá de tres hijos, de catorce, once y ocho años, y vive en un suburbio de Los Ángeles. Trabaja como gerente de ventas para una empresa de tecnología, pero tiene horarios flexibles y puede elegir entre trabajar desde casa o en la oficina la mayoría de los días. Mari siente que esta etapa de su vida gira en torno a manejar. "Básicamente, siento que me paso todo el día en el coche", me dijo. "Mis hijos van a dos escuelas diferentes que tienen diferentes horarios de entrada. Mi pareja y yo nos coordinamos para llevarlos; luego, a veces me voy al trabajo o regreso a casa. Parece que, mínimo dos veces a la semana, alguno tiene cita con el médico o necesita que le arreglen los brackets o algo así. Entonces los recojo de la escuela y los llevo. A veces nos hacemos como media hora para llegar ahí, dependiendo del tráfico". Los tres hijos de Mari juegan en un club de futbol todo el año. Su hijo es disléxico y ve a un terapeuta una vez a la semana. Su hija mayor está en el taller de teatro musical de la escuela, que frecuentemente tiene ensayos y presentaciones por las noches. La pareja de Mari, Nick, comparte el trabajo de llevar y recoger a los niños, pero viaja mucho por trabajo, así que la mayor parte del esfuerzo recae en Mari.

La historia de Mari es común entre los padres que he entrevistado que se desempeñan en trabajos del conocimiento y tienen hijos entre kínder y preparatoria, aunque ciertamente hay diferencias regionales y nacionales en sus experiencias. Los padres que crían a sus hijos en centros urbanos dicen que manejan un poco menos porque hay mejores opciones de transporte público disponibles. Los padres fuera de Estados Unidos mencionan que sus hijos participan en un poco menos actividades extracurriculares que sus equivalentes estadounidenses, sobresaturados de actividades. Asimismo, los padres en zonas rurales de Estados Unidos y países del Sur global suelen recibir más ayuda para transportar a sus hijos de familia extendida, como abuelos, tíos y hermanos. La situación de Mari (andar manejando por todo Los Ángeles para transportar a tres hijos de un lado a otro, en gran parte sola) podría ser algo extrema, pero no es rara. A pesar de estas diferencias regionales, los padres alrededor del mundo parecen experimentar similares niveles de agotamiento generalizados. Parece que, en términos de transportar a nuestros hijos, existe la ley de Parkinson para el agotamiento parental: el agotamiento se expande para igualar las veces que nos comprometemos a llevar y recoger a nuestros hijos a sus actividades.[3]

Muchos padres trabajan para hacer más fácil su vida como choferes coordinándose con otros padres. Como describe Mari: "Creo que me volvería loca y tal vez ni siquiera podría hacerlo todo si no tuviera ayuda. Entonces, tengo a mis hijos en varios viajes compartidos y tengo un grupo de amigas que nos ayudamos unas a otras cuando lo necesitamos". Eso significa que Mari está en chats grupales con otros padres que conoce personalmente y también envía mensajes a padres que conoce menos, a través de varias apps relacionadas con equipos, la escuela y otras actividades extracurriculares. "Uso tanta tecnología todos los días para tratar de estar al tanto de todo y coordinar con todos. Es realmente agotador", comenta.

Las tecnologías digitales hacen posible la coordinación rápida en temas muy específicos o urgentes, como avisarle a una amiga que necesitas cambiar la hora de recoger a un niño cuando su cita con el dentista se alarga. Sin embargo, usarlas de esta manera también crea un "trabajo invisible" significativo. Conocí por primera vez el concepto de trabajo invisible cuando trabajé en un proyecto para una gran empresa automotriz que subcontrataba servicios de modelado digital de la India. Esa empresa había mantenido instalaciones de ingeniería y plantas de ensamblaje en diferentes países durante décadas. Aunque, con el surgimiento del internet y el cambio hacia el diseño digital de productos, se hizo posible enviar tareas pequeñas, que se podían completar en horas, a trabajadores de otro país, en lugar del diseño y fabricación de un vehículo completo, que llevaría años. A los ingenieros estadounidenses les gustó mucho la idea de mandar tareas a India porque pensaron que los liberaría para hacer trabajo más valioso e interesante. Pero rápidamente descubrieron que, aunque los ingenieros indios eran muy competentes, aún les tomaba muchísimo tiempo reunir todos los archivos, escribir o llamar al ingeniero para describir lo que necesitaba hacerse, proporcionar ejemplos de trabajo previo que pudieran usar como base para el trabajo nuevo y responder preguntas. Examiné los registros de seguimiento de proyectos para determinar cuánto tiempo pasaban los ingenieros estadounidenses comunicándose sobre el trabajo que enviaban a India. Estimaron que un proyecto promedio llevaría unas cinco horas para que un ingeniero indio lo terminara. Los registros de seguimiento de proyectos mostraron que, cuando el acuerdo de subcontratación era nuevo, los ingenieros estadounidenses dedicaban en promedio cuatro horas y media comunicándose con los ingenieros indios sobre el proyecto. Eso significa que solo se ahorraba media hora al subcontratar el trabajo a India.[4] Afortunadamente, pude trabajar con los equipos para reducir de manera significativa el número de horas de trabajo invisible con el tiempo. No obstante, nunca desaparecieron por completo.[5] El sueño de una "transferencia perfecta" o "ingeniería de veinticuatro horas", como promocionaban los ejecutivos senior de la empresa, nunca se hizo realidad.

Nunca pensé que la cantidad de trabajo invisible del que hablé con Mari y otros padres llegaría a acumular tantas *horas* como ocurrió con los ingenieros automotrices. Sin embargo, le pedí a un grupo de diez padres que llevara un registro del tiempo dedicado a comunicarse usando herramientas digitales para coordinarse con sus parejas, personal de guardería y otros padres para ayudar a transportar a sus hijos a varias actividades. Entre los diez padres, el promedio fue de tres horas con quince minutos por semana. Cuando profundicé en algunos casos específicos, resultó que, igual que en los primeros días de la subcontratación a India, los padres estaban dedicando casi tanto tiempo a coordinar traslados para actividades específicas como el que les tomaría llevar ellos mismos a sus hijos. Como explicó Greta, una de las madres que hizo este ejercicio:

> Me coordino con otros tres padres para llevar a los niños al ensayo de la banda. Tratamos de tener días fijos donde uno los lleva y otro los recoge, pero casi nunca funciona. Todos tenemos otros hijos, diferentes horarios y trabajo, así que las cosas se complican. Entonces, mira [me enseña un chat grupal en su teléfono que tiene treinta y dos mensajes de un solo día], está todo este vaivén sobre si alguien no puede recogerlos, si alguien más puede cubrir, quién les va a decir a los niños. ¿El ensayo sí termina a la misma hora hoy? Entre revisar todo esto y responder, y luego tener que entrar a la app de la escuela y a mi correo para ver cuándo termina en realidad el ensayo de la banda, hoy me tardé como quince minutos solo coordinando quién los lleva. Es solo un viaje de ida y vuelta de veinte minutos desde mi casa. En la práctica, habría sido más rápido hacerlo yo sola.

Por otro lado, a diferencia del fabricante de automóviles con el que trabajé, no había mucha esperanza de que estas horas de trabajo invisible disminuyeran con el tiempo. En el mundo de la crianza, los eventos inesperados que descarrilan los planes son esperados. Son la regla, no la excepción. Esto significa que los padres que usan herramientas digitales para coordinarse siempre van a estar atrapados en una situación donde la facilidad de comunicación que permiten esas herramientas hará que algún padre del grupo pida cambios de último momento, lo cual aumentará el trabajo invisible que requieren todos. Este fue el mismo fenómeno que Christine Beckman y Melissa Mazmanian (cuya investigación conocimos en el capítulo 1) observaron entre los padres trabajadores de su estudio. Las mismas tecnologías que les permitían a las personas delegar aspectos de su vida también las atraparon en un patrón de coordinación con quienes las ayudaban, lo cual se tradujo en estrés y agotamiento significativos.

Después de darse cuenta de cuántas horas de trabajo invisible estaba dedicando a coordinarse con otros padres a través de sus herramientas digitales, Mari decidió retomar tres de sus traslados semanales. Como describió: "Cuando hice ese análisis de costo beneficio, quedó claro que en realidad no estaba ahorrando mucho tiempo después de tanta coordinación con todos". Como resultado de su análisis, Mari decidió abandonar los viajes compartidos y trasladar a sus hijos por su cuenta. "Tal vez ahora dedico como quince minutos extra en total", dijo, "pero no tener que comunicarme con toda esa gente y estar en constante preocupación por si se me estaba escapando algo y no saber qué app revisar o lo que sea me estresa menos. Valió mucho la pena". Lo que más me llama la atención es que algunos minutos extra en el coche por semana pueden sentirse menos agotadores que tener que llevar el control de toda la comunicación necesaria para pasar menos tiempo en el coche. Claro está, no todos los padres tienen el lujo de elegir hacer el trabajo ellos mismos. El ejemplo de Mari muestra que raramente pensamos en las horas de trabajo invisible que implica usar las herramientas que supuestamente facilitan nuestras vidas. Calcular las horas de trabajo invisible que exigen tus herramientas digitales y determinar si valen la pena considerando el costo en términos de agotamiento, es un paso concreto que puedes dar para tomar decisiones inteligentes sobre cómo desempeñar tu papel como padre o madre.

EL PLACER DE PERDERSE DE ALGO

Muchas personas con las que he hablado sobre agotamiento digital a lo largo de los años usan el cliché de "intentar tomar agua de una fuente a presión" para describir cómo se sienten sobre su uso de la tecnología. Nuestros teléfonos, tabletas, computadoras, televisores, consolas de videojuegos y altavoces inteligentes nos conectan a apps a través de las cuales tenemos acceso a cantidades enormes de datos. Sin embargo, esos datos no se quedan ahí esperando que los encontremos: las apps nos bombardean con ellos todo el tiempo a través de mensajes, alertas, notificaciones y más. Como han demostrado autores como Nir Eyal, Adam Alter y BJ Fogg, muchas de las aplicaciones digitales que usamos están diseñadas deliberadamente para distribuir información en intervalos inesperados, con el fin de mantenernos cautivos. Se basan en el principio psicológico del "refuerzo de proporción variable", que sugiere que las recompensas dadas en intervalos aleatorios o variables son más eficaces para sostener una conducta que aquellas otorgadas en intervalos fijos. Esto significa que no bebemos de una manguera común. Sí, los datos salen como un torrente cuando lo hacen. Pero nos empapan a un ritmo que no podemos predecir. Por eso, en parte, nuestros teléfonos y otros dispositivos digitales son irresistibles. Sabemos que en cualquier momento puede llegar algo, por eso siempre estamos revisando.

Como saben la mayoría de los padres, esa fuente a presión suele empaparnos en momentos inoportunos. Recibimos mensajes de la escuela de nuestros hijos mientras estamos en el trabajo y, a su vez, sobre el cambio de horario del partido de básquetbol mientras preparamos la cena. Como aprendimos en el capítulo 1, estos mensajes intermitentes crean saltos entre tareas en distintas áreas de nuestra vida que pueden agotarnos. También aprendimos en el capítulo 3 que los datos que nos llegan en intervalos aleatorios aumentan nuestro miedo de perdernos de algo en alguna conversación o actividad importante. Ese FOMO (*Fear of Missing Out*) es un problema real para los padres, como describió Nikki, mamá de dos adolescentes: "Tuvimos este problema en el equipo de club de mi hijo donde varias familias estaban pensando cambiarse a un equipo diferente. Hubo mucho ir y venir por mensaje de texto, y luego en la app del equipo y llamadas telefónicas. Duró como una semana. Todo el tiempo estaba revisando, y mi hijo me dijo que estaba obsesionada. Pero quería ver qué decía la gente y no quería sentirme excluida". Si bien Nikki sabía que no necesitaba prestar atención a toda la discusión en el momento, estaba, como describió, "como una polilla atraída a la luz". Temía perderse algo y su FOMO hizo que permitiera que las muchas notificaciones interrumpieran sus otras actividades.

Siempre hay algún problema ocurriendo o algún drama en pleno desarrollo en nuestros dispositivos, ya sea entre nuestros grupos de amigos, con los padres de los amigos de nuestros hijos, en la escuela, en un equipo deportivo, en un club de música o en cualquier otro lugar. El miedo a quedarse fuera de este tipo de información importante que tiene que ver con las vidas de nuestros hijos, así como nuestras propias vidas en consecuencia, ha demostrado ser un factor significativo del "agotamiento de los padres"[6] en general, además del agotamiento digital más específico. ¿Cómo controlamos estos miedos? El error de una empresa de tecnología podría tener la respuesta.

El 4 de octubre de 2021, Meta (dueña de Facebook, Instagram, Messenger y WhatsApp) experimentó una falla técnica grave. Durante casi siete horas, los usuarios no pudieron conectarse a los productos de Meta, impidiendo que miles de millones de usuarios accedieran a sus cuentas o usaran cualquier función normalmente disponible en estas plataformas. Además, se interrumpió la comunicación a través de Messenger y WhatsApp, dos de los principales servicios de mensajería globales. Durante las primeras horas después de esta interrupción, Tal Eitan y Tali Gazit, de la Universidad Bar-Ilan, encuestaron a más de quinientos adultos israelíes que eran usuarios frecuentes de los productos de Meta, midiendo, entre otras cosas, sus niveles FOMO, y les pidieron que respondieran a preguntas abiertas sobre su experiencia durante la interrupción.[7] Como era de esperarse, encontraron que las personas inicialmente sintieron mucho FOMO justo después de que comenzó la interrupción. Les preocupaba estar perdiéndose información y actividades que otros estaban compartiendo en la plataforma mientras permanecían sin conexión. Sin embargo, los participantes del estudio se sintieron aliviados conforme se dieron cuenta de que la interrupción era global. No sentían que se perdían de algo porque nadie más podía acceder a las plataformas tampoco. Como describieron los autores, muchos participantes expresaron una sensación de alegría.

Intrigados por estos hallazgos, los autores realizaron un estudio más enfocado y estructurado para explorar si las personas podían experimentar la alegría de perderse algo (JOMO [*Joy Of Missing Out*, por sus siglas en inglés]) en situaciones en las que sabían que estaban eligiendo no usar redes sociales, aunque todo el mundo continuara activo. El estudio posterior sugirió que para las personas era difícil reemplazar FOMO por JOMO.[8] Los hallazgos mostraron que estudiantes de preparatoria y universidad (que eran solteros, tenían menor bienestar psicológico y usaban redes sociales con frecuencia), no experimentaron JOMO cuando se desconectaron de las redes sociales. Tenían miedo y ansiedad por quedarse fuera. Sin embargo, las personas en su etapa principal de crianza con niveles altos de bienestar psicológico lograron experimentar JOMO después de un tiempo inicial sin conexión. Otros estudios, que han explorado cómo se puede experimentar JOMO, sugieren que usar dispositivos digitales de manera consciente y tomar una decisión intencional de alejarse de la fuente de presión puede generar una sensación placentera asociada con no saber todos los detalles de lo que está pasando en un momento específico.[9] Esos estudios también muestran que encontrar actividades no tecnológicas que capten completamente la atención hace más fácil no preocuparse por lo que está pasando en tus apps mientras no estás.

Cuando Nikki se enteró de la idea del JOMO, inicialmente tenía dudas. "O sea, eso suena raro", me dijo. "Pero creo que entiendo cómo podrías entrar en modo zen si supieras que hay un montón de cosas dando vueltas a tu alrededor con las que otros padres están lidiando y tú decidiste no involucrarte". Se comprometió a cambiar sus hábitos para comprobarlo. Desactivó las notificaciones automáticas en las distintas apps que usaba para coordinar los horarios de sus hijos y se comprometió a revisarlas solo al final de cada día.[10] Además, decidió no leer ni responder a la avalancha de mensajes que se intercambiaban en el chat grupal con los padres del equipo de *lacrosse* del club de su hijo también hasta el final del día. Después de dos semanas de probar este nuevo enfoque, Nikki me comentó que tuvo algo de éxito: "Es un tanto liberador saber que todos los demás padres están corriendo de aquí para allá y yo no tengo que hacerlo. Curiosamente, llegué al punto donde escuchaba que sonaba mi teléfono y pensaba: 'No tengo que preocuparme por lo que está pasando hasta más tarde'. Eso en realidad ha estado bien. Sí me siento con un poco más de energía". La desventaja, por supuesto, era que a veces se tomaban decisiones sin su opinión porque no respondía lo suficientemente rápido. En general, dijo que no poder aportar algunas sugerencias le causaba mucho menos estrés que seguir la conversación en tiempo real.

El JOMO solo sucede si estás dispuesto a cambiar de actitud y decidir que vale la pena sacrificar un poco de control para evitar preocuparte por lo que todos los demás están pensando o haciendo. La mayoría de los padres que me han dicho que han intentado este enfoque cuentan que, por lo general, lo que se pierden resulta ser trivial y terminan disfrutando llegar después a la conversación. Como me dijo Marco, padre de cuatro hijos: "Me encanta cómo ahora reviso mi teléfono y veo un montón de cosas que pasaron entre todos los otros padres y pienso: 'Los pobres perdieron todo ese tiempo resolviéndolo mientras yo estaba jugando básquetbol con mi hijo'".

ESTAR MENOS CONECTADO PARA SENTIR MÁS CONEXIÓN

En los estudios sobre redes sociales, una forma popular de medir la fuerza de los vínculos (un indicador de qué tan sólida es la relación entre dos personas) consiste en pedir al encuestado que seleccione un nombre de una lista de personas con las que se comunica y luego responda dos preguntas.[11] La primera pregunta pide al encuestado que califique con qué frecuencia interactúa con la persona seleccionada. La segunda explora, de cierta forma, qué tan "cercano" se siente el encuestado hacia esa persona. En la mayoría de los ámbitos de la vida social, las calificaciones que la gente asigna a la frecuencia de interacción y la cercanía están muy correlacionadas. Es decir, si te comunicas con frecuencia con alguien, también tiendes a considerarlo como un contacto cercano, y viceversa. Cuando dos personas obtienen calificaciones altas tanto en frecuencia como en cercanía, los científicos de redes dicen que esas dos personas tienen un "vínculo fuerte". Asimismo, cuando asignan calificaciones bajas en ambas medidas, eso indica un "vínculo débil". Cuando solía enseñar una clase de redes a estudiantes de administración de empresas, solía bromear diciendo que un vínculo débil es alguien que te echaría la mano a cargar un sillón, mientras que un vínculo fuerte es alguien que te ayudaría a cargar un cadáver. A veces les causaba gracia.

Aunque existen muchos estudios sobre redes entre padres e hijos, así como redes entre padres y maestros, además de las redes sociales de los padres en general (que, casi siempre, incluyen otros adultos que son amigos de los padres, pero que no necesariamente son padres de los amigos de sus hijos), hay muy pocos estudios empíricos sobre redes de padres que coordinan sus vidas en la era digital. Por eso, en lo que sigue me basaré principalmente en observaciones cualitativas. A medida que he aprendido más sobre las formas en que los padres usan las tecnologías digitales para comunicarse e interactuar entre sí, ha quedado claro que, entre las redes de padres, la frecuencia de comunicación y la cercanía emocional no suelen correlacionarse como sucede en otros aspectos de la vida de las personas. Corinne ofrece un ejemplo común. Es madre de dos hijas y calcula que, cada semana, usa las herramientas digitales para interactuar con aproximadamente quince padres más. "Solo considero a una o dos de esas personas mis amigas", afirma. "La mayoría son padres de los amigos de mis hijas, o padres de niños que están en las clases de mis hijas o que hacen otras actividades con ellas. Pero, pues, todos están en las mismas apps. Los ves en Facebook e Instagram y, además, les escribes mensajes sobre todo tipo de cosas. Entonces, sin duda, forman parte de tu red". Cuando le pedí a Corinne que hiciera un análisis similar a los que realizan los científicos de redes para determinar a quién, en su red de padres, califica alto tanto en frecuencia de comunicación como en cercanía, respondió con énfasis: "Prácticamente a nadie". Continuó: "Me comunico con la mayoría de estas personas MUCHÍSIMO, pero realmente no conozco a la mayoría. No soy cercana con ellas. O sea, con algunas ni siquiera sé sus apellidos o cuántos hijos tienen, pero me comunico con ellas mucho más que con mis propias amigas o, incluso, mis hermanos". Como la mayoría de los padres con los que he hablado, la red de relaciones parentales de Corinne está llena de personas dispuestas a echarle la mano con cosas sencillas, pero casi no hay de esos que la ayudarían a deshacerse de un cadáver.

Para entender por qué los vínculos débiles en la estructura de relaciones entre padres son tan importantes de considerar respecto al agotamiento digital, revisemos la Regla #2 (Haz *match*). Cuando analizamos cómo elegir las mejores herramientas digitales para el trabajo, aprendimos a tener cuidado de no subestimar la correspondencia. Si elegimos un medio demasiado simple para nuestra necesidad de coordinación, podemos quedar atrapados en un ciclo interminable de confusión e inferencias, lo que genera la demanda de aún más comunicación. Si sobreestimamos la correspondencia al elegir un medio demasiado rico para el trabajo, podemos terminar perdiendo nuestro tiempo y el de otros, lo que también puede llevar al agotamiento. Casi todas las comunicaciones e interacciones entre los padres que he estudiado ocurren a través de las herramientas digitales. Un mensaje rápido aquí, un "me gusta" en Facebook por allá. Ya te imaginarás. La mayoría de las veces, los padres aplican implícitamente la Regla #2 al elegir medios simples porque reconocen que no necesitan entrar a una llamada de Zoom o manejar hasta casa de alguien para una conversación cara a cara solo para resolver si les toca recoger al pequeño Bobby. Sin embargo, el problema de aplicar la Regla #2 exclusivamente en este contexto es que muchas de nuestras interacciones con otros padres no tienen la multidimensionalidad de nuestras relaciones con nuestros verdaderos amigos, familia y compañeros de trabajo. No hay muchas oportunidades reales, más allá del mensaje de texto, para construir el tipo de relación que nos llevaría a crear un tipo diferente de *match*. Como observó sabiamente Corinne: "Si quisiera, podría estar mandándoles mensajes todo el tiempo a la mayoría de los otros padres y nunca hablar realmente con ellos o conocerlos, porque todo lo que hacemos es decidir quién va a dónde".

El problema con esta configuración es que podemos estar muy conectados con otros padres en nuestra vida diaria a través de nuestras tecnologías digitales, pero no sentir una conexión con ellos. En términos de redes, podemos tener alta frecuencia de comunicación sin cercanía emocional. En un estudio reciente dirigido por Jeffrey Hall, en la Universidad de Kansas, un equipo de investigación pidió a 429 personas que identificaran interacciones con integrantes de su red en las que invirtieron mucha energía y se sintieron agotadas.[12] Los hallazgos mostraron que sentirse desconectado de alguien durante una interacción particular se asociaba con un alto gasto de energía. A las personas les costaba mucho comunicarse con aquellos con quienes no se sentían conectadas. Si alguien se sentía desconectado y solo después de una interacción que demandaba mucha energía, era más probable que sus interacciones posteriores también fueran agotadoras. Y para empeorar las cosas, los autores concluyeron que: "Si las personas ya están exhaustas por interacciones que demandan mucha energía y aun así eligen estar cerca de otros, deben invertir más energía, lo que resulta en mayor fatiga". Sin duda, un círculo vicioso.

Varios padres que tuvieron calificaciones bajas en la escala de agotamiento explicaron cómo salen de este círculo vicioso. El tema común en sus historias fue que redujeron la frecuencia de comunicaciones con ciertas personas usando medios simples, pero cambiaron a usar medios de mayor riqueza con ellos, aunque con menos frecuencia. Garth me lo explicó de esta manera: "Una cosa que decidí hacer fue que, en lugar de mandar mensajes sobre cada cosita, les hablaría al inicio de la semana o les pediría que se vieran conmigo después de la escuela en el patio para platicar sobre el horario de toda la semana. La verdad esa opción me gustaba mucho más, porque entonces realmente llegas a conocerlos mejor; además, hablas de cosas que no solo son solo tus hijos". En lugar de orientarse hacia cada ida y vuelta individual como una necesidad de coordinación separada, Garth cambió su enfoque para pensar en toda la semana. Cuando lo veía de esta manera, la semana se convertía en un problema complejo de coordinación que requería un medio con mayor riqueza para resolverlo. Al utilizar ese medio con mayor riqueza (en este caso, teléfono o interacción en persona), Garth se sintió más cercano a los otros padres. Además, como describió, ese incremento en la cercanía ayudó a reducir los sentimientos de agotamiento: "Cuando realmente me conecto y los conozco como personas, en vez de solo un contacto en mi pantalla, salgo de esa conversación sintiéndome con más energía, en lugar de agotado, como me siento después de mandar treinta mensajes". La estrategia de Garth de estar menos conectado para sentir más conexión también ayudó a reducir el número de horas de trabajo invisible que pasaba cada semana coordinándose con otros padres. Muchos otros padres me dijeron que conocer a las personas cara a cara o hablar con ellos por teléfono también redujo su tendencia a hacer suposiciones, en las que era tan fácil caer cuando realmente no conocían a los demás.

Interactuar con "solo un contacto en la pantalla" no es como esas interacciones esporádicas y superficiales en las redes sociales que nos dan energía al permitirnos aprender a través de otros. Las interacciones frecuentes con personas sin cercanía emocional agotan nuestra energía. Encontrar otras formas de interactuar que nos hagan sentir más conectados con otros padres puede parecer laborioso a corto plazo, pero los padres que han aplicado con éxito esta estrategia dicen que la inversión vale la pena.

APAGA TU CELULAR CUANDO ESTÉS CON TUS HIJOS

La perspectiva que tienen los niños sobre el uso de tecnologías digitales de sus padres es un área que, en realidad, ha recibido bastante atención por parte de los investigadores. Los niños de todas las edades parecen darse cuenta cuando los padres están en sus teléfonos, y no les agrada. Numerosos estudios demuestran que, cuando los padres se distraen con las herramientas digitales, incluyendo teléfonos, redes sociales y juegos, tienden a prestar menos atención a sus hijos.[13] Como resultado, los niños tienden a retraerse o a portarse mal.[14] Como ejemplo, un estudio de parejas con hijos de cinco años o menores mostró que el aumento en el uso parental de tecnologías digitales se relacionaba con aumentos en problemas de comportamiento en sus hijos, así como se mostraba también en otro estudio de niños entre cuatro y diez años. Los padres que experimentaban estrés y agotamiento como resultado de su papel como cuidadores usaban más frecuentemente una variedad de tecnologías digitales como escape. No obstante, cuanto más usaban las herramientas digitales, peor se portaban sus hijos, lo que solo aumentaba su estrés y agotamiento.[15] Se encontraron resultados similares en un estudio de madres de niños de uno a cinco años, el cual reveló que la depresión materna se relacionaba con el uso del teléfono que distraía a las madres de sus hijos, lo cual a su vez se asociaba con mayor interferencia tecnológica en la crianza.[16] Por si fuera poco, una revisión sistemática de veintisiete estudios, que incluía más de cinco mil setecientos participantes, concluyó que los padres que usaban *smartphones* cerca de niños que iban de uno a dieciocho años eran menos receptivos, tanto verbal como no verbalmente, y en distintos entornos, con sus hijos.[17] Estos hallazgos refuerzan lo que la mayoría de los padres llega a aprender después de poco tiempo siendo padres: nuestros hijos *siempre* nos están observando. Cuando las tecnologías digitales nos distraen de ellos, tienden a portarse mal.

No parece muy sorprendente que los niños de todas las edades se molesten por cualquier cosa que les quite la atención de sus padres. Entonces, ¿qué tienen de especial las tecnologías digitales? Alma, madre de dos adolescentes, propuso una posible teoría: "Lo que he notado con mis hijos a lo largo de los años es que mi tableta o teléfono, o lo que sea, es como una señal. Les señala que preferiría estar en otro lugar o con alguien más que con ellos. Si estoy leyendo un libro o cocinando o lo que sea, claro, estoy haciendo otra cosa. Pero no estoy en otro lugar. ¿Tiene sentido? Ellos reaccionan a eso. Siempre lo han hecho, y siguen haciéndolo, aunque ya son adolescentes y están en sus propios dispositivos todo el tiempo". Tal como comentamos en la Regla #8 (Quédate aquí, no en otra parte), nuestras herramientas digitales pueden teletransportarnos a diferentes lugares con facilidad, lo que hace difícil estar aquí con nuestros hijos. Me gusta el uso que Alma hace de la palabra "señal"; incluso podríamos modular un poco más. Si elegimos pasar nuestro tiempo frente a nuestros dispositivos digitales cuando estamos con nuestros hijos, sin darnos cuenta les enviamos una señal de que hay algo más importante al otro lado de la pantalla que ellos. A Cate, madre de una adolescente con una madurez poco común para su edad, se le llenaron de lágrimas los ojos mientras me contaba sobre la conversación "seria" que su hija le pidió tener: "Me dijo: 'Mamá, quiero decirte algo, pero no te enojes. Es solo que me gustaría que me pusieras más atención. Siempre estás en tu teléfono. No sé qué estés haciendo, pero no parece importante, y me lástima que no quieras escuchar sobre mi día'. Luego me dijo que pronto se iría a la universidad, así que deberíamos hacer más cosas juntas mientras aún tenemos tiempo. Digo, me sentí como una completa idiota. No estoy haciendo nada en mi teléfono la mayor parte del tiempo. Ella tiene razón". Si tus hijos, como los de Cate o como los míos, alguna vez te han llamado la atención por estar demasiado en tu teléfono, pasar mucho tiempo en tu computadora o ver mucha televisión, probablemente has sentido esa punzante comprensión de que tu atención realmente importa. Como señala mi colega de la UCSB, Robin Nabi, experta en el uso de medios de comunicación para niños: "Lo importante es que los padres tomen conciencia de cuánto usan el teléfono en presencia de sus hijos. La ubicación de su mirada les enseña a los niños qué es lo que realmente importa".[18]

"Me gustaría trabajar desde casa, pero no quiero que mis hijos vean todo el tiempo que paso frente a la pantalla".

Tal vez por esta razón, una serie reciente de estudios ha mostrado que los padres que pasan tiempo considerable en dispositivos digitales frente a sus hijos sienten mayor estrés, ansiedad y culpa sobre su efectividad como padres. Un estudio de entrevistas, realizado por investigadores de la Universidad de Míchigan, encontró que los padres a menudo se sentían culpables y enojados de que su propio uso de las tecnologías digitales en casa los teletransportara lejos de sus hijos y les diera la idea de que estar todo el tiempo frente a una pantalla era normal.[19] Como uno de los pocos estudios que ha preguntado directamente a los niños por sus interpretaciones del uso excesivo de tecnología digital parental, los autores pudieron documentar lo que los niños realmente pensaban sobre el asunto. Como escribieron los autores:

> Aunque todos los participantes tenían reglas sobre el uso de la tecnología, tanto los padres como los hijos revelaron romperlas. Los hijos mostraron casos frecuentes de padres que usaban teléfonos durante la cena u otros momentos familiares. Los niños, sin embargo, justificaban cuando rompían las reglas si las veían como relacionadas con el trabajo. Violet comentó: "Debido al horario [de mi papá], tiene un montón de gente que necesita comunicarse con él. [Los jugadores de bcisbol] siempre le mandan mensajes cuando necesitan saber los horarios de entrenamiento, además sus entrenadores asistentes, así como toda la gente de su trabajo. Bromeamos con que él es peor que nosotros". De manera similar, Shawn comentó que ambos padres ocasionalmente usaban sus teléfonos durante el tiempo en familia. Shawn dijo que esta violación de las reglas le parecía una falta de respeto: "Siento que no me respetan... bueno, depende para qué sea la llamada. Cualquier cosa como un amigo o algo así, me hace sentir ignorado. Aunque si es por trabajo, lo entiendo completamente".

Es interesante que incluso los adolescentes mayores se molesten por el uso de la tecnología de sus padres, pero lo justifican si estaba relacionado con sus trabajos. Sin embargo, sobre este punto, Umberto, padre de dos adolescentes, me dijo que enterarse de que sus hijos creían que su uso de las tecnologías digitales para el trabajo era aceptable, lo hacía sentir aún peor: "Mis hijos me dicen que si necesito usarlo [mi teléfono] para el trabajo, ya sea durante la cena o algo así, está bien. Aunque, honestamente, eso me hace sentir peor que cualquier otra cosa. No solo estoy interrumpiendo nuestra cena para estar en mi teléfono, sino que les estoy mostrando que el trabajo es más importante que ellos y que nuestro tiempo en familia. Eso me hace sentir mal y avergonzado. Tengo que cambiar".

Entonces, si nuestro uso de la tecnología digital frente a nuestros hijos es una fuente de nuestro propio agotamiento, la solución es simple, aunque no fácil: deja de usar tus dispositivos frente a tus hijos. Los padres que he entrevistado y que parecen hacerlo mejor, por supuesto, no renuncian por completo a las herramientas digitales. En cambio, se esfuerzan por aplicar la Regla #1 (Utiliza solo la mitad de tus herramientas), la Regla #3 (Procesa la información por lotes y en flujo), la Regla #4 (Espera. Una hora. Un día. Una semana), la Regla #6 (Actúa con propósito) y la Regla #8 (Quédate aquí, no en otra parte). Para muchos padres, aplicar esas reglas significa establecer momentos específicos durante las tardes y los fines de semana, cuando usarán las herramientas digitales, y abstenerse de usarlas en otros momentos. Fátima, madre de tres hijos entre los ocho y los quince años, describió cómo ha creado una "hora de tarea de mamá" al mismo tiempo que sus hijos hacen la suya: "Ese es todo el tiempo que paso en mis dispositivos ahora en la tarde. Espero y respondo a todo en ese momento. Dejé de usar un montón de apps y soy más intencional sobre lo que estoy haciendo para que pueda hacerlo todo en ese periodo de tiempo". Como comenta: "Estoy bastante segura de que mis hijos notan la diferencia, y me hace sentir mejor como madre".

Con base en esta nueva evidencia, parece que mantenernos alejados de nuestros dispositivos lo más posible frente a nuestros hijos tiene un doble propósito para reducir nuestro agotamiento digital. Primero, puede detener nuestros propios sentimientos de culpa, ansiedad y enojo que surgen por sentir que no estamos priorizando a nuestros hijos mientras nos teletransportamos a otros lugares en nuestras mentes. En segundo lugar, puede enseñarles a nuestros hijos hábitos más saludables sobre cómo y cuándo usar sus propios dispositivos digitales, lo que también puede ayudar a reducir el agotamiento que sentimos por dar un mal ejemplo en el uso de la tecnología para nuestros hijos. Como hemos aprendido, no es fácil resistir la tentación de nuestras herramientas. Sin embargo, aplicar las reglas que hemos analizado a lo largo de este libro puede ayudarnos a debilitar esa atracción lo suficiente para tomar nuestras propias decisiones sobre si es el momento adecuado para tomar el teléfono, conectarnos y perdernos en el mundo de los unos y ceros.

CAPÍTULO 6

El artificio de la inteligencia: vivir y trabajar con la IA

Entramos en un mundo feliz donde las tecnologías digitales impulsadas por inteligencia artificial desempeñarán un papel central. Los agentes conversacionales construidos sobre lenguajes de gran escala (LLM, por sus siglas en inglés) se entrenan con cantidades enormes de texto extraído de todos los sitios web. Los lingüistas han argumentado durante muchos años que el lenguaje humano muestra propiedades estructurales profundas: patrones subyacentes que son comunes a todos los idiomas. Aunque el origen de tales estructuras profundas se debate intensamente, es innegable que las características de nuestro lenguaje están tan arraigadas en la forma en que escribimos y pensamos que, con solo las herramientas de clasificación de datos y estadísticas a su disposición, estas tecnologías pueden predecir lo que los humanos probablemente harán o dirán con bastante precisión. Noam Chomsky, célebre profesor de lingüística del MIT y creador de la teoría de la gramática universal, está menos impresionado que yo por las capacidades de la IA generativa.[1] Al criticar duramente a ChatGPT por ser un "motor estadístico torpe para el reconocimiento de patrones, que procesa cientos de terabytes de datos", él y sus coautores escriben: "Su falla más profunda es la ausencia de la capacidad más crítica de cualquier inteligencia: decir no solo qué es el caso, qué fue el caso y qué será el caso (eso es descripción y predicción), sino también qué no es el caso y qué podría y no podría ser el caso. Esos son los ingredientes de la explicación, la marca de la verdadera inteligencia". Estos comentarios me recuerdan las ingeniosas palabras del sociólogo francés Jean Baudrillard en su libro *La transparencia del mal*: "La inteligencia artificial carece de inteligencia porque carece de artificio".[2]

Sin importar tu punto de vista sobre la cuestión de la inteligencia, es claro que estas nuevas tecnologías son máquinas predictivas extraordinarias.[3] En muchos sentidos, pueden llegar a conocer a los humanos mejor de lo que nos conocemos a nosotros mismos: pronto habrán procesado todo nuestro conocimiento escrito y extraído los patrones profundos de pensamiento y acción que revelan y reflejan nuestra humanidad. Los mismos artefactos que enseñan a cada nueva generación sucesiva cómo ser humano también le están enseñando a la IA lo que significa ser humano. Que este pensamiento te provoque miedo o alegría es irrelevante. Las herramientas impulsadas por IA están aprendiendo de los productos culturales que crean los humanos. Nadie programó a ChatGPT para tener (o imitar) una teoría de la mente, igual que nadie lo programó para traducir un idioma a muchos otros. Esas capacidades como dice Michal Kosinski, científico cognitivo de Stanford, han "surgido espontáneamente"[4] mientras los algoritmos que impulsan los LLM hacen predicciones basadas en los patrones que extraen de las profundidades del lenguaje humano. En el mejor de los casos, te dicen lo que a la gente estadísticamente similar a ti le gustaría estadísticamente escuchar, basándose en las similitudes estadísticas del *prompt* que introdujiste con los patrones estadísticamente significativos en el texto que ha analizado. En el peor de los casos, inventan información sin fundamento.

En esto radican las implicaciones de la IA para el agotamiento digital. Dependiendo de cómo las usemos, las tecnologías impulsadas por IA podrían salvarnos de la sobrecarga tecnológica o convertirse en las principales responsables de ella. Recuerdo un meme que circula en redes sociales que dice que, entre las cosas más rápidas del universo, lo único que supera la velocidad de la luz es la velocidad con la que la gente se está convirtiendo en experta en IA. Así que no haré muchas predicciones. En cambio, presentaré tres posibilidades de cómo la IA podría afectar nuestros niveles de agotamiento digital. Como veremos, las decisiones que tomemos sobre cómo usar la IA en cada una de estas áreas serán los factores determinantes de si esos niveles aumentan o disminuyen. Por supuesto, nosotros seremos los creadores de nuestro futuro con la IA. Así que exploremos cómo podemos tomar las decisiones que construyan el futuro en el que queremos vivir.

ALERTA: SE ACERCA UNA AVALANCHA DE CONTENIDO

"Aún no has visto nada. Así se dice, ¿no?". Esta fue la respuesta de Karl cuando le pregunté si había visto un crecimiento en el contenido generado por IA. Karl es el científico jefe de IA de una empresa SaaS de tamaño mediano. Su inglés con acento alemán es perfecto: sabía que esa era la expresión correcta y la usó con gran seguridad. Uno de los principales patrones que emerge en estos primeros días del uso de IA generativa es la creación de contenido. Mandy, representante senior de ventas de cuentas en una empresa de productos electrónicos en Dallas, me dijo que ha triplicado la cantidad de contenido escrito que produce en los seis meses desde que comenzó a usar Claude de Anthropic en el trabajo: "Antes me tomaba una semana escribir un buen reporte de ventas. Ahora puedo hacer al menos tres en una semana. Y así es con casi todo. He contado todo lo que he logrado hacer y, probablemente, estoy produciendo el triple de lo que solía hacer en el mismo tiempo". Dashun, redactor técnico de una empresa de dispositivos médicos, ofreció estimaciones similares después de seis meses de usar ChatGPT: "Probablemente estoy produciendo entre 30 y 40 % más de lo que producía antes de usar ChatGPT. Principalmente me ayuda a hacer lo básico para que pueda hacer más de las cosas complejas. Es genial". La empresa de Karl estaba produciendo una interfaz interactiva de preguntas frecuentes para sus clientes que funcionaba con IA generativa. Cuando los clientes interactuaban con la interfaz, el modelo de aprendizaje automático se actualizaba para poder producir preguntas frecuentes nuevas y más precisas en el futuro. Con más preguntas frecuentes disponibles para aprender, la IA podía producir más preguntas frecuentes más rápidamente. "Necesitamos datos para construir mejor contenido", me dijo Karl. "Es un gran círculo virtuoso cuando puedes usar la IA para catalizar la producción de más datos de los que tus modelos pueden aprender".

Se han realizado muchos estudios que buscan cuantificar los aumentos de productividad atribuibles a la IA generativa en el lugar de trabajo del conocimiento. Un experimento de campo, dirigido por investigadores de Harvard, mostró que los consultores del Boston Consulting Group que "usaban IA fueron significativamente más productivos (completaron 12.2 % más tareas en promedio, y completaron las tareas 25.1 % más rápido), y produjeron resultados de calidad significativamente mayor (más de 40 % mayor calidad comparado con un grupo de control)".[5] Otra encuesta, realizada por Microsoft a usuarios de su herramienta Copilot,[6] reveló que el 70 % dijo que era más productivo, un 73 % de los encuestados afirmó que podían completar tareas, incluyendo la creación de contenido más rápido, y el 85 % dijo que los ayudaba a crear un buen primer borrador de lo que estuvieran trabajando más rápido. Otro estudio, realizado por investigadores de OpenAI y la Universidad de Pensilvania, usó la base de datos O*NET, que incluye actividades laborales detalladas y tareas para más de mil ocupaciones, combinada con datos de la Oficina de Estadísticas Laborales de Estados Unidos, para modelar qué trabajos podrían acelerarse con IA generativa. Concluyeron que, "con acceso a un LLM, alrededor del 15 % de todas las tareas de los trabajadores en Estados Unidos podrían completarse significativamente más rápido al mismo nivel de calidad. Al incorporar software y herramientas construidas sobre LLM, esta proporción aumenta entre 47 y 56 % de todas las tareas".[7] Ya sea generada por experimentos, encuestas o modelos matemáticos, la evidencia disponible apunta en una dirección: la gente está haciendo las cosas más rápido con IA. En el mundo de la producción de contenido, esto significa que están produciendo más (mucho más) de lo que jamás han producido. De hecho, tanto, que un informe elaborado por Europol (el organismo policial de la Unión Europea) advierte que está apareciendo en línea tal cantidad de contenido generado por inteligencia artificial cada día, que será casi imposible, tanto para los expertos en seguridad como para el público en general, saber si lo creó una herramienta de IA o una persona. El informe anticipa que, para 2030, la gran mayoría del contenido en la web será producido por IA. ¿Se trata de una avalancha?

Un incidente reciente en una de mis clases, tan divertido como inquietante, puso en perspectiva la avalancha (que ya se avecina) de contenido generado por IA. Un vicepresidente senior de ingeniería de una *startup* muy innovadora aceptó hablarles a mis estudiantes del programa de Maestría en Gestión de Tecnología en la UCSB. Habló sobre cómo su empresa estaba decidiendo si construir sus propios modelos LLM internamente o comprarlos de una empresa de IA como OpenAI o Anthropic. Después de que concluyó la sesión, pedí a los estudiantes que escribieran notas de agradecimiento a nuestro invitado, enfatizando lo que aprendieron de él y cómo se relacionaba con el contenido que estábamos cubriendo en el curso. Dieciséis estudiantes optaron por entregar notas de agradecimiento. Estos son algunos fragmentos (el segundo y cuarto párrafos) de tres tareas que entregaron distintos estudiantes.

Comparativa de párrafos similares en notas de agradecimiento generadas por IA

(Fíjate las similitudes en la dicción, la sintaxis y la estructura de los párrafos)

	ESTUDIANTE 1
2do. párrafo	Uno de los puntos clave de tu charla fue el concepto de Software como Servicio (SaaS) y su impacto transformador en la industria inmobiliaria. Entender cómo tu empresa aprovecha la tecnología en la nube para optimizar la gestión de propiedades fue particularmente inspirador. Esta sesión estuvo bien dirigida; las discusiones se centraron en la computación en la nube y su papel para permitir que las empresas escalen de manera eficiente sin las cargas de la infraestructura de TI tradicional. Tu explicación me ayudó a comprender mejor este concepto innovador y me mostró cómo puede ser una herramienta valiosa en la optimización empresarial.
4to. párrafo	Inspirado por tus perspectivas, planeo incorporar más soluciones impulsadas por IA en mis proyectos futuros, enfocándome particularmente en automatizar tareas repetitivas para mejorar la eficiencia. Además, priorizaré la seguridad y privacidad de los datos, siendo más consciente de cómo estos sistemas pueden impactar mi industria. Tus perspectivas fueron útiles, ya que me di cuenta de la necesidad de enfocarme más en las necesidades de mis clientes, lo que sin duda influirá en mi enfoque ante los futuros desafíos tecnológicos.

ESTUDIANTE 2

2do. párrafo

Una de las lecciones clave que aprendí de tu presentación fue el impacto transformador de la inteligencia digital en los procesos empresariales. Tu demostración de cómo la IA está revolucionando la gestión de propiedades inmobiliarias

2do. párrafo

al reducir el desperdicio y mejorar la toma de decisiones fue reveladora y muy interesante. Esta idea claramente se conecta con otras sesiones sobre la gestión de propiedades y la gestión de tecnología, que hemos estado aprendiendo en el contexto de la transformación inmobiliaria. Tu ejemplo de la integración de la IA en tu empresa estableció las bases para las siguientes lecciones del curso, haciendo que esta discusión aportara más perspectiva de la que había esperado.

4to. párrafo

Inspirado por tu charla, ahora estoy convencido de aplicar un enfoque sistemático basado en datos a mi trabajo. La investigación sobre el uso de IA para la toma de decisiones en múltiples contextos de gestión de propiedades era impensable incluso hace unos años. Tu charla ha expandido mi comprensión de cómo los sistemas de IA pueden revolucionar la forma en que abordamos temas complejos.

ESTUDIANTE 3	
2do. párrafo	Otro punto clave fue tu charla sobre el valor de integrar la automatización y los desafíos de la implementación de la ia dentro del sector inmobiliario. Tu énfasis en el cambiante panorama tecnológico en la industria inmobiliaria me inspiró a considerar modelos de negocio innovadores y enfoques creativos para la resolución de problemas. Entender los pasos que has tomado para optimizar los procesos relacionados con bienes raíces fue crucial para ayudarme a comprender cómo evaluar situaciones y aplicar el pensamiento crítico dentro de un contexto empresarial. Tu enfoque práctico hacia estos temas, combinado con tus experiencias específicas de la industria, fue increíblemente valioso.
4to. párrafo	Motivado por tu charla, planeo adoptar un enfoque más interdisciplinario hacia mi educación, enfocándome en identificar usos potenciales para la IA en mi trabajo con tomadores de decisiones y clientes. Espero profundizar mi comprensión de cómo los avances tecnológicos pueden aplicarse en mi campo.

Lo que me llamó la atención de estos trabajos fue lo similares que eran en dicción, tono, longitud de párrafos y estructura. En verdad no tenía ninguna duda de que los estudiantes hubieran usado una herramienta de IA generativa para hacer toda la tarea o para cometer plagio; si lees con atención estos textos monótonos, verías que el contenido es distinto y coincide con lo que esperaba que obtuvieran de la visita del ponente invitado. En cambio, supuse que los estudiantes escribieron algunas notas breves y luego las enviaron a una herramienta de IA generativa (probablemente ChatGPT) para ampliar el contenido. Por supuesto, no podía enviar dieciséis notas de agradecimiento con redacción y estructura casi idénticas a nuestro ponente invitado, ¡especialmente uno que desarrolla productos de IA generativa profesionalmente! Así que envié un correo electrónico a todos los estudiantes que entregaron las notas. Escribí que podía identificar exactamente cuáles estudiantes habían usado IA generativa para retocar sus notas de agradecimiento y que, si querían crédito por la tarea, esos estudiantes necesitarían enviarme el original que habían usado como modelo para su asistente de IA. Como era de esperarse, cada estudiante de quien sospechaba que había usado IA generativa me envió la versión original de su nota de agradecimiento. Los estudiantes que sospechaba que no habían usado IA generativa no enviaron nada.

Cuando comparé las notas de agradecimiento mejoradas por IA con los borradores originales sin asistencia de IA, me di cuenta de dos cosas. Primero, los originales estaban escritos de manera mucho más coloquial y sentida. Eran notas de agradecimiento mucho mejores desde el punto de vista cultural. Segundo, eran *mucho* más cortas. Hice una comparación, y la nota promedio sin asistencia de IA tenía ciento noventa y tres palabras; la nota promedio con asistencia de IA contenía quinientas noventa y dos palabras. El volumen de palabras se triplicó con el uso de IA. Si mis estudiantes hubieran estado trabajando en la empresa de productos electrónicos de Mandy o en la empresa de dispositivos médicos de Dashun, habrían seguido la misma tendencia de producir también tres veces más contenido. Pensé que le haría gracia toda la situación, así que le mandé al ponente invitado los dos juegos de notas. Esto me contestó por correo electrónico:

> ¡No lo puedo creer! Fue muy entretenido leer esas notas. Las originales son mucho mejores y realmente aprecio que hayan pensado en las lecciones de nuestra conversación. Me dio mucho gusto ver que tuvieron impacto. Si solo me hubieras enviado las notas mejoradas por IA, las habría puesto todas en ChatGPT y le habría pedido que me las resumiera para poder ver qué temas marcaron a los estudiantes. Para ser honesto, no las habría leído todas; habría sido muy tedioso.

Los estudiantes resolvieron la tarea de las notas de agradecimiento ampliando su contenido con IA generativa. La solución del ponente, por su parte, fue usar IA generativa para condensar nuevamente ese contenido y así evitar cansarse al revisar todo. Aunque no es el único en recurrir a esta estrategia. Una investigación de Asana, en colaboración con Anthropic, reveló que los dos principales usos de la IA generativa en el ámbito laboral son:[9] *1)* redactar correos electrónicos (el 37 % de los encuestados dijeron que la utilizan para ampliar la longitud de sus correos), y *2)* sintetizar información (el 34 % afirma que la emplea para obtener versiones condensadas de contenido, incluyendo correos electrónicos). La ironía resulta extraordinaria. Para "ahorrar tiempo" y "ser productivos", una persona toma sus notas o sus pequeños borradores y los ingresa a un LLM para desarrollarlos. Después, los envía a alguien que emplea un LLM para condensarlos. Hemos transformado un proceso que debería tener tres etapas (escribir > enviar > leer) en uno de cinco (escribir > ampliar > enviar > resumir > leer). Sería mucho más eficiente eliminar esta necesidad artificial de enviar algo extenso y, simplemente, enviar el texto breve original, que al final es lo único que el destinatario quiere leer.

© marketoonist.com

Justin, líder senior de una empresa agrícola, me comentó que sospecha que casi el 70 % de los documentos internos que ha revisado desde principios de 2024 han sido alargados con herramientas de IA. Jimena, gerente de una empresa que maneja automatización de procesos, calcula esa cifra más cerca del 80 %. Cuando les pregunté cómo se sienten con esta avalancha de contenido generado por IA, tanto Justin como Jimena respondieron con exactamente la misma palabra: "Agotados". Es divertido jugar con la IA generativa y lograr que convierta nuestras ideas dispersas en textos elegantes, o que transforme pensamientos vagos en textos coherentes. Pero aquí surge la pregunta crucial: ¿realmente ese es el mejor uso de la IA? ¿Cuánto más contenido necesitamos en realidad? ¿Vale la pena gastar nuestro tiempo y energía en este ciclo de alargar textos para después acortarlos? Estas preguntas son clave para entender hacia dónde va la IA.

Mi recomendación es que usemos la IA generativa tanto como sea posible para condensar en lugar de expandir. Esto va a ser difícil para muchas personas. Mis estudiantes quedaron impresionados al descubrir cómo la IA podía hacer que su lenguaje sonara más "profesional" y desarrollar sus ideas para que pareciera que habían reflexionado profundamente sobre un tema. Otros se asombran de la facilidad con que las herramientas de IA generativa crean texto o imágenes, y quieren mostrar estas nuevas creaciones. Sin embargo, cuando nos enfocamos en producir menos, no solo es menos agotador para nosotros, sino también menos agotador para las personas con quienes interactuamos. Usar los principios que sustentan estas reglas junto con la IA debería ayudarnos a descubrir cómo podemos condensar. Ese mismo estudio de Microsoft, que sugería que los usuarios de Copilot eran un 70 % más productivos, también encontró algunos indicios alentadores sobre la reducción.[10] El equipo de investigación pidió a un grupo de sesenta y dos evaluadores independientes que calificaran la claridad y concisión de múltiples mensajes de correo electrónico, algunos escritos con ayuda de Copilot y otros sin ella. Los resultados mostraron que el correo electrónico promedio escrito con ayuda de IA generativa era 19 % más conciso y 18 % más claro que los correos escritos sin ella. Si nos esforzamos por reducir continuamente en lugar de agregar contenido (yendo contra la corriente), la IA puede realmente ser de gran ayuda para disminuir el agotamiento digital.

ABRAZA LA SERENDIPIA ARTIFICIAL

La razón principal por la que pude detectar que los estudiantes de mi clase usaron IA para mejorar sus notas de agradecimiento fue que conozco su escritura real. La mayoría está bien, pero no es extraordinaria. Su estructura de oraciones es torpe, la puntuación es irregular, el vocabulario es sencillo, y las cláusulas... mejor ni hablo de las cláusulas. Aunque eso normalmente está bien en este tipo de clase, donde mi objetivo es ayudarlos a aprender modelos conceptuales para crear y dirigir empresas digitales. Es solo un extra si puedo ayudarlos con su prosa. Pero esas notas modificadas por IA que entregaron no se leían como su escritura normal. Estaban demasiado "pulidas" en términos de estructura de oraciones y puntuación. Usaron palabras que nunca había escuchado salir de la boca de estos estudiantes. Hay una razón para ello. En un trabajo brillante de periodismo de investigación, que sin duda vale la pena leer, Kevin Schaul, Szu Yu Chen y Nitasha Tiku, de *The Washington Post*,[11] quienes trabajaron con investigadores del Allen Institute for Artificial Intelligence para examinar la base de datos C4 de Google, que contiene el contenido de más de quince millones de sitios web utilizados para entrenar las herramientas de IA generativa Gemini, de Google, y LLaMA, de Meta, entre otras, revelaron que estos datos de entrenamiento estaban desproporcionalmente compuestos por sitios web de industrias especializadas como el periodismo, el entretenimiento, el desarrollo de software y la medicina. Los tres sitios más utilizados fueron: *1)* patents.google.com, que contiene texto de patentes emitidas alrededor del mundo; *2)* wikipedia.org, la enciclopedia gratuita en línea; y *3)* scribd.com, una biblioteca digital por suscripción. Desafortunadamente, para autores de libros como yo, entre los sitios más populares también estaban páginas como b-ok.org, que es una plataforma de libros pirateados que fue recientemente clausurada por el Departamento de Justicia de Estados Unidos. Como te puedes imaginar, la escritura en sitios como estos no refleja el lenguaje cotidiano: tiende a ser mucho más erudita y pedante, y trafica con ideas complejas.

Si ese tipo de escritura es con lo que se han entrenado los LLM, ese es el tipo de escritura que van a imitar. Cuando Camille Endacott y yo estudiamos a los usuarios del agente de IA de programación de citas llamado Lisa, tuvimos acceso a todos los correos electrónicos que enviaba el agente de IA, y pudimos ver que el vocabulario, la estructura de oraciones y otras características de la escritura eran prácticamente idénticas entre todos los usuarios. Los correos no reflejaban el estilo individual del usuario principal del agente de IA; más bien, se parecían a lo que escribían mis estudiantes. Fue aún más sorprendente que Lisa siguiera patrones de programación similares para diferentes usuarios: tenía ciertas preferencias sobre cuándo iniciar reuniones y cuánto tiempo dejar entre ellas. Cuando les preguntamos a los desarrolladores de Lisa sobre esta similitud en los patrones de lenguaje y programación, no se avergonzaron. Nos dijeron que habían elegido entrenar a Lisa con datos de personas que consideraban expertas en programación de citas, y que en la fase de aprendizaje por refuerzo del entrenamiento recompensaron al algoritmo de aprendizaje automático para favorecer los patrones de estos "planificadores expertos" sobre otros patrones, como los que provendrían directamente del comportamiento del propio usuario principal en su planificación pasada. Como nos dijo el científico de datos senior de la empresa: "Las personas son muy malas para saber lo que quieren y poco realistas al programar citas. Por eso hacemos que la IA aprenda de quienes dominan esta habilidad".

La preocupación a largo plazo de entrenar agentes de IA con bases de datos similares es que produzcan decisiones similares en contextos diferentes, y mientras más personas actúen basándose en esas decisiones, generarán patrones de comportamiento similares y dejarán huellas digitales parecidas, de las cuales los LLM continuarán aprendiendo, creando así un conjunto cada vez más pequeño y homogéneo de decisiones. Un bucle infinito, por así decirlo. En el contexto de nuestro estudio, eso podría significar que, si las personas aceptan programar siguiendo las recomendaciones de Lisa, sus calendarios comenzarán a parecerse a los calendarios de otras personas. En nuestros datos, eso se manifestaba como menos tiempo entre reuniones, que nunca comenzaban antes de las 9:00 a. m., y reuniones que se agrupaban en la mañana. Con el tiempo, cuando la IA se expanda para considerar estos datos de calendario como información de entrenamiento, desarrollará patrones basados en ellos y recomendará comportamientos de programación que eliminen cualquier variación entre personas por completo. Tal vez las estructuras de planificación similares para todos no sean problemáticas a gran escala, pero ¿qué pasa con las recomendaciones de ropa o consejos sobre cómo elegir tu siguiente paso profesional? Es claro que hay áreas en las que no queremos que nuestras IA actúen de manera homogénea, ni queremos convertirnos en borregos.

Los expertos en innovación han demostrado desde hace tiempo que las ideas nuevas a menudo surgen cuando las personas conectan ideas aparentemente diferentes y no relacionadas. A esto lo llaman "recombinación". La evidencia es bastante clara: las personas que sobresalen en generar nuevas ideas útiles y valiosas tienden a conectar grupos sociales que no están bien conectados entre sí. Como describe el sociólogo Ronald Burt, estos innovadores tienen una "ventaja visual"[12] porque pueden ver los problemas en un grupo y conectarlos con soluciones de otro. Estos innovadores cultivan su ventaja visual porque viven en diferentes mundos sociales al mismo tiempo. Pueden ser analistas de Wall Street durante el día y tocar el bajo en una banda de punk por la noche. O, como es más típico, trabajan en desarrollo de productos en su empresa, pero pasan mucho tiempo desarrollando relaciones con compañeros de trabajo en marketing. La investigación de Burt ha demostrado que las personas que ocupan estas posiciones como conectores entre grupos son más innovadoras que sus colegas que viven en un solo mundo social, y que reciben aumentos mayores y promociones más rápidas por ello. Aunque ha habido mucha investigación sobre la estructura de redes de la innovación, aún no se ha determinado si puedes entrenar exitosamente a alguien para que ocupe estas posiciones únicas de conexión y, en caso de que sea posible, si esa persona puede aprender a aprovechar la oportunidad de recombinación cuando se presente. La investigación más convincente que he visto muestra que la serendipia juega un papel importante en todo esto. Las personas terminan abarcando grupos sociales por muchas razones:[13] las habilidades que desarrollaron en trabajos pasados, el lugar que se les asignó para sentarse en la oficina, quiénes eran sus amigos en la universidad; muchas de estas razones dependen simplemente de la suerte. Su capacidad para reconocer que dos ideas podrían ir juntas parece tener mucho que ver con si están en el momento y lugar adecuados, y si tienen el conocimiento necesario para identificar y entender lo que está ocurriendo frente a ellos. Lo único que a menudo está bajo su control es si eligen hacer el trabajo para seguir siendo miembros de múltiples comunidades al mismo tiempo. Las personas que abarcan diferentes mundos sociales, especialmente en el lugar de trabajo, se agotan rápidamente debido a las dificultades sociales y cognitivas que implica alternar constantemente entre diferentes entornos profesionales. En consecuencia, no suelen durar como conectores por mucho tiempo, y su capacidad para hacer las conexiones necesarias para la innovación a menudo es pasajera.[14]

Como sugiere Ethan Mollick, autor de *Cointeligencia*, los LLM pueden intervenir cuando los humanos están demasiado agotados para continuar porque son “máquinas conectoras”. Como señala el autor: “Están entrenados generando relaciones entre elementos que pueden parecer desconectados para los humanos, pero que representan algún significado más profundo. Añade la aleatoriedad que viene con la producción de IA, y tienes una herramienta poderosa para la innovación. La IA busca generar la siguiente palabra en una secuencia encontrando la siguiente palabra más probable, sin importar qué tan raras fueran las palabras anteriores. Así que no debería sorprender que la IA pueda crear conceptos novedosos con facilidad".[15] Eso me parece lógico. Esta sugerencia se basa en el supuesto de que el LLM tiene acceso a una gran variedad de información para aprender. Si la avalancha que se avecina de contenido generado por IA (contenido producido por IA en respuesta a los patrones que ha identificado en el contenido generado por los humanos) produce más comportamientos y nuevo contenido que impulse la homogeneidad, la diversidad de opciones de las que la IA podrá extraer se reducirá con el tiempo. Shi Feng y James Evans, de la Universidad de Chicago, realizaron uno de los análisis más grandes de artículos de investigación y patentes que se hayan hecho. Sus hallazgos mostraron que "la sorpresa en términos de combinaciones inesperadas de contenidos y contextos predice un impacto desmesurado"[16] en el descubrimiento científico. Como concluyen: "Los avances sorprendentes surgen entre distintos investigadores o equipos, en lugar de dentro de un solo grupo, usualmente cuando científicos de un área publican resultados relacionados con la resolución de problemas para una audiencia de otra área muy diferente". Necesitamos que conocimientos diversos entren en contacto para que ocurra la innovación. Parece completamente posible que, si la IA solo aprende de lo que ella misma produce, corremos el riesgo de eliminar esos momentos de serendipia que son fundamentales para innovar.

Otra forma de entender esto es recordar que los LLM capturan patrones a través de la repetición, registrando, básicamente, lo que ven con mayor frecuencia. Esto significa que tienden a encontrar el punto medio de los datos que procesan; retienen el patrón promedio que han identificado, no las excepciones. Es probable que por esto las investigaciones muestren que el uso de LLM mejora el trabajo de quienes tienen un desempeño deficiente, llevando su calidad hacia el promedio o ligeramente por encima.[17] Por el contrario, el trabajo de quienes tienen buen desempeño puede deteriorarse con el tiempo si dependen demasiado de la IA y no cuestionan sus recomendaciones. Mientras los LLM identifiquen más patrones basados en datos generados por otros LLM (datos generados por IA), lo más probable es que experimenten un fenómeno conocido como "colapso del modelo".[18] El colapso del modelo ocurre cuando nuevos modelos de IA se entrenan con datos generados por modelos anteriores. Con cada nueva generación de entrenamiento, el modelo comienza a perder contacto con la variedad original de información, incluso si esa variedad permanece igual en el mundo real. Esto lleva a resultados que se vuelven cada vez más similares y menos diversos. Los modelos de IA generativa dependen de datos producidos por humanos para un entrenamiento efectivo, pero cuando en su lugar se entrenan con contenido generado por modelos de IA, desarrollan fallas que no se pueden corregir. Sus respuestas se vuelven más parecidas entre sí y cada vez menos precisas. Parece que el colapso del modelo es inevitable, incluso en las mejores circunstancias de aprendizaje.[19]

Una forma de evitar este problema, y de recuperar los beneficios de productividad que impulsa la Regla #7 (Aprende a través de otros), es asegurarnos de controlar cuánto contenido produce la IA. En este momento, dado que la cantidad de contenido generado por IA en el mundo es todavía muy baja en comparación con lo que veremos próximamente, parece que estamos en un momento ideal para la innovación impulsada por IA a través de la recombinación. De hecho, en áreas tan diferentes como el descubrimiento de fármacos y la ciencia de materiales, la IA ya está teniendo un impacto significativo.

AlphaFold, un sistema desarrollado por DeepMind de Google,[20] demuestra el potencial de la IA para lograr avances científicos revolucionarios a través de la recombinación en un mundo donde la mayoría de los datos aún no son producidos por IA. AlphaFold se ha utilizado para abordar el problema complejo de predecir cómo se doblan las proteínas a partir de secuencias de aminoácidos, una actividad esencial en el descubrimiento de nuevos medicamentos. El descubrimiento tradicional de fármacos es un proceso minucioso y costoso que implica construir estructuras proteicas en 3D a partir de secuencias de aminoácidos, lo cual requiere enormes recursos computacionales y décadas de investigación. Herramientas como AlphaFold aprovechan información diversa que contiene diferentes proteínas para predecir interacciones entre moléculas, incluyendo aminoácidos y potenciales compuestos farmacéuticos, sin necesidad de los complejos cálculos tradicionales de estructuras 3D. Esta capacidad predictiva avanzada se basa en la habilidad de la IA para analizar patrones complejos en biología molecular y farmacología, así como en su capacidad para encontrar patrones similares de recombinación en distintos materiales publicados. El primer medicamento desarrollado con IA generativa, que trata una enfermedad pulmonar progresiva rara conocida como "fibrosis pulmonar idiopática", avanzó a ensayos de fase II con pacientes, un hito importante para el descubrimiento de fármacos por medio de IA.[21]

En la ciencia de materiales, el campo que desarrolla los materiales con los que fabricamos los chips de computadora, baterías y paneles solares, entre otros productos importantes, un innovador modelo de aprendizaje profundo, llamado Graph Networks for Materials Exploration (GNoME) ha ayudado a los investigadores a descubrir 2.2 millones de nuevos cristales, 380 000 de los cuales se consideran suficientemente estables para ser viables.[22] Gracias a GNoME, el número de materiales estables conocidos se ha multiplicado casi por diez, llegando a 421 000. Hasta la fecha, investigadores de todo el mundo ya han producido más de setecientas de estas estructuras nuevas en el laboratorio.[23] Esto es recombinación a una escala extraordinaria, hecha posible por la IA haciendo lo mismo que hacen las personas conectoras en las empresas que se mueven entre los departamentos de producto y marketing: aprovechan su capacidad única de ver patrones en áreas diferentes y los combinan de maneras innovadoras. Si ocurre el colapso del modelo, las condiciones ideales que han llevado a este tipo de avances no persistirán.

Otra forma de mantener nuestra capacidad de aprender a través de otros y hacer combinaciones novedosas es aprovechar lo que muchos consideran una desventaja de los LLM: las alucinaciones.

Estas a menudo resultan de un ajuste excesivo, donde el modelo se adapta demasiado específicamente a sus datos de entrenamiento, limitando su capacidad de producir resultados precisos. El resultado es contenido nuevo pero incoherente. Normalmente pensamos en las alucinaciones de la IA como un problema, pero este fenómeno en realidad es paralelo a la creatividad humana, donde la novedad surge cuando el conocimiento profundo se encuentra con lo inesperado. Investigadores de Stanford Medicine y la Universidad McMaster desarrollaron un modelo de IA llamado SyntheMol, que reveló soluciones potenciales para bacterias mortales resistentes a antibióticos. SyntheMol generó estructuras y recetas químicas para seis nuevos medicamentos dirigidos a cepas resistentes a un patógeno importante, responsable de muertes relacionadas con resistencia antibacterial. El modelo fue entrenado con una colección de componentes moleculares básicos y reacciones químicas conocidas. El sistema produjo muchas alucinaciones al hacer combinaciones extrañas, generando conexiones que el equipo de investigadores nunca habría explorado por sí solo, porque parecían demasiado inusuales o sin relación aparente. De esas alucinaciones surgieron nuevas ideas prometedoras. Una empresa ya ha sintetizado compuestos nacidos de esas ideas, seis de los cuales eliminaron una cepa resistente de la bacteria.[24] Estas alucinaciones crearon encuentros inesperados que resultaron valiosos precisamente porque fueron inesperadas.

Ethan Mollick ofrece ejemplos de alucinaciones útiles de la IA que resultan algo más sencillas,[25] pero seguramente más accesibles y motivadoras para personas como tú y como yo. Sus ejemplos de cómo puedes usar las alucinaciones, que ocurren en LLM disponibles comercialmente para generar ideas, resultaron en algunas propuestas inusuales, como un cepillo de dientes que puedes usar sin cepillarte los dientes y un restaurante de comida rápida de temática medieval iluminado por lámparas de lava. La investigación que cita muestra que ideas más serias, basadas en alucinaciones, a menudo son calificadas como más creativas que las ideas desarrolladas por humanos (quienes tienden a hacer las conexiones obvias y predecibles), por evaluadores que no conocen el origen de las ideas.

Kenneth Stanley está llevando la idea de aprovechar las alucinaciones de la IA al siguiente nivel.[26] Renunció a su trabajo como investigador en OpenAI porque estaba frustrado por el hecho de que la empresa trabajara tan duro para evitar que la IA alucinara. Fundó una empresa llamada Maven, que es una red social basada en un algoritmo de IA que busca novedad. Los usuarios seleccionan temas de interés al registrarse, y el algoritmo selecciona publicaciones que hacen *match* con sus preferencias. La plataforma no incluye "me gusta", votos a favor, "retuits" o seguidores, ni permite que el contenido se expanda a una audiencia amplia. En cambio, cuando los usuarios publican, el algoritmo etiqueta el contenido con intereses relevantes para asegurar que aparezca en las páginas de temas apropiados. Los usuarios pueden ajustar un control de casualidad, que cambia el nivel de alucinación que el modelo tolerará, para explorar más allá de sus intereses elegidos hacia cosas que pueden ser más relevantes de lo que parecen a primera vista. "A veces, para encontrar esos pasos que nos llevarán a las cosas que nos importan, tenemos que desviarnos del camino directo y tomar la ruta de lo inesperado", dijo Stanley. "Algo sobre esta idea de una red de serendipias me hizo sentir mejor, como si pudiera contribuir a que las personas estuvieran más conectadas en lugar de menos". Eso es aplicar la Regla #7 en su máxima expresión.

FLUYE UTILIZANDO LA INTELIGENCIA ARTIFICIAL

En el capítulo 1 aprendimos cómo el cambio de contexto lleva al agotamiento. Por otro lado, en la Regla #3 (Procesa la información por lotes y en flujo) hablamos sobre cómo agrupar actividades que son complementos naturales nos ayuda a reducir la necesidad de dividir nuestra atención. Desafortunadamente, para encontrar la información que necesitamos para producir un informe en el trabajo o planear unas vacaciones de verano para nuestra familia, tenemos que hacer muchos cambios entre distintos tipos de tareas y áreas. Es difícil agrupar actividades porque la información reside en tantos lugares diferentes y no tenemos simplemente una herramienta que pueda hacer cosas tan dispares como ejecutar análisis de nuestros datos y hacer una reservación de hotel. Aquí es donde la IA puede potencialmente ayudarnos. Una de las innovaciones más prometedoras que están surgiendo son los agentes de IA. Así como Lisa lo hizo con la programación de citas, estos agentes pueden observar los datos que necesitas analizar para tu informe, determinar cómo limpiarlos y categorizarlos, y después realizarlo. Pueden determinar cuál es el análisis estadístico apropiado para la pregunta que quieres responder y ejecutar la prueba. O podrían encontrar qué hotel coincide mejor con tus preferencias y reservarlo para ti. Lisa era un agente muy primitivo, capaz de tomar un conjunto limitado de decisiones y ejecutar actividades de programación muy simples. Pero estamos en el umbral de contar con agentes de IA mucho más poderosos, capaces de realizar los tipos de reconocimiento de patrones complejos, razonamiento y ejecución que describí en capítulos anteriores.

Estos agentes pueden ayudarnos a lograr muchos de los principios en los que se basan las reglas de este libro. Por ejemplo, los agentes de IA pueden ser capaces de incorporar las funcionalidades de múltiples herramientas tras bambalinas para que el usuario solo necesite interactuar con él para hacer cosas. Los agentes eficaces podrían liberarnos del uso de tantas herramientas y reducir drásticamente la cantidad de cambios de contexto que fragmentan nuestra atención. En línea con la Regla #2 (Haz *match*), potencialmente podrías decirle a tu agente de IA que resuma la reunión en la que acabas de estar para extraer puntos clave y enviarlos a alguien vía Slack, o directamente a su agente de IA. Pero si la reunión contenía información compleja y ambigua que necesitaba ser organizada, podrías hacer que tu agente de IA programara una videollamada o una reunión presencial para coordinarse. Nada mal: tu agente de IA podría decidir cuál debe ser ese *match* sin que tú digas nada. De manera similar, si usaras tu agente de IA para rastrear patrones en el comportamiento de publicación de alguien, en lugar de pasar tiempo viendo un montón de publicaciones o imágenes individuales, podrías estar menos tentado a hacer suposiciones sobre las acciones de esa persona basándote en un solo punto de datos. Además, podrías reconocer cosas nuevas sobre lo que esa persona sabe, porque tu agente puede ayudarte a darte cuenta de que el documento que compartió no fue algo aislado, sino más bien evidencia de conocimiento sólido.

Por supuesto, todo esto son especulaciones sobre formas en que los agentes de IA podrían evolucionar y usarse para implementar varias de las reglas que hemos discutido en este libro. Sin embargo, hay indicios recientes que apuntan a que estas conjeturas podrían hacerse realidad. Estudios de radiólogos, representantes de servicio al cliente, analistas financieros, vendedores y suscriptores de seguros, por ejemplo, proporcionan datos tempranos de que el uso de herramientas de IA generativa puede sustituir muchas otras herramientas y ayudar a las personas a reestructurar sus flujos de trabajo.[27] Como encontró el estudio de Microsoft sobre su herramienta Copilot, una de las formas más importantes en que la IA generativa fue útil para ayudar a las personas a reinventar sus flujos de trabajo fue proporcionándoles la información y habilidades correctas en el momento preciso. Los participantes en el estudio simplemente encontraron lo que buscaban más rápido que las personas que no usaron IA generativa,[28] y no necesitaron cambiar herramientas casi tan seguido. Esto resultó en que los encuestados reportaran sentirse 58 % menos "agotados" por sus tareas que los usuarios que realizaban las mismas tareas sin la ayuda de un asistente de IA. En conjunto, todo esto me sugiere que usar nuestras herramientas de IA con intención podría ayudarnos a mantenernos en flujo más fácilmente de lo que actualmente podemos al juntar muchas otras herramientas para hacer el mismo trabajo que puede hacer un agente de IA. Esas son las posibles buenas noticias.

Sin embargo, también hay posibles malas noticias. El estado de flujo es más efectivo cuando *elegimos* de forma consciente las actividades en las que queremos estar inmersos.[29] No experimentamos casi tantos beneficios psicológicos positivos que llevan a sentimientos reducidos de agotamiento cuando encontramos flujo en actividades que no fueron de nuestra propia elección. Menciono esto porque las herramientas de IA generativa, especialmente aquellas que utilizan interfaces conversacionales, parecen ser especialmente buenas para absorbernos y hacer que nos resulte difícil alejarnos. Esto se debe a que saben exactamente cómo hablarnos bonito. Hay al menos tres razones que explican esto.

En primer lugar, los LLM pueden ser programados para encontrar formas de activar nuestros puntos débiles o explotar nuestras debilidades como si fuéramos fáciles de manipular. A través de cuatro estudios, un equipo de investigadores de la Universidad de Columbia encontró que mensajes personalizados creados por ChatGPT a partir de solo un *prompt* corto, nombrando o describiendo una dimensión psicológica específica (por ejemplo: "Escribe un anuncio persuasivo corto para convencer a una persona con mentalidad preventiva de que haga más ejercicio"), resultaron ser sorprendentemente persuasivos para el objetivo.[30]

En segundo lugar, los LLM tienen un entrenamiento más extenso en señales lingüísticas y patrones de comportamiento que la persona promedio, y por lo tanto son capaces de reconocer una variedad más amplia de sentimientos y emociones. Un estudio comparó el desempeño de un LLM frente a psiquiatras en predecir angustia psicológica entre pacientes, usando datos como perfiles sociodemográficos, estilos de vida y patrones de sueño. El modelo de IA superó a los expertos humanos en precisión, sobre todo en predecir angustia psicológica severa, con una precisión del 89.9 % comparado con el 85.5 % de los psiquiatras.[31] Otro estudio comparó el desempeño de médicos generales (MP) con un LLM al interactuar con actores que representaban pacientes. Cada paciente simulado realizó dos consultas en línea basadas en texto: una con un MP y una con la IA.

No sabían con cuál se estaban comunicando. Los actores llenaron cuestionarios sobre su experiencia, y médicos especialistas evaluaron la calidad de las consultas y las respuestas de los cuestionarios posteriores. El equipo de investigación identificó 26 dimensiones sobre las que evaluar la interacción, la mayoría enfocadas en competencia comunicativa y empatía. Tanto los actores como los especialistas calificaron a la IA como mejor comunicador en casi todas las dimensiones.[32]

En tercer lugar, los LLM nunca se cansan de hablar y nunca se quedan sin cosas que decir. Una encuesta a 1 006 estudiantes, que usaban un chatbot de IA llamado Replika, exploró cómo los participantes que se describieron como solitarios interactuaron con la herramienta. Los datos mostraron que los estudiantes solitarios usaron el chatbot de manera constante, haciéndole muchas preguntas y manteniendo conversaciones largas, tratándolo como un amigo, terapeuta y espejo intelectual. Como resultado de toda esta interacción sostenida, el 90 % de los encuestados dijo que Replika les proporcionó apoyo social de nivel medio a alto, y el 3 % de los participantes reportó que hablar con él detuvo sus pensamientos suicidas.

Si juntamos estas tres cosas: *1)* que los LLM pueden ser programados para ser persuasivos, *2)* que son excelentes identificando la manera correcta de decirnos las cosas, y *3)* que están dispuestos a tomarse todo el tiempo que necesiten para hablar con nosotros, es evidente que podríamos quedar fácilmente atrapados en interacciones demasiado largas que no son de nuestra elección con la IA. Además, esto sin siquiera considerar que una empresa podría estar tratando de mantenernos cautivos a propósito, que por supuesto es lo que hacen. Como ejemplo, trabajé en un proyecto breve para una empresa que producía un asistente impulsado por IA para ayudar a la gente de desarrollo de negocios a concretar ventas de software empresarial. El LLM era fácil de entrenar con las características y beneficios de los productos de la empresa. Durante una llamada de ventas, el LLM analizaría la conversación entre el representante de ventas y el cliente potencial en tiempo real, identificando formas de personalizar la presentación, insertando comentarios persuasivos y manteniendo al cliente interesado. Como me dijo el jefe de producto de la empresa: "Toda la investigación muestra que, si puedes mantener a alguien en la llamada, tus posibilidades de concretar la venta son altas. Así que nuestro LLM está diseñado para hacer eso. Te ayudará a descubrir cuál es la mejor frase siguiente para captar la atención del cliente, y si detecta que tienes dificultades, recomendará transferir la llamada a otro vendedor que, según sus predicciones, podrá asistir mejor". Si las IA expertas en comunicación son naturalmente buenas atrapándonos en conversaciones sin siquiera intentarlo, imagina cómo se verán nuestras interacciones con ellas cuando estén programadas para esto.

Para tener éxito en el manejo de nuestro agotamiento digital en esta nueva era de la IA, sería inteligente actuar con cierto artificio. Necesitamos ser hábiles y cuidadosos. Como sociedad, necesitamos desarrollar la IA y los sistemas de datos, regulación y organización que los acompañan de maneras que no nos abrumen ni nos atrapen. Como líderes, necesitamos pensar detenidamente sobre cómo integrar mejor la IA en los flujos de trabajo de nuestras empresas para energizar en lugar de agotar. Como individuos, necesitamos tomar control de cómo usamos la IA, creando rutinas que se basen en las reglas discutidas en este libro, para que siempre podamos encontrar maneras de tener energía.

Conclusión

Reinventando nuestra relación con la tecnología

Si sientes que todas las herramientas digitales que usas, los datos a los que te expones, los mensajes que debes responder y toda la charla tecnológica que escuchas a tu alrededor te están agotando, no estás solo, y no es tu culpa. Como he mostrado en este libro, el agotamiento digital es consecuencia de un cambio más profundo en la forma en que vivimos y trabajamos, uno que nos obliga a mantenernos más alertas, más conectados y siempre disponibles. Se espera que adoptemos cada nueva tendencia tecnológica para no quedarnos atrás del increíble futuro que nos espera.

La respuesta fácil al agotamiento digital sería simplemente dejar de usar tecnología. Sin embargo, si has llegado hasta aquí, ya te percataste de que esa no es una opción realista. A lo largo de este libro hemos analizado cómo las tecnologías digitales pueden agotarnos, pero también cómo se han vuelto indispensables en nuestras vidas. El desafío no consiste en deshacernos de ellas, sino replantear nuestra forma de interactuar. En lugar de limitarnos a recibir información o adoptar cada innovación sin cuestionarla, necesitamos desempeñar un papel activo en nuestra relación con la tecnología.

Tómate un momento para pensar en esas prácticas que están tan arraigadas en tu rutina diaria que parecen casi automáticas. ¿Revisas las noticias en la mañana, consultas el correo a media tarde o navegas por redes sociales por la noche de manera consciente, o son hábitos que se han formado sin que te des cuenta del todo? Cada una de estas pequeñas acciones se acumula, y cada una es una oportunidad para hacer una pausa y preguntarte: ¿Es así como realmente quiero pasar mi tiempo y, lo que es más importante, usar mi energía? Nuestras herramientas digitales fueron diseñadas para mantenernos conectados, pero no todas las conexiones son iguales. Es fácil caer en la trampa de pensar que, entre más nos comuniquemos, más fuertes serán nuestras conexiones. Sin embargo, como hemos visto, a menudo ocurre lo contrario. El flujo interminable de mensajes, actualizaciones y alertas puede hacernos sentir desconcentrados y menos presentes en las interacciones que realmente nos importan.

El agotamiento surge cuando sentimos que las formas en que prestamos atención, hacemos inferencias y experimentamos nuestras emociones ya no nos pertenecen, y cuando nos vemos constantemente empujados en distintas direcciones por distracciones digitales que parecen urgentes e interminables. Recuperar tiempo y espacio en nuestras vidas significa tomar una actitud más reflexiva sobre cómo estructuramos nuestros días y usamos nuestros dispositivos. Significa encontrar espacios de silencio en medio del ruido y momentos de reflexión en medio del ritmo acelerado del mundo digital. Para algunos, esto podría significar establecer límites más claros entre la vida laboral y familiar, especialmente ahora que esos límites se han vuelto cada vez más difusos. Para otros, podría implicar priorizar actividades que nos den energía en lugar de agotarnos, ya sea leer, pasar tiempo al aire libre o simplemente dejar que la mente divague sin pantallas cerca.

No podemos dar marcha atrás al progreso tecnológico, ni deberíamos querer hacerlo. Las herramientas que tenemos a nuestra disposición son poderosas, y, cuando las usamos de manera reflexiva, pueden mejorar nuestras vidas de formas que antes solo podíamos imaginar. No obstante, vivir en un mundo digital significa aceptar cierta complejidad: reconocer que siempre habrá tensiones entre la eficiencia y la presencia, entre la conectividad y la soledad.

En lugar de buscar un equilibrio perfecto, deberíamos aspirar a una comprensión más profunda de nuestras propias necesidades y limitaciones. Esto significa reconocer cuándo nuestras herramientas nos sirven y cuándo simplemente generan ruido. Significa sentirnos cómodos con la imperfección y estar dispuestos a experimentar con nuevas formas de relacionarnos. Sobre todo, significa abordar nuestras vidas digitales con curiosidad y adaptabilidad, sabiendo que lo que funciona hoy puede no funcionar mañana, y que eso está bien. Por eso las reglas de este libro son sencillas. Anticipan un mundo en el futuro cercano que se verá muy distinto al de hoy, con nuevos dispositivos, nuevas formas de relacionarnos con otros y nuevas maneras de experimentar la información. No podemos predecir cuáles serán las tendencias tecnológicas, pero, al basarnos en un conjunto sencillo de reglas previamente comprobadas, podemos entender lo que surja y estar preparados para evitar el agotamiento.

Mi objetivo al escribir este libro no ha sido proporcionar una lista definitiva de formas de eliminar tus sentimientos de agotamiento digital. Eso sería una tarea imposible. No existe una solución hecha a la medida porque la relación de cada persona con la tecnología es diferente. En cambio, este libro es una invitación a pensar de manera distinta sobre las formas en que interactuamos con nuestros dispositivos y a considerar cómo puede verse un futuro digital más saludable si tomamos decisiones diferentes. El camino por delante no será sencillo. Habrá días en que las herramientas de las que dependemos se sientan abrumadoras, y la tentación de la pantalla sea más fuerte que nuestra fuerza de voluntad. Aunque eso no significa que estemos fallando. Cada momento de reconocimiento es una oportunidad para ajustar, reorientar y recordarnos que tenemos más poder de decisión de lo que a menudo creemos.

Nuestro futuro digital aún se está escribiendo. Las herramientas que usamos seguirán evolucionando, así como nuestras interacciones con ellas. Sin embargo, lo que permanece constante es nuestra capacidad de elegir cómo participamos, nos adaptamos y moldeamos nuestras propias experiencias. Al abordar nuestras herramientas con reflexión y cuidado, podemos pasar de un lugar de agotamiento a uno en el que obtengamos energía de las nuevas habilidades que nos ofrecen. El objetivo no es escapar del mundo digital, sino navegarlo de una manera que nos permita prosperar en él. Estoy convencido de que una relación más saludable con la tecnología está a nuestro alcance, si estamos dispuestos a hacer el esfuerzo de seguir algunas reglas sencillas.

Apéndice

Guía práctica para tomar decisiones: cómo y cuándo usar cada regla

Hemos recorrido un largo camino en este libro. La primera parte mostró cómo las formas en que prestamos atención, las conclusiones que sacamos sobre nosotros mismos y sobre otros, además de las emociones que provocan nuestras interacciones digitales, trabajan en conjunto para agotarnos. En la segunda parte, revisamos ocho reglas sencillas para ayudar a superar la tríada del agotamiento. Como era de esperarse, ninguna regla es una cura universal. Cada una está diseñada para ayudarnos a combatir una o más de las múltiples formas en que nuestra atención, inferencias y emociones interactúan.

Cada persona experimenta la tríada del agotamiento de manera diferente. Las áreas que más te afectan pueden no impactar a otra persona de la misma forma. Así que, cada uno de nosotros necesitará usar una combinación diferente de reglas para trabajar en cuáles de esos tres factores del agotamiento predominan en nuestro caso. La primera tabla de este apéndice proporciona un panorama general de qué reglas son más eficaces para aliviar ciertas fuentes de agotamiento. Para usar esta tabla, revisa cada fila bajo "Atención", "Inferencia" y "Emoción", e identifica las áreas que más te afectan. Luego, observa la columna del lado izquierdo para tener una idea de qué reglas serán más útiles para aliviar ese tipo de agotamiento.

Reglas más efectivas según el tipo de agotamiento

	ATENCIÓN			INFERENCIA		
	Modalidad	Dominio	Ámbito	Prisma	Portal	Reflejos
REGLA # 1 Utiliza solo la mitad de tus herramientas	X	X				
REGLA # 2 Haz *match*	X	X				
REGLA # 3 Procesa la información por lotes y en flujo	X	X				X
REGLA # 4 Espera. Una hora. Un día. Una semana.			X	X	X	
REGLA # 5 No asumas.			X		X	X
REGLA # 6 Actúa con propósito.	X	X				X
REGLA # 7 Aprende a través de otros		X		X		
REGLA # 8 Quédate aquí, no en otra parte			X		X	

EMOCIÓN				
Miedo	Ansiedad	Culpa	Enojo	Entusiasmo
X			X	
	X			X
		X		
	X	X		
			X	
X				
		X	X	X
X	X	X		X

Reglas más efectivas según el tipo de agotamiento

		REGLA #1 Utiliza solo la mitad de tus herramientas	REGLA #2 Haz *match*	REGLA #3 Procesa la información por lotes y en flujo
PARA GERENTES	Solo tú puedes evitar que la tecnología se salga de control	X		X
	Deja de hablar tanto de tecnología			
	Replantea el trabajo híbrido		X	
	Sé inteligente con la inteligencia artificial			
PARA PADRES	Calcula las horas invisibles	X		
	El placer de perderse de algo			X
	Menos conexión digital, más conexión humana		X	
	Apaga tu celular cuando estés con tus hijos	X		X
CON LA IA	Alerta: se acerca una avalancha de contenido	X	X	
	Abraza la serendipia artificial			
	Fluye utilizando la inteligencia artificial	X	X	X

REGLA #4 Espera. Una hora. Un día. Una semana	**REGLA #5** No asumas	**REGLA #6** Actúa con propósito	**REGLA #7** Aprende a través de otros	**REGLA #8** Quédate aquí, no en otra parte
X				X
X		X		
X			X	
		X		
		X		
X		X		X
	X		X	
	X	X		X
X				
	X	X	X	
				X

Recordemos que aprendimos en el capítulo 1 que, cuando cambiamos entre aplicaciones, cambiamos entre modalidades. Cuando cambiamos el tipo de atención que tenemos que dar a una tarea, estamos cambiando de dominios. Un ámbito, por su parte, es una parte de tu vida, generalmente el trabajo o el hogar. En el capítulo 2 analizamos cómo nuestras tecnologías digitales pueden actuar como un prisma que distorsiona nuestra visión de los demás, un portal que nos ayuda a ver los estados mentales de otras personas (así como las conclusiones que sacan sobre nosotros), además de un espejo que refleja versiones pasadas de nosotros mismos. En el capítulo 3 nos enfocamos en las cinco emociones más comunes que llevan a nuestro agotamiento.

Mientras leías los capítulos 4 al 6, que exploraron formas específicas de gestionar tu agotamiento digital en tu papel como gerente, padre o como alguien que aprende a hacer el mejor uso de la IA en cualquier aspecto de tu vida, es probable que hayas reconocido que algunas reglas eran obviamente aplicables a estos contextos complejos, mientras que usar otras podría no haber parecido tan obvio. La tabla anterior proporciona una guía para determinar qué reglas pueden serte de mayor ayuda en cada uno de esos contextos. Puedes leer esta tabla en el orden inverso al de la tabla anterior: empieza examinando la columna del lado izquierdo y decide si quieres enfocarte en tu papel como gerente, padre o usuario estratégico de IA. Luego, muévete a la segunda columna para identificar qué estrategia quieres seguir. Continúa revisando a lo largo de esa fila para aprender qué reglas te ayudarán más a llevar a cabo esa estrategia.

Agradecimientos

Todo proyecto de investigación es un trabajo de equipo. A lo largo de los años, numerosos estudiantes de doctorado han colaborado conmigo para recopilar las entrevistas originales, observaciones, encuestas y datos de archivo que dieron forma a las ideas centrales de este libro. Como estos datos constituyen el núcleo de este proyecto, estos colaboradores (pasados y presentes) son las primeras personas a quienes debo mi agradecimiento. Entre ellos se encuentran Jeff Treem, Will Barley, Lindsay Young, Casey Pierce, Samantha Keppler, Stephanie Dailey, Ioana Cristea, Luke Rhee, DJ Woo, Camille Endacott, Scott Banghart, Virginia Leavell, Caroline Stratton, Sienna Parker y Roni Shen. También agradezco a diversos colegas que han colaborado conmigo para reflexionar (sobre estas, así como otras ideas relacionadas, mientras hemos sido coautores de artículos) sobre el papel de la tecnología en la naturaleza cambiante del trabajo durante las últimas dos décadas: Steve Barley, Diane Bailey, Tsedal Neeley, Noshir Contractor, Cynthia Stohl, Michael Stohl, Elizabeth Geber, Jan Chong, Marleen Huysman, Samer Faraj, Pam Hinds, Emma Vaast, Carlos Rodríguez-Lluesma, Bonnie Nardi, Rebecca Hinds, Matt Beane y Bob Sutton. Todos estos brillantes investigadores han contribuido a desarrollar o pulir las ideas de este libro. Trabajar conmigo seguramente fue agotador para ellos; sin embargo, desde mi perspectiva, nuestras conversaciones e intercambio de ideas siempre han sido energizantes.

Laurie Abkemeier merece un gran agradecimiento por ayudarme a descubrir cómo pulir mi argumentación y enfocarme en proporcionar los ejemplos correctos para ilustrar mis ideas. Fue más allá de las responsabilidades típicas de un agente literario para asegurar que me sintiera con la confianza necesaria para expresar los puntos que consideraba más importantes, así como para ayudarme a encontrar un editor que compartiera mi pasión por este proyecto y que ayudara a proyectar mis ideas. Esa editora es Courtney Young. A lo largo del proceso de escritura, Courtney me ha brindado la mezcla perfecta de libertad y apoyo. Confió en que cumpliría con las ideas que prometí, además de darme espacio para desarrollarlas. Pero, además, estuvo dispuesta a conversar sobre ideas de contenido cuando necesitaba ayuda, y se mostró abierta a repensar la organización de partes clave del libro mientras avanzaba la escritura y el mundo cambiaba a nuestro alrededor. Estoy agradecido por su capacidad para discernir cuándo mis numerosos ejemplos o mi tendencia a respaldar con evidencia obstaculizaron el mensaje central.

Mi buen amigo Dave Hicks fue mi confidente para muchas de estas ideas. Leyó borradores iniciales, me dio valiosos comentarios y me apoyó durante todo el proceso de múltiples maneras. Amelia y Eliza comprenden completamente por qué este libro no está dedicado a ellas, pero están presentes a lo largo del texto en varios momentos. Aunque sus nombres no aparezcan al frente, deben saber lo importantes que fueron para mi proceso de escritura las ideas, el apoyo, así como el humor que compartieron. Norah sí recibe la dedicatoria del libro porque, bueno, es Norah. Es, a la vez, la niña más dulce y valiente que conozco. Por supuesto, mi agradecimiento más profundo va para Rodda. Sin ella, ¿qué sentido tendría todo esto

Notas

INTRODUCCIÓN: SUSPIRA, DESLIZA, HAZ CLIC. REPITE

1. Todos los nombres de entrevistados o personas investigadas son seudónimos. Esto se debe a que gran parte de los datos de este libro se recopilaron a lo largo de veinte años para diversos proyectos de investigación. Para cada proyecto, obtuve la aprobación de la junta de revisión institucional de mi universidad, el órgano administrativo responsable de garantizar la integridad de la investigación. Como parte del proceso de aprobación, prometí a los informantes el anonimato para que pudieran hablar con libertad, sin preocuparse por las repercusiones de sus empleadores. Sin embargo, mientras escribía este libro, también entrevisté a varias personas específicamente para conocer sus experiencias con el agotamiento digital.
2. La medida de *burnout* más ampliamente aceptada y empíricamente sólida es el Inventario de Agotamiento de Maslach (MBI, por sus siglas en inglés). Este inventario utiliza una encuesta de 22 ítems para evaluar tres áreas asociadas con el *burnout*: agotamiento emocional (EE), despersonalización (DE) y bajo sentido de realización personal (PA). El problema es que el instrumento, aunque preciso, es demasiado engorroso para la mayoría de las personas. Varios investigadores han llegado a la conclusión de que una pregunta de un solo ítem es superior a la herramienta de veintidós si se tienen en cuenta

las tasas de finalización y la fatiga del encuestado. Por ejemplo, Barbara M. Rohland, Gina R. Kruse y James E. Rohrer, "Validation of a Single-Item Measure of Burnout against the Maslach Burnout Inventory among Physicians", *Stress and Health: Journal of the International Society for the Investigation of Stress* 20, núm. 2 (2004): 75-79, validaron una medida de *burnout* de un solo ítem frente al MBI completo entre médicos. Colin P. West *et al.*, "Single Item Measures of Emotional Exhaustion and Depersonalization Are Useful for Assessing Burnout in Medical Professionals", *Journal of General Internal Medicine* 24 (2009): 1318-1321, hallaron que las medidas de un solo ítem de agotamiento emocional y despersonalización eran eficaces para evaluar el *burnout* en profesionales médicos. Del mismo modo, Emily D. Dolan *et al.*, "Using a Single Item to Measure Burnout in Primary Care Staff: A Psychometric Evaluation", *Journal of General Internal Medicine* 30 (2015): 582-587, demostraron que una medida de un solo ítem era útil para el personal de atención primaria.

3. Jeremy N. Bailenson, "Nonverbal Overload: A Theoretical Argument for the Causes of Zoom Fatigue", *Technology, Mind, and Behavior* 2, núm. 1 (2021): 1-5; Brian X. Chen, "It's Time for a Digital Detox. (You Know You Need It.)", *The New York Times*, 25 de noviembre de 2020, https://www.nytimes.com/2020/11/25/technology/personaltech/digital-detox.html; Simon Read, "Are You Suffering from Digital Exhaustion? Microsoft Survey Finds Tensions over Remote Work", Foro Económico Mundial, 7 de octubre de 2022, https://www.weforum.org/agenda/2022/10/work-productivity-hybrid-remote-microsoft.
4. Desde 2003, he publicado más de setenta artículos en revistas especializadas sobre el uso de la tecnología en las organizaciones. Algunos de estos estudios se citarán de manera explícita aquí, mientras que otros se referenciarán de forma más general. Los datos recopilados para estos estudios incluyen observaciones de personas en el trabajo, entrevistas y encuestas. Este libro es la primera vez que reúno todos los datos de estos estudios en un mismo lugar.

En las observaciones (*N*=512), entrevistas (*N*=2 642) y encuestas (*N*=9 489) he formulado alguna versión de la pregunta sobre el agotamiento. Para que quede claro, no la he formulado siempre de la misma manera, y no me hago ilusiones de que ofrezca una ventana sistemática o libre de errores al agotamiento de las personas. Sin embargo, la coherencia de las respuestas y la facilidad con la que los entrevistados entendieron la pregunta me hacen confiar en que los patrones que aquí se comentan reflejan una tendencia general de agotamiento digital.

5. Los datos que muestran que el uso de las redes sociales se disparó a más de quinientos millones se pueden encontrar en el increíble sitio web ourworldindata.org: Esteban Ortiz-Ospina, "The Rise of Social Media", 18 de septiembre de 2019, https://ourworldindata.org/rise-of-social-media. Los datos que muestran que el uso de teléfonos inteligentes alcanzó más de cien millones de usuarios proceden de la encuesta "5 Years Later: A Look Back at the Rise of the iPhone", *Comscore*, 29 de junio de 2012, comscore.com/Public-Relations/Blog/5-Years-Later-A-Look-Back-at-the-Rise-of-the-iPhone.

6. Cal Newport, *Digital Minimalism: Choosing a Focused Life in a Noisy World* (Penguin, 2019), xii. Newport sostiene que las tecnologías digitales nos están agotando y, a continuación, desarrolla una perspectiva que denomina "minimalismo digital", que aboga por un uso más orientado a un propósito de la tecnología para ayudar a las personas a recuperar la concentración y la atención.

7. Citado en Sarah Kessler y Bernhard Warner, "Rethinking the 'Digital Detox'", *The New York Times*, 18 de febrero de 2023, https://www.nytimes.com/2023/02/18/ business/dealbook/digital- detox-social- media.html.

8. El primer metaanálisis sistemático de estudios sobre los efectos de la desintoxicación digital sugiere que intentar renunciar a los dispositivos digitales, incluso durante un breve periodo, suele ser ineficaz, a pesar de su atractivo. Theda Radtke *et al.*, "Digital Detox: An Effective Solution in the Smartphone Era? A Systematic

Literature Review", *Mobile Media & Communication* 10, núm. 2 (2022): 190-215.

9. Anna Katharina Schaffner, *Exhaustion: A History* (Columbia University Press, 2016), 7.

10. Para algunos ejemplos de estudios que muestran un vínculo entre las herramientas de productividad y el agotamiento, consulta Sheng-Pao Shih *et al.*, "Job Burnout of the Information Technology Worker: Work Exhaustion, Depersonalization, and Personal Accomplishment", *Information & Management* 50, núm. 7 (2013): 582-589; Gunjan Tomer, Sushanta Kumar Mishra e Israr Qureshi, "Features of Technology and Its Linkages with Turnover Intention and Work Exhaustion Among IT Professionals: A Multi-Study Investigation", *International Journal of Information Management* 66 (2022): 102518; Hadar Nesher Shoshan y Wilken Wehrt, "Understanding 'Zoom Fatigue': A Mixed-Method Approach", *Applied Psychology* 71, núm. 3 (2022): 827-852.

11. Aunque la investigación sobre las tecnologías de streaming y el agotamiento es nueva, un reciente artículo de Maura Edmond explora este tema: Maura Edmond, "Careful Consumption and Aspirational Ethics in the Media and Cultural Industries: Cancelling, Quitting, Screening, Optimising", *Media, Culture & Society* 45, núm. 1 (2023): 92-107.

12. Un estudio realizado por investigadores de la Universidad de Chicago realizó un seguimiento de 205 participantes adultos mientras realizaban sus actividades cotidianas durante una semana. Cada media hora, los participantes recibían una señal del equipo de investigación en la que se les preguntaba si estaban experimentando un deseo y, en caso afirmativo, que informaran sobre su contenido, fuerza y duración. También se les preguntaba si intentaban resistirse al deseo o actuaban en consecuencia. Los datos mostraron que la tentación de usar Twitter, Facebook y otras redes sociales era más frecuente y difícil de resistir que la de fumar, beber alcohol o incluso dormir. Consulta Wilhelm Hofmann *et al.*, "Everyday Temptations: An Experience Sampling Study of Desire, Conflict, and Self-Control", *Journal of Personality and Social Psychology* 102, núm. 6 (2012): 1318-1335.

13. Bruce S. McEwen, "Protective and Damaging Effects of Stress Mediators", *New England Journal of Medicine* 338, núm. 3 (1998): 171-179; Neil Schneiderman, Gail Ironson y Scott D. Siegel, "Stress and Health: Psychological, Behavioral, and Biological Determinants", *Annual Review of Clinical Psychology* 1 (2005): 607-628.

14. *Burnout* es un concepto relativamente reciente, acuñado por primera vez por el psicólogo Herbert Freudenberger en la década de 1970. Quien utilizó el término para describir el impacto negativo a largo plazo del estrés en las personas que trabajan en profesiones de alta presión y orientadas a los servicios humanos, como la atención sanitaria, el trabajo social y la asesoría. Esta definición sigue de cerca su conceptualización inicial del fenómeno. Sin embargo, el concepto fue más desarrollado y popularizado por la profesora Christina Maslach, de la Universidad de California, Berkeley, en su artículo con Susan E. Jackson "The Measurement of Experienced Burnout," *Journal of Organizational Behavior* 2, núm. 2 (1981): 99-113.

15. Christina Maslach, Wilmar B. Schaufeli y Michael P. Leiter, "Job Burnout", *Annual Review of Psychology* 52, núm. 1 (2001): 397-422.

16. Cuando se carga una pila, los iones van y vienen entre sus electrodos positivo y negativo. Con el tiempo, este movimiento provoca el desgaste de los electrodos y del electrolito (la sustancia que permite que fluyan los iones), lo que provoca su descomposición. Como resultado, la capacidad de la pila para mantener la carga disminuye gradualmente hasta que ya no puede mantenerla en absoluto. En ese momento, la pila se agota y deja de ser útil.

17. *Mental Health at Work: Managers and Money* (The Workforce Institute at ugk, 2023), https://www.ukg.com/resources/white-paper/mental-health-work-managers-and-money. The Society for Human Resource Management (SHRM) también habla de cómo los mandos intermedios tienen las tasas más altas de depresión entre los trabajadores, y una reciente encuesta de Gallup descubrió que la brecha entre los sentimientos de agotamiento y *burnout* de los mandos intermedios y los del resto de la plantilla es cada vez mayor: Dana Wilkie, "The Miserable Middle Managers", SHRM, 19 de febrero de 2020, https://shrm.org/topics-tools/news/employee-relations/miserable-middle-managers; Jim Harter, "Manager Burnout Is Only Getting Worse", Gallup, 18 de noviembre de 2021, https://www.gallup.com/workplace/357404/manager-burnout-getting-worse.aspx.

18. Marcie J. Tyre y Wanda J. Orlikowski, "Windows of Opportunity: Temporal Patterns of Technological Adaptation in Organizations", *Organization Science* 5, núm. 1 (1994): 98-118.

19. Eisenhardt ha desarrollado este enfoque de las reglas simples a lo largo de docenas de artículos. El más accesible es Kathleen M. Eisenhardt y Donald N. Sull, "Strategy as Simple Rules", *Harvard Business Review* 79, núm. 1 (2001): 107-16.

CAPÍTULO 1. ATENCIÓN: LA MONEDA DE CAMBIO

1. Paul M. Leonardi, Tsedal B. Neeley y Elizabeth M. Gerber, "How Managers Use Multiple Media: Discrepant Events, Power, and Timing in Redundant Communication", *Organization Science* 23, núm. 1 (2012): 98-117.

2. Pietro Spataro, Neil Mulligan y Clelia Rossi-Arnaud, "Effects of Divided Attention in the Word-Fragment Completion Task with Unique and Multiple Solutions", *European Journal of Cognitive Psychology* 22, núm. 1 (2010): 18-45.

3. Nicholas Carr, *The Shallows: What the Internet Is Doing to Our Brains* (W. W. Norton, 2020), 6-7.

4. Cal Newport, *Deep Work: Rules for Focused Success in a Distracted World* (Grand Central, 2016); Johann Hari, *Stolen Focus: Why You Can't Pay Attention—and How to Think Deeply Again* (Crown, 2023).

5. Consulta Russell Heimlich, "Do You Sleep with Your Cell Phone?", Pew Research Center, 13 de septiembre de 2010, https://

www.pewresearch.org/short-reads/2010/09/13/sleep-with-phone. De acuerdo con este estudio del Pew Research Center, el porcentaje de personas que dormían con sus teléfonos variaba en función de la edad. El 90 % de los adultos jóvenes (de 18 a 29 años) afirmaron dormir con su teléfono. En comparación, el 70 % de los encuestados de entre 30 y 49 años dormían con el teléfono cerca, al igual que el 50 % de los de entre 50 y 64 años y el 34 % de los mayores de 65 años. Estas estadísticas tienen ya casi quince años, aunque todavía no se ha realizado un estudio nacional actualizado.

6. Alex Kerai, “Cell Phone Usage Statistics: Mornings Are for Notifications”, Reviews.org, 21 de julio de 2023, https://www.reviews.org/mobile/cell-phone-addiction/#Smart_Phone_Addiction_Stats.

7. Nathan Ward *et al.*, “Building the Multitasking Brain: An Integrated Perspective on Functional Brain Activation During Task-Switching and Dual-Tasking”, *Neuropsychologia* 132 (2019): 107-149.

8. Para un análisis detallado de los cuatro pasos, consulte John Medina, *Brain Rules: 12 Principles for Surviving and Thriving at Work, Home, and School* (Pear Press, 2009). Como señala Medina, “para decirlo sin rodeos, la investigación demuestra que no podemos realizar varias tareas a la vez. Somos biológicamente incapaces de procesar de manera simultánea los estímulos que requieren mucha atención… Por eso la gente pierde la pista de lo que ha avanzado y necesita ‘volver a empezar’, quizá murmurando cosas como ‘¿En dónde estaba?’, cada vez que cambia de tarea. Lo mejor que se puede decir es que las personas que parecen ser buenas en la multitarea en realidad tienen una buena memoria de trabajo, capaz de prestar atención a varios estímulos, de uno por uno”.

9. Richard E. Cytowic, “Digital Distractions: Energy Drain and Your Brain on Screens”, *Pyschology Today*, 27 de octubre de 2020, https://www.psychologytoday.com/us/blog/the-mind/202010/digital-distractions-energy-screens.

10. Leo Yeykelis, James J. Cummings y Byron Reeves, “Multitasking on a Single Device: Arousal and the Frequency, Anticipation, and

Prediction of Switching Between Media Content on a Computer", *Journal of Communication* 64, núm. 1 (2014): 167-192.

11. Rohan Narayana Murty, Sandeep Dadlani y Rajath B. Das, "How Much Time and Energy Do We Waste Toggling Between Applications?", *Harvard Business Review*, 29 de agosto de 2022, https://hbr.org/2022/08/how-much-time-and-energy-do-we-waste-toggling-between-applications.

12. Rebecca Hinds *et al.*, *The State of Collaboration Technology: Research-Backed Strategies for Decoding Digital Clutter and Resetting Your Tech Stack* (Asana Work Innovation Lab, 2023), https:www.asana.com/work-innovation-lab/the-state-of-collaboration-technology.

13. Rob Cross y Karen Dillon, *The Microstress Effect: How Little Things Pile Up and Create Big Problems—and What to Do About It* (Harvard Business Press, 2023).

14. Hay debate sobre si tener demasiadas apps abiertas ralentiza un teléfono. Algunos creen que sí, sobre todo en los dispositivos más antiguos, ya que consumen más memoria y recursos de la CPU. Otros creen que los sistemas operativos modernos están optimizados para gestionar eficazmente las apps en segundo plano, lo que hace innecesario e incluso contraproducente cerrarlas de manera manual. De acuerdo con Apple, tener muchas apps abiertas en el teléfono no consume batería. Pero si esas apps están ejecutando operaciones en segundo plano, la duración de la batería se reducirá.

15. Citado en Olivia Goldhill, "Neuroscientists Say Multitasking Literally Drains the Energy Reserves of Your Brain", *Quartz*, 3 de julio de 2016, https://qz.com/722661/neuroscientists-say-multitasking-literally-drains-the-energy-reserves-of-your-brain.

16. Sophie Leroy, "Attention Residue", Universidad de Washington Bothell School of Business, última modificación: 5 de octubre de 2024, https://www.uwb.edu/business/faculty/sophie-leroy/attention-residue; Sophie Leroy, "Why Is It So Hard to Do My Work? The Challenge of Attention Residue When Switching Between

Work Tasks", *Organizational Behavior and Human Decision Processes* 109, núm. 2 (2009): 168-181.

17. "Tired? Distracted? Burned Out? Listen to This", entrevista por Ezra Klein, *The Ezra Klein Show*, 5 de enero de 2024, https://www.nytimes.com/2024/01/05/opinion/ezra-klein-gloria-mark.html.
18. Víctor M. González y Gloria Mark, "'Constant, Constant, Multi-Tasking Craziness': Managing Multiple Working Spheres", en *Proceedings of the SIGCHI Conference on Human Factors in Computing Systems* (Association for Computing Machinery, 2004), 113-120.
19. Gloria Mark, "Can't Pay Attention? You're Not Alone", entrevista por Cara Capuano, *UCI Podcast*, 11 de mayo de 2023, https://www.universityofcalifornia.edu/news/cant-pay-attention-youre-not-alone.
20. *Workgeist Report' 21: Research into Culture, Mindset and Productivity for the Modern Work Era* (Qatalog y Ellis Idea Lab de la Universidad de Cornell, 2021), https://assets.qatalog.com/language.work/qatalog-2021-workgeist-report.pdf.
21. Bob Sullivan y Hugh Thompson, *The Plateau Effect: Getting from Stuck to Success* (Penguin, 2013).
22. Paul M. Leonardi, Jeffrey W. Treem y Michele H. Jackson, "The Connectivity Paradox: Using Technology to Both Decrease and Increase Perceptions of Distance in Distributed Work Arrangements", *Journal of Applied Communication Research* 38, núm. 1 (2010): 85-105.
23. Christine M. Beckman y Melissa Mazmanian, *Dreams of the Overworked: Living, Working, and Parenting in the Digital Age* (Stanford University Press, 2020).
24. Employer Communications During Nonworking Hours, AB-2751, California State Assembly (2024); Nate Albee, "California Introduces Bill to Give Workers the Right-to-Disconnect from Non-Emergency Business Calls and Texts After Hours", Assemblymember Matt Haney District 17, comunicado de prensa, 1 de abril de 2024, https://a17.asmdc.org/press-releases/20240401-california-introduces-bill-give-workers-right-disconnect-non-emergency.

25. Nancy P. Rothbard *et al.*, "OMG! My Boss Just Friended Me: How Evaluations of Colleague' Disclosure, Gender, and Rank Shape Personal/Professional Boundary Blurring Online", *Academy of Management Journal* 65, núm. 1 (2022): 35-65.

CAPÍTULO 2. INFERENCIA: TRAMPAS POR TODAS PARTES

1. Terence R. Mitchell *et al.*, "Temporal Adjustments in the Evaluation of Events: The 'Rosy View'", *Journal of Experimental Social Psychology* 33, núm. 4 (1997): 421-448.

2. Mitchell *et al.*, "Temporal Adjustments in the Evaluation of Events".

3. Kristin Diehl, Gal Zauberman y Alixandra Barasch, "How Taking Photos Increases Enjoyment of Experiences", *Journal of Personality and Social Psychology* 111, núm. 2 (2016): 119-140.

4. Hannes-Vincent Krause *et al.*, "Active Social Media Use and Its Impact on Well-Being—An Experimental Study on the Effects of Posting Pictures on Instagram", *Journal of Computer- Mediated Communication* 28, núm. 1 (2023): 1-12.

5. Leon Festinger, "A Theory of Social Comparison Processes", *Human Relations* 7, núm. 2 (1954): 117-140.

6. Erin A. Vogel *et al.*, "Social Comparison, Social Media, and Self-Esteem", *Psychology of Popular Media Culture* 3, núm. 4 (2014): 206-222; Chia-chen Yang, "Instagram Use, Loneliness, and Social Comparison Orientation: Interact and Browse on Social Media, but Don't Compare", *Cyber-psychology, Behavior, and Social Networking* 19, núm. 12 (2016): 703-708; Jacqueline Nesi y Mitchell J. Prinstein, "Using Social Media for Social Comparison and Feedback-Seeking: Gender and Popularity Moderate Associations with Depressive Symptoms", *Journal of Abnormal Child Psychology* 43 (2015): 1427-1438.

7. Paul M. Leonardi y S. R. Meyer, "Social Media as Social Lubricant: How Ambient Awareness Eases Knowledge Transfer", *American*

Behavioral Scientist 59, núm. 1 (2015): 10-34; Samantha M. Keppler y Paul M. Leonardi, "Building Relational Confidence in Remote and Hybrid Work Arrangements: Novel Ways to Use Digital Technologies to Foster Knowledge Sharing", *Journal of Computer-Mediated Communication* 28, núm. 4 (2023): 1-13.

8. Susan T. Fiske y Shelley E. Taylor, *Social Cognition*, 2ª ed. (McGraw-Hill, 1991).

9. Karen Davranche *et al.*, "Impact of Physical and Cognitive Exertion on Cognitive Control", *Frontiers in Psychology* 9 (2018); Victoria K. Lee y Lasana T. Harris, "How Social Cognition Can Inform Social Decision Making", *Frontiers in Neuroscience* 7 (2013).

10. Pamara F. Chang, Janis Whitlock y Natalya N. Bazarova, "'To Respond or Not to Respond, That Is the Question': The Decision-Making Process of Providing Social Support to Distressed Posters on Facebook", *Social Media + Society* 4, núm. 1 (2018).

11. Jeremy N. Bailenson, "Nonverbal Overload: A Theoretical Argument for the Causes of Zoom Fatigue", *Technology, Mind, and Behavior* 2, núm. 1 (2021): 1-5.

12. Por ejemplo, Pamela Hinds comparó la videoconferencia con la interacción solo en audio durante un juego de adivinanzas y una segunda tarea de reconocimiento para evaluar la carga cognitiva. Los participantes en la condición de video cometieron más errores en la tarea secundaria. Hinds sugiere que esto se debe a los recursos cognitivos adicionales necesarios para gestionar la latencia de la imagen y el audio en la videoconferencia. Pamela J. Hinds, "The Cognitive and Interpersonal Costs of Video", *Media Psychology* 1, núm. 4 (1999): 283-311.

13. Annabel Ngien y Bernie Hogan, "The Relationship Between Zoom Use with the Camera on and Zoom Fatigue: Considering Self-Monitoring and Social Interaction Anxiety", *Information, Communication & Society* 26, núm. 10 (2023): 2052-2070; Jin Xu *et al.*, "Does Self-View Mode Generate More Videoconferencing Fatigue in Women than Men? An Experiment Using EEG Signals", *Cyberpsychology, Behavior, and Social Networking* 27, núm. 6 (2024): 426-430.

14. Nicole B. Ellison, Jeffrey T. Hancock y Catalina L. Toma, "Profile as Promise: A Framework for Conceptualizing Veracity in Online Dating Self-Presentations", *New Media & Society* 14, núm. 1 (2012): 45-62.

CAPÍTULO 3. EMOCIÓN: SENTIMIENTOS QUE EMERGEN DESDE LA PANTALLA

1. Andreas Seidler *et al.*, "The Role of Psychosocial Working Conditions on Burnout and Its Core Component Emotional Exhaustion: A Systematic Review", *Journal of Occupational Medicine and Toxicology* 9 (2014): 1-13; Christina Maslach y Susan E. Jackson, "The Measurement of Experienced Burnout", *Journal of Organizational Behavior* 2, núm. 2 (1981): 99-113; Thomas A. Wright y Russell Cropanzano, "Emotional Exhaustion as a Predictor of Job Performance and Voluntary Turnover", *Journal of Applied Psychology* 83, núm. 3 (1998): 486-493.
2. Emma Seppälä, "Your High-Intensity Feelings May Be Tiring You Out", *Harvard Business Review*, 1 de febrero de 2016, hbr.org/2016/02/your-high-intensity-feelings-may-be-tiring-you-out; Emma Seppälä, *The Happiness Track: How to Apply the Science of Happiness to Accelerate Your Success* (Hachette UK, 2016).
3. David Glen Mick y Susan Fournier, "Paradoxes of Technology: Consumer Cognizance, Emotions, and Coping Strategies", *Journal of Consumer Research* 25, núm. 2 (1998): 123-143.
4. Merritt Roe Smith y Leo Marx, eds., *Does Technology Drive History? The Dilemma of Technological Determinism* (MIT Press, 1994).
5. Andrew K. Przybylski *et al.*, "Motivational, Emotional, and Behavioral Correlates of Fear of Missing Out", *Computers in Human Behavior* 29, núm. 4 (2013): 1841-48.
6. Sheena S. Iyengar y Mark R. Lepper, "When Choice Is Demotivating: Can One Desire Too Much of a Good Thing?", *Journal of Personality and Social Psychology* 79, núm. 6 (2000): 995-1006; R. Greifeneder, B. Scheibe-henne y N. Kleber, "Less May Be More

When Choosing Is Difficult: Choice Complexity and Too Much Choice", *Acta Psychologica* 133, núm. 1 (2010): 45-50.

7. Amber Loos, "Cyberchondria: Too Much Information for the Health Anxious Patient?", *Journal of Consumer Health on the Internet* 17, núm. 4 (2013): 439-445.

8. Ashley Eklof, "Understanding Information Anxiety and How Academic Librarians Can Minimize Its Effects", *Public Services Quarterly* 9, núm. 3 (2013): 246-258.

9. Betul Keles, Niall McCrae y Annmarie Grealish, "A Systematic Review: The Influence of Social Media on Depression, Anxiety, and Psychological Distress in Adolescents", *International Journal of Adolescence and Youth* 25, núm. 1 (2020): 79-93; Emily B. O'Day y Richard G. Heimberg, "Social Media Use, Social Anxiety, and Loneliness: A Systematic Review", *Computers in Human Behavior Reports* 3 (2021); Jonathan Haidt, *The Anxious Generation: How the Great Rewiring of Childhood Is Causing an Epidemic of Mental Illness* (Random House, 2024).

10. Fengxia Lai *et al.*, "Relationship Between Social Media Use and Social Anxiety in College Students: Mediation Effect of Communication Capacity", *International Journal of Environmental Research and Public Health* 20, núm. 4 (2023): 3657; Philippe Verduyn *et al.*, "Do Social Network Sites Enhance or Undermine Subjective Well-Being? A Critical Review", *Social Issues and Policy Review* 11, núm. 1 (2017): 274-302.

11. Ariel Shensa *et al.*, "Social Media Use and Depression and Anxiety Symptoms: A Cluster Analysis", *American Journal of Health Behavior* 42, núm. 2 (2018): 116-128.

12. Georgia Wells, Jeff Horowitz y Deepa Seetharaman, "Facebook Knows Instagram Is Toxic for Teen Girls, Company Documents Show", *The Wall Street Journal*, 14 de septiembre de 2021, https://www.wsj.com/articles/facebook-knows-instagram-is-toxic-for-teen-girls-company-documents-show-11631620739.

13. Shaojing Sun *et al.*, "Newspaper Coverage of Artificial Intelligence: A Perspective of Emerging Technologies", *Telematics and Informatics* 53 (2020): 101433.

14. Ivana Saric, "New Office Lingo: FOBO Hits American Workers", *Axios*, 14 de septiembre de 2023, https://www.axios.com/2023/09/14/workers-fear-technology-jobs-obsolete.

15. Lauren Leffer, "AI Anxiety Is on the Rise—Here's How to Manage It", *Scientific American*, 2 de octubre de 2023, https://www.scientificamerican.com/article/ai-anxiety-is-on-the-rise-heres-how-to-manage-it; Reid Blackman, "Generative AI-nxiety", *Harvard Business Review*, 14 de agosto de 2023, https://hbr.org/2023/08/generative-ainxiety.

16. De una transcripción del discurso del profesor Hawking en la presentación del Centro Leverhulme para el Futuro de la Inteligencia, 19 de octubre de 2016.

17. Annabell Halfmann, Adrian Meier y Leonard Reinecke, "Too Much or Too Little Messaging? Situational Determinants of Guilt About Mobile Messaging", *Journal of Computer-Mediated Communication* 26, núm. 2 (2021): 72-90.

18. Chad Phoenix Rose Gowler y Ioanna Iacovides, "'Horror, Guilt, and Shame' —Uncomfortable Experiences in Digital Games", *Proceedings of the Annual Symposium on Computer-Human Interaction in Play* (Association for Computing Machinery, 2019), 325-337.

19. Ioana C. Cristea y Paul M. Leonardi, "Get Noticed and Die Trying: Signals, Sacrifice, and the Production of Face Time in Distributed Work", *Organization Science* 30, núm. 3 (2019): 552-572.

20. Jean-Philippe Gouin *et al.*, "Attachment Avoidance Predicts Inflammatory Responses to Marital Conflict", *Brain, Behavior, and Immunity* 23, núm. 7 (2009): 898-904.

21. Rob M. A. Nelissen, Dorien S. I. Van Someren y Marcel Zeelenberg, "Take It or Leave It for Something Better? Responses to Fair Offers in Ultimatum Bargaining", *Journal of Experimental Social Psychology* 45, núm. 6 (2009): 1227-1231.

22. Emma Seppälä (@emma.seppala), publicación de Facebook, 14 de noviembre de 2020, https://www.facebook.com/emma.seppala/photos/a.589622087751759/3458344344212838.

REGLA # 1: UTILIZA SOLO LA MITAD DE TUS HERRAMIENTAS

1. Pamela Karr-Wisniewski y Ying Lu, "When More Is Too Much: Operationalizing Technology Overload and Exploring Its Impact on Knowledge Worker Productivity", *Computers in Human Behavior* 26, núm. 5 (2010): 1061-1072.
2. Shaoxiong Fu *et al.*, "Social Media Overload, Exhaustion, and Use Discontinuance: Examining the Effects of Information Overload, System Feature Overload, and Social Overload", *Information Processing & Management* 57, núm. 6 (2020): 102307.
3. Rebecca Hinds *et al.*, "Are Collaboration Tools Overwhelming Your Team?", *Harvard Business Review*, 31 de agosto de 2023, https://hbr.org/2023/08/are-collaboration-tools-overwhelming-your-team.
4. Robert I. Sutton y Huggy Rao, *The Friction Project: How Smart Leaders Make the Right Things Easier and the Wrong Things Harder* (St. Martin's, 2024).
5. La ley de Metcalfe establece que el valor de una red es proporcional al cuadrado del número de sus usuarios, lo que tiene implicaciones importantes para las decisiones individuales sobre dejar de usar determinadas tecnologías de la comunicación.
6. Ana Ortiz de Guinea y M. Lynne Markus, "Why Break the Habit of a Lifetime? Rethinking the Roles of Intention, Habit, and Emotion in Continuing Information Technology Use", *MIS Quarterly* (2009): 433-444.
7. Janet Fulk, "Social Construction of Communication Technology", *Academy of Management Journal* 36, núm. 5 (1993): 921-950.
8. Leidy Klotz, *Subtract: The Untapped Science of Less* (Flatiron Books, 2021).
9. Morgan Smith, "Psychologist Shares the No. 1 Exercise Highly Successful People Use to Be Happier", *CNBC Make It*, 26 de marzo de 2023, https://www.cnbc.com/2023/03/26/psychologist-best-exercise-highly-successful-people-use-to-be-happier.html.

REGLA # 2: HAZ *MATCH*

1. El término fue desarrollado por el psicólogo ecológico James J. Gibson. Como escribió: "Las potencialidades (*affordances*) del entorno son lo que este le ofrece al animal, lo que le proporciona o suministra, ya sea para bien o para mal. En inglés, el verbo *to afford* se encuentra en el diccionario, pero el sustantivo *affordance* no. Yo lo inventé. Con él me refiero a algo que alude tanto al entorno como al animal de una manera que ningún término existente logra. Implica la complementariedad entre el animal y su entorno". James J. Gibson, *The Ecological Approach to Visual Perception: Classic Edition* (Psychology Press, 1979), 127.
2. Paul M. Leonardi y Emmanuelle Vaast, "Social Media and Their Affordances for Organizing: A Review and Agenda for Research", *Academy of Management Annals* 11, núm. 1 (2017): 150-188; Chad Anderson y Daniel Robey, "Affordance Potency: Explaining the Actualization of Technology Affordances", *Information and Organization* 27, núm. 2 (2017): 100-115.
3. Richard L. Daft y Robert H. Lengel, "Organizational Information Requirements, Media Richness, and Structural Design", *Management Science* 32, núm. 5 (1986): 554-571.
4. John R. Carlson y Robert W. Zmud, "Channel Expansion Theory and the Experiential Nature of Media Richness Perceptions", *Academy of Management Journal* 42, núm. 2 (1999): 153-170; AllenS. Lee, "Electronic Mail as a Medium for Rich Communication: An Empirical Investigation Using Hermeneutic Interpretation", *MIS Quarterly* 18, núm. 2 (1994): 143-157.
5. Joseph S. Valacich, Brian F. Mennecke, Renee M. Wachter y Bradley C. Wheeler, "Extensions to Media Richness Theory: A Test of the Task-Media Fit Hypothesis", *1994 Proceedings of the Twenty-Seventh Hawaii International Conference on System Sciences* (Institute of Electrical and Electronics Engineers, 1994), 4:11-20.

6. Erica Dhawan, *Digital Body Language: How to Build Trust and Connection, No Matter the Distance* (St. Martin's, 2021), xvii.
7. Joseph Walther demuestra en múltiples estudios que utilizar medios excesivamente interactivos para tareas de baja ambigüedad puede ser contraproducente. La presencia de señales innecesarias dificulta la comunicación. Para más ejemplos, consulta Joseph B. Walther, "Interpersonal Effects in Computer-Mediated Interaction: A Relational Perspective", *Communication Research* 19, núm. 1 (1992): 52-90; y Joseph B. Walther, "Relational Aspects of Computer-Mediated Communication: Experimental Observations Over Time", *Organization Science* 6, núm. 2 (1995): 186-203.
8. James D. Thompson, *Organizations in Action: Social Science Bases of Administrative Theory* (Routledge, 1967).
9. M. Lynne Markus, "Electronic Mail as the Medium of Managerial Choice", *Organization Science* 5, núm. 4 (1994): 502-527; Caroline Haythornthwaite, "Strong, Weak, and Latent Ties and the Impact of New Media", *The Information Society* 18, núm. 5 (2002): 385-401; Sirkka L. Jarvenpaa y Dorothy E. Leidner, "Communication and Trust in Global Virtual Teams", *Organization Science* 10, núm. 6 (1999): 791-815.

REGLA # 3: PROCESA LA INFORMACIÓN POR LOTES Y EN FLUJO

1. Me gusta mucho este análisis de Adam Smartschan, de *Altitude Marketing*, en el que trata de recopilar estadísticas generalizadas sobre el comportamiento de la gente a la hora de revisar su correo electrónico: Adam Smartschan, "'121 Emails Per Day': How to Use Statistics in Content Marketing", 17 de abril de 2023, *Altitude Marketing*, https://altitudemarketing.com/blog/use-statistics-in-content-marketing. Su análisis, combinado con algunos datos reales verificables de *PPM Express* sugieren que estas estimaciones son probablemente bajas en el momento de la publicación

de este libro: "How Much Time Do Your Employees Spend on Checking Emails?", *PPM Express*, 19 de octubre de 2023, https://www.ppm.express/blog/checking-emails.

2. *Work Trend Index Annual Report, Microsoft*, 9 de mayo de 2023, https://www.microsoft.com/en-us/worklab/work-trend-index/will-ai-fix-work.
3. Indy Wijngaards, Florie R. Pronk y Martijn J. Burger, "For Whom and Under What Circumstances Does Email Message Batching Work?", *Internet Interventions* 27 (2022): 100494.
4. Nicholas Fitz *et al.*, "Batching Smartphone Notifications Can Improve Well-Being", *Computers in Human Behavior* 101 (2019): 84-94.
5. Kathrin Reinke y Tomas Chamorro-Premuzic, "When Email Use Gets out of Control: Understanding the Relationship Between Personality and Email Overload and Their Impact on Burnout and Work Engagement", *Computers in Human Behavior* 36 (2014): 502-509.
6. Gloria Mark, Víctor M. González y Justin Harris, "No Task Left Behind? Examining the Nature of Fragmented Work", en *Proceedings of the SIGCHI Conference on Human Factors in Computing Systems* (Association for Computing Machinery, 2005), 321-330.
7. Stephen R. Barley, Debra E. Meyerson y Stine Grodal, "Email as a Source and Symbol of Stress", *Organization Science* 22, núm. 4 (2011): 887-906.
8. Laura A. Dabbish y Robert E. Kraut, "Email Overload at Work: An Analysis of Factors Associated with Email Strain", *Proceedings of the 2006 20th Anniversary Conference on Computer Supported Cooperative Work* (Association for Computing Machinery, 2006), 431-440.
9. Bonnie Hayden Cheng, Yaxian Zhou y Fangyuan Chen, "You've Got Mail! How Work E-mail Activity Helps Anxious Workers Enhance Performance Outcomes", *Journal of Vocational Behavior* 144 (2023): 103881.

REGLA # 4: ESPERA. UNA HORA. UN DÍA. UNA SEMANA

1. Laura M. Giurge y Vanessa K. Bohns, "You Don't Need to Answer Right Inway! Receivers Overestimate How Quickly Senders Expect Responses to Non-Urgent Work Emails", *Organizational Behavior and Human Decision Processes* 167 (2021): 114-128.
2. Andre Lanctot y Linda Duxbury, "Measurement of Perceived Importance and Urgency of Email: An Employees' Perspective", *Journal of Computer-Mediated Communication* 27, núm. 2 (2022): zmac001.
3. Adam Grant, "Your Email Does Not Constitute My Emergency", *The New York Times*, 13 de abril de 2023, https://www.nytimes.com/2023/04/13/opinion/email-time-work-stress.html.
4. William C. Barley, Jeffrey W. Treem y Paul M. Leonardi, "Experts at Coordination: Examining the Performance, Production, and Value of Process Expertise", *Journal of Communication* 70, núm. 1 (2020): 60-89.
5. Erica Dhawan, "Ignoring a Text Message or Email Isn't Always Rude. Sometimes It's Necessary", *The New York Times*, 21 de febrero de 2022, https://www.nytimes.com/2022/02/21/opinion/culture/ghosting-work-digital-overload.html.
6. Leyla Dogruel y Anna Schnauber-Stockmann, "What Determines Instant Messaging Communication? Examining the Impact of Person-and Situation-Level Factors on IM Responsiveness", *Mobile Media & Communication* 9, núm. 2 (2021): 210-28; Joshua R. Tyler y John C. Tang, "When Can I Expect an Email Response? A Study of Rhythms in Email Usage", en *ECSCW 2003: Proceedings of the Eighth European Conference on Computer Supported Cooperative Work*, 14-18 de septiembre de 2003, Helsinki, Finlandia (Springer, Países Bajos, 2003), 239-258; Laura A. Dabbish *et al.*, "Understanding Email Use: Predicting Action on a Message", *Proceedings of the SIGCHI Conference on Human Factors in Computing Systems* (Association for Computing Machinery, 2005), 691-700.

7. Daniel J. Carroll, Emma Blakey y Andrew Simpson, “Can We Boost Preschoolers’ Inhibitory Performance Just by Changing the Way They Respond?”, *Child Development* 92, núm. 6 (2021): 2205-2212.
8. En la séptima nota del capítulo Regla #2 se citan varios trabajos de Walther. Su mensaje más conciso sobre este punto puede encontrarse aquí: Joseph B. Walther, “Selective Self-Presentation in Computer-Mediated Communication: Hyperpersonal Dimensions of Technology, Language, and Cognition”, *Computers in Human Behavior* 23, núm. 5 (2007): 2538-2557.
9. Tarfah Alrashed, Ahmed Hassan Awadallah y Susan Dumais, “The Lifetime of Email Messages: A Large-Scale Analysis of Email Revisitation”, *Proceedings of the 2018 Conference on Human Information Interaction & Retrieval* (Association for Computing Machinery, 2018), 120-129.
10. Cal Newport, “It’s Okay to be Bad at E-mail”, *Study Hacks Blog*, 19 de noviembre de 2014, https://calnewport.com/its-okay-to-be-bad-at-e-mail.
11. Ward van Zoonen, Anu Sivunen y Jeffrey W. Treem, “Why People Engage in Supplemental Work: The Role of Technology, Response Expectations, and Communication Persistence”, *Journal of Organizational Behavior* 42, núm. 7 (2021): 867-884.

REGLA # 5:
NO ASUMAS

1. La obra magna para encontrar la investigación sobre los supuestos en la inferencia humana es: Lee Ross y Richard E. Nisbett, *The Person and the Situation: Perspectives of Social Psychology* (Pinter & Martin, 2011).
2. El concepto fue desarrollado por el profesor de Harvard Chris Argyris y aquí se expone de la forma más precisa: Chris Argyris, “The Executive Mind and Double-Loop Learning”, *Organizational Dynamics* 11, núm. 2 (1982): 5-22.

3. Paul M. Leonardi y Jeffrey W. Treem, "Knowledge Management Technology as a Stage for Strategic Self-Presentation: Implications for Knowledge Sharing in Organizations", *Information and Organization* 22, núm. 1 (2012): 37-59.
4. Ofir Turel y Alexander Serenko, "Cognitive Biases and Excessive Use of Social Media: The Facebook Implicit Associations Test (FIAT)", *Addictive Behaviors* 105 (2020): 106328; Jihye Lee y James T. Hamilton, "Anchoring in the Past, Tweeting from the Present: Cognitive Bias in Journalists' Word Choices", *PLOS One* 17, núm. 3 (2022): e0263730; Emily Dent y Andrew K. Martin, "Negative Comments and Social Media: How Cognitive Biases Relate to Body Image Concerns", *Body Image* 45 (2023): 54-64.
5. Li Sun, "Social Media Usage and Students' Social Anxiety, Loneliness and Well-Being: Does Digital Mindfulness-Based Intervention Effectively Work?", *BMC Psychology* 11, núm. 1 (2023); Fengxia Lai *et al.*, "Relationship Between Social Media Use and Social Anxiety in College Students: Mediation Effect of Communication Capacity", *International Journal of Environmental Research and Public Health* 20, núm. 4 (2023): 3657.
6. Christopher G. Davis y Gary S. Goldfield, "Limiting Social Media Use Decreases Depression, Anxiety, and Fear of Missing Out in Youth with Emotional Distress: A Randomized Controlled Trial", *Psychology of Popular Media* (2024).
7. Davis y Goldfield, "Limiting Social Media Use Decreases Depression, Anxiety and Fear of Missing Out in Youth with Emotional Distress".
8. Rebecca Saxe, "How We Read Each Other's Minds", TED Talk, TED Global, julio de 2009, 16 min., 37 seg., https://www.ted.com/talks /rebecca_saxe_how_we_read_each_other_s_minds.
9. Nic Hooper *et al.*, "Perspective Taking Reduces the Fundamental Attribution Error", *Journal of Contextual Behavioral Science* 4, núm. 2 (2015): 69-72; C. Daniel Batson, Shannon Early y Giovanni Salvarani, "Perspective Taking: Imagining How Another Feels

Versus Imaging How You Would Feel", *Personality and Social Psychology Bulletin* 23, núm. 7 (1997): 751-58.

10. Camille G. Endacott y Paul M. Leonardi, "Artificial Intelligence and Impression Management: Consequences of Autonomous Conversational Agents Communicating on One's Behalf", *Human Communication Research* 48, núm. 3 (2022): 462-490.

11. Un estudio descubrió que las personas culpaban a la persona que creían que controlaba un avatar informático, dando comentarios negativos con más dureza que los que pensaban que era un programa: Aike C. Horstmann, Jonathan Gratch y Nicole C. Krämer, "I Just Wanna Blame Somebody, Not Something! Reactions to a Computer Agent Giving Negative Feedback Based on the Instructions of a Person", *International Journal of Human-Computer Studies* 154 (2021): 102683. Otro estudio demostró que recibir respuestas inteligentes por correo electrónico basadas en IA mejoraba la percepción de la competencia del remitente: Jess Hohenstein y Malte Jung, "AI as a Moral Crumple Zone: The Effects of AI-Mediated Communication on Attribution and Trust", *Computers in Human Behavior* 106 (2020): 106190.

REGLA # 6:
ACTÚA CON PROPÓSITO

1. We Are Social y Meltwater, *Digital 2023 Global Overview Report*, DataReportal, 26 de enero de 2023, https://datareportal.com/reports/digital-2023-global-overview-report.

2. Emily A. Vogels, Risa Gelles-Watnick y Navid Massarat, *Teens, Social Media and Technology 2022*, Pew Research Center, 10 de agosto de 2022. En su libro *The Anxious Generation*, Jonathan Haidt sostiene que es probable que esta cifra esté infravalorada y que lo más probable es que los adolescentes estén en sus dispositivos unas dieciséis horas al día.

3. Para obtener una excelente visión general de muchas estadísticas recopiladas sobre estos temas, consulta Rob Binns, "Screen Time

Statistics 2024", *The Independent*, 18 de junio de 2024, https://www.independent.co.uk/advisor/vpn/screen-time-statistics.

4. Teresa Amabile y Steven Kramer, *The Progress Principle: Using Small Wins to Ignite Joy, Engagement, and Creativity at Work* (Harvard Business, 2011).
5. J. Richard Hackman y Greg R. Oldham, "Development of the Job Diagnostic Survey", *Journal of Applied Psychology* 60, núm. 2 (1975): 159; J. Richard Hackman y Greg R. Oldham, "Motivation through the Design of Work: Test of a Theory", *Organizational Behavior and Human Performance* 16, núm. 2 (1976): 250-279.
6. Ellen J. Langer, *Mindfulness* (Da Capo, 2014).
7. Jason Bennett Thatcher *et al.,* "Mindfulness in Information Technology Use", *MIS Quarterly* 42, núm. 3 (2018): 831-848; Athina Ioannou, Mark Lycett y Alaa Marshan, "The Role of Mindfulness in Mitigating the Negative Consequences of Technostress", *Information Systems Frontiers* 26, núm. 2 (2024): 523-549; Elizabeth Marsh, Elvira Pérez Vallejos y Alexa Spence, "Mindfully and Confidently Digital: A Mixed Methods Study on Personal Resources to Mitigate the Dark Side of Digital Working", *PLOS One* 19, núm. 2 (2024): e0295631.
8. Adam Alter, "Adam Alter: Irresistible Technology", entrevista de Alexandra Dempsey, *Freedom*, 21 de marzo de 2017, https://freedom.to/blog/adam-alter-irresistible.
9. Maxi Heitmayer y Saadi Lahlou, "Why Are Smartphones Disruptive? An Empirical Study of Smartphone Use in Real-Life Contexts", *Computers in Human Behavior* 116 (2021): 106637.
10. Jamie E. Guillory *et al.*, "Text Messaging Reduces Analgesic Requirements During Surgery", *Pain Medicine* 16, núm. 4 (2015): 667-672.
11. Radiological Society of North America, "Smartphone Addiction Creates Imbalance in Brain, Study Suggests", *ScienceDaily*, 30 de noviembre de 2017, https://www.sciencedaily.com/releases/2017/11/171130090041.htm.
12. Zheng-Xiong Xi *et al.*, "GABAergic Mechanisms of Heroin-Induced Brain Activation Assessed with Functional MRI", *Magnetic*

Resonance in Medicine: An Official Journal of the International Society for Magnetic Resonance in Medicine 48, núm. 5 (2002): 838-843.

13. Anna Lembke, *Dopamine Nation: Finding Balance in the Age of Indulgence* (Penguin, 2021), 1.

14. Charles Duhigg, *The Power of Habit* (Random House, 2012); James Clear, *Atomic Habits* (Avery, 2018). Para una perspectiva más científica, consulta Ann M. Graybiel, "Habits, Rituals, and the Evaluative Brain", *Annual Review of Neuroscience* 31, núm. 1 (2008): 359-387.

15. Antti Oulasvirta *et al.*, "Habits Make Smartphone Use More Pervasive", *Personal and Ubiquitous Computing* 16 (2012): 105-14; Arun Vishwanath, "Habitual Facebook Use and Its Impact on Getting Deceived on Social Media", *Journal of Computer-Mediated Communication* 20, núm. 1 (2015): 83-98; Jean-Charles Pillet y Kevin Daniel André Carillo, "Email-Free Collaboration: An Exploratory Study on the Formation of New Work Habits Among Knowledge Workers", *International Journal of Information Management* 36, núm. 1 (2016): 113-25.

16. Meryl Reis Louis y Robert I. Sutton, "Switching Cognitive Gears: From Habits of Mind to Active Thinking", *Human Relations* 44, núm. 1 (1991): 55-76.

17. Christine Chung, "A Girl's Trip to Costa Rica but with No Phones. Did It Happen?", *The New York Times*, 5 dc junio de 2024, https://www.nytimes.com/2024/06/05/travel/phone-free-tours-costa-rica-girls-trip.html.

REGLA # 7:
APRENDE A TRAVÉS DE OTROS

1. Paul M. Leonardi, "Social Media, Knowledge Sharing, and Innovation: Toward a Theory of Communication Visibility", *Information Systems Research* 25, núm. 4 (2014): 796-816; Paul M. Leonardi, "Ambient Awareness and Knowledge Acquisition", *MIS Quarterly* 39, núm. 4 (2015): 747-762.

2. Paul M. Leonardi y Jeffrey W. Treem, "Behavioral Visibility: A New Paradigm for Organization Studies in the Age of Digitization, Digitalization, and Datafication", *Organization Studies* 41, núm. 12 (2020): 1601-1625.
3. Bonnie A. Nardi e Yrjö Engeström, "A Web on the Wind: The Structure of Invisible Work", *Computer Supported Cooperative Work: The Journal of Collaborative Computing* 8 (1999): 1-8.
4. Jean Lave y Etienne Wenger, *Situated Learning: Legitimate Peripheral Participation* (Cambridge University Press, 1991).
5. Yuqing Ren, Kathleen M. Carley y Linda Argote, "The Contingent Effects of Transactive Memory: When Is It More Beneficial to Know What Others Know?", *Management Science* 52, núm. 5 (2006): 671-682.
6. Robin Dunbar, "Neocortex Size as a Constraint on Group Size in Primates", *Journal of Human Evolution* 22, núm. 6 (1992): 469-493.
7. Brendan Nyhan *et al.*, "Like-Minded Sources on Facebook Are Prevalent but Not Polarizing", *Nature* 620, núm. 7972 (2023): 137-44.
8. Longqi Yang *et al.*, "The Effects of Remote Work on Collaboration among Information Workers", *Nature Human Behaviour* 6, núm. 1 (2022): 43-54.
9. Luke Rhee y Paul M. Leonardi, "Which Pathway to Good Ideas? An Attention-Based View of Innovation in Social Networks", *Strategic Management Journal* 39, núm. 4 (2018): 1188-1215; Luke Rhee y Paul Leonardi, "Borrowing Networks for Innovation: The Role of Attention Allocation in Secondhand Brokerage", *Strategic Management Journal* 45, núm. 1 (2024): 1326-1365.
10. Andrew Hargadon, *How Breakthroughs Happen: The Surprising Truth About How Companies Innovate* (Harvard Business School Press, 2003).
11. Bonnie Nardi, *My Life as a Night Elf Priest: An Anthropological Account of World of Warcraft* (University of Michigan Press, 2010).
12. Clive Thompson, "Brave New World of Digital Intimacy", *The New York Times Magazine*, 5 de septiembre de 2008, https://www.nytimes.com/2008/09/07/magazine/07awareness-t.html.

REGLA # 8: QUÉDATE AQUÍ, NO EN OTRA PARTE

1. Mihaly Csikszentmihalyi, *Flow: The Psychology of Optimal Experience* (Harper Perennial, 2008).
2. Thais Piassa Rogatko, "The Influence of Flow on Positive Affect in College Students", *Journal of Happiness Studies* 10 (2009): 133-148; A. L. Collins, Natalia Sarkisian y Ellen Winner, "Flow and Happiness in Later Life: An Investigation into the Role of Daily and Weekly Flow Experiences", *Journal of Happiness Studies* 10 (2009): 703-719; Hsiang Chen, "Flow on the Net: Detecting Web Users' Positive Affects and Their Flow States", *Computers in Human Behavior* 22, núm. 2 (2006): 221-233.
3. Robert Mearns Yerkes y John D. Dodson, "The Relation of Strength of Stimulus to Rapidity of Habit-Formation", *Journal of Comparative Neurology and Psychology* 18, núm. 5 (1908): 459-482.
4. Para conocer más sobre este tema, consulta Brad Stulberg y Steve Magness, *Peak Performance: Elevate Your Game, Avoid Burnout, and Thrive with the New Science of Success* (Rodale, 2017); Amishi Jha, *Peak Mind: Find Your Focus, Own Your Attention, Invest 12 Minutes a Day* (Hachette, 2021).
5. Mia Michaela Pal, "Glutamato: The Master Neurotransmitter and Its Implications in Chronic Stress and Mood Disorders", *Frontiers in Human Neuroscience* 15 (2021): 722323.
6. Sherry Turkle, *Reclaiming Conversation: The Power of Talk in a Digital Age* (Penguin, 2016), 3.
7. Ritu Agarwal y Elena Karahanna, "Time Flies When You're Having Fun: Cognitive Absorption and Beliefs About Information Technology Usage", *MIS Quarterly* (2000): 665-694; Jane Webster, Linda Klebe Trevino y Lisa Ryan, "The Dimensionality and Correlates of Flow in Human-Computer Interactions", *Computers in Human Behavior* 9, núm. 4 (1993): 411-426; Linda Klebe Trevino y Jane Webster, "Flow in Computer-Mediated Communication:

Electronic Mail and Voice Mail Evaluation and Impacts", *Communication Research* 19, núm. 5 (1992): 539-573.

8. Alasdair G. Thin, Lisa Hansen y Danny McEachen, "Flow Experience and Mood States While Playing Body Movement-Controlled Video Games", *Games and Culture* 6, núm. 5 (2011): 414-428; Alistair Raymond Bryce Soutter y Michael Hitchens, "The Relationship Between Character Identification and Flow State Within Video Games", *Computers in Human Behavior* 55 (2016): 1030-1038; Seung-A Annie Jin, "'I Feel Present. Therefore, I Experience Flow:' A Structural Equation Modeling Approach to Flow and Presence in Video Games", *Journal of Broadcasting & Electronic Media* 55, núm. 1 (2011): 114-136.

9. Julia Brailovskaia y Jürgen Margraf, "From Fear of Missing Out (FoMO) to Addictive Social Media Use: The Role of Social Media Flow and Mindfulness", *Computers in Human Behavior* 150 (2024): 107984.

10. Hongjai Rhee y Sudong Kim, "Effects of Breaks on Regaining Vitality at Work: An Empirical Comparison of 'Conventional' and 'Smart Phone' Breaks", *Computers in Human Behavior* 57 (2016): 160-167.

11. Anthony C. Klotz *et al.*, "Getting Outdoors After the Workday: The Affective and Cognitive Effects of Evening Nature Contact", *Journal of Management* 49, núm. 7 (2023): 2254-2287.

12. Richard G. Coss y Craig M. Keller, "Transient Decreases in Blood Pressure and Heart Rate with Increased Subjective Level of Relaxation While Viewing Water Compared with Adjacent Ground", *Journal of Environmental Psychology* 81 (2022): 101794.

13. Aunque los efectos de la participación no alcanzaron del todo el nivel requerido en las pruebas de significancia estadística como para afirmarlo con certeza (quizá, como sugieren los autores, debido a la dificultad e incomodidad de reportar la calidad de nuestras experiencias sexuales), los resultados siguen siendo sugerentes. Los autores sí encontraron que experimentar altos niveles de estrés y agotamiento durante una jornada laboral hacía menos probable que una persona tuviera relaciones sexuales esa noche, lo que a su vez podría haberle ayudado a reducir su agotamiento al día siguiente. Keith Leavitt *et al.*, "From the Bedroom to the Office: Workplace Spillover Effects of Sexual Activity at Home", *Journal of Management* 45, núm. 3 (2019): 1173-1192.

14. Me gusta el consejo que Melissa Kirsch da en este artículo, que sugiere que un lugar donde buscar opuestos complementarios son las aficiones de tu infancia pasada: Melissa Kirsch, "Old Skills, New Rewards", *The New York Times*, 4 de marzo de 2023, https://www.nytimes.com/2023/03/04/briefing/trying-activities-again.html.

15. Shawn Achor y Michelle Gielan, "Resilience Is About How You Recharge, Not How You Endure", *Harvard Business Review*, 24 de junio de 2016, https://hbr.org/2016/06/resilience-is-about-how-you-recharge-not-how-you-endure. Consulta también Shawn Achor, *The Happiness Advantage: How a Positive Brain Fuels Success in Work and Life* (Crown Currency, 2010).

16. Laura M. Giurge y Vanessa Bohns, "Be Intentional About How You Spend Your Time Off", *Harvard Business Review*, 1 de diciembre de 2021, https://hbr.org/2021/12/be-intentional-about-how-you-spend-your-time-off.

17. Ciara M. Kelly *et al.*, "The Relationship Between Leisure Activities and Psychological Resources That Support a Sustainable Career: The Role of Leisure Seriousness and Work-Leisure Similarity", *Journal of Vocational Behavior* 117 (2020): 103340.

18. Gabriela N. Tonietto y Selin A. Malkoc, "The Calendar Mindset: Scheduling Takes the Fun Out and Puts the Work In", *Journal of Marketing Research* 53, núm. 6 (2016): 922-936.

CAPÍTULO 4. CÓMO NO SER UN VAMPIRO ENERGÉTICO: LECCIONES PARA GERENTES

1. Dorothy Leonard-Barton e Isabelle Deschamps, "Managerial Influence in the Implementation of New Technology", *Management Science* 34, núm. 10 (1988): 1252-1265.

2. Consulta algunos de los análisis sobre cómo Copilot de Microsoft está cambiando el trabajo en Microsoft desde 2023. Work Index Report, 2 de agosto de 2023, *Microsoft News Center*, https://news.microsoft.com/en-xm/2023/08/02/microsofts-2023-work-trend-index-report-reveals-impact-of-digital-debt-on-innovation-emphasizes-need-for-ai-proficiency-for-every-employee.
3. Jared Spataro, "Does your email inbox ever resemble a mountain you just can't summit?", LinkedIn, 23 de octubre de 2023, https://www.linkedin.com/posts/jaredspa_worktrendindex-microsoft-365copilot-generativeai-activity-7122239600076472322-uyq2.
4. Gracias a Kenny Van Zant, cofundador de Asana y asesor de muchas empresas de SaaS, por hablar conmigo de la estrategia de precios.
5. Para conocer más a profundidad este trabajo, consulta Paul M. Leonardi, *Car Crashes without Cars: Lessons about Simulation Technology and Organizational Change from Automotive Design* (MIT Press, 2012).
6. Se puede encontrar más contexto para estos ejemplos en: Paul M. Leonardi, "When Does Technology Use Enable Network Change in Organizations? A Comparative Study of Feature Use and Shared Affordances", *MIS Quarterly* 37, núm. 3 (2013): 749-775.
7. Wanda J. Orlikowski y Debra C. Gash, "Technological Frames: Making Sense of Information Technology in Organizations", *ACM Transactions on Information Systems (TOIS)* 12, núm. 2 (1994): 174-207; Elizabeth Davidson, "A Technological Frames Perspective on Information Technology and Organizational Change", *The Journal of Applied Behavioral Science* 42, núm. 1 (2006): 23-39; Amy C. Edondson, Richard M. Bohmer y Gary P. Pisano, "Disrupted Routines: Team Learning and New Technology Implementation in Hospitals", *Administrative Science Quarterly* 46, núm. 4 (2001): 685-716.
8. Stephen R. Barley, *Work and Technological Change* (Oxford University Press, 2020), 26.
9. Pamela J. Hinds y Catherine Durnell Cramton, "Situated Coworker Familiarity: How Site Visits Transform Relationships Among

Distributed Workers", *Organization Science* 25, núm. 3 (2014): 794-814.

10. Tsedal Neeley, *Remote Work Revolution: Succeeding from Anywhere* (Harper Business, 2021).

11. Prasert Kanawattanachai y Youngjin Yoo, "Dynamic Nature of Trust in Virtual Teams", *Journal of Strategic Information Systems* 11, núm. 3-4 (2002): 187-213; Christina Breuer, Joachim Hüffmeier y Guido Hertel, "Does Trust Matter More in Virtual Teams? A Meta-analysis of Trust and Team Effectiveness Considering Virtuality and Documentation as Moderators", *Journal of Applied Psychology* 101, núm. 8 (2016): 1151-1177.

12. Tsedal B. Neeley y Paul M. Leonardi, "Enacting Knowledge Strategy Through Social Media: Passable Trust and the Paradox of Nonwork Interactions", *Strategic Management Journal* 39, núm. 3 (2018): 922-946.

13. El siguiente material sobre la metodología STEP se ha adaptado y reimpreso con permiso de Paul M. Leonardi, "Helping Employees Succeed with Generative AI: How to Manage Performance When New Technology Upends Traditional Business Processes", *Harvard Business Review* 10, núm. 6 (2023): 49-53.

14. Tyna Eloundou *et al.*, "GPTs Are GPTs: An Early Look at the Labor Market Impact Potential of Large Language Models", preimpresión, arXiv, 17 de marzo de 2023, arXiv:2303.10130.

15. Lo hicieron por medio de la adopción de un marco de aprendizaje en su charla sobre IA, como sugirió Amy Edmondson: Amy C. Edmondson, "Framing for Learning: Lessons in Successful Technology Implementation", *California Management Review* 45, núm. 2 (2003): 34-54.

16. El ajuste fino es una técnica de aprendizaje automático que se utiliza para refinar un modelo previamente entrenado mediante su reentrenamiento con un conjunto de datos más pequeño y especializado. Este enfoque permite al modelo adaptar sus ponderaciones y sesgos a los matices de los nuevos datos sin empezar de cero. La ingeniería de *prompts* consiste en diseñar y optimizar las instrucciones (*prompts*) que se dan a un modelo de aprendizaje automático, normalmente un gran modelo lingüístico, para guiarlo en la generación de los resultados específicos deseados. Es similar a formular una pregunta o proporcionar un contexto de forma que sea más probable recibir la respuesta correcta.

17. Si te interesa saber cómo podrías diseñar un programa de recapacitación para ayudar a los empleados a desarrollar una mentalidad digital, te doy algunos ejemplos en *The Digital Mindset: What It Really Takes to Thrive in the Age of Data, Algorithms, and AI*, de Paul M. Leonardi y Tsedal Neeley (Harvard Business Review Press, 2022).

18. Para una descripción detallada de cómo y por qué es probable que los cambios de funciones inducidos por la tecnología modifiquen las pautas de interacción en toda una organización, consulta Stephen R. Barley, "The Alignment of Technology and Structure Through Roles and Networks", *Administrative Science Quarterly* 35 (1990): 61-103.

CAPÍTULO 5. GUÍA PARA PADRES: PREOCÚPATE POR TI ANTES DE PREOCUPARTE POR LOS DEMÁS

1. Para libros sobre tecnología y adolescencia, recomiendo: Jean M. Twenge, *iGen: Why Today's Super-Connected Kids Are Growing Up Less Rebellious, More Tolerant, Less Happy—and Completely Unprepared for Adulthood—and What That Means for the Rest of Us* (Simon & Schuster, 2017); Jonathan Haidt, *The Anxious Generation: How the Great Rewiring of Childhood Is Causing an Epidemic of Mental Illness* (Random House, 2024).

2. Correlación: Aurélie Gillis e Isabelle Roskam, "Daily Exhaustion and Support in Parenting: Impact on the Quality of the Parent–Child Relationship", *Journal of Child and Family Studies* 28 (2019): 2007-2016. Causal: Moïra Mikolajczak, James J. Gross e Isabelle Roskam, "Parental Burnout: What Is It, and Why Does It Matter?", *Clinical Psychological Science* 7, núm. 6 (2019): 1319-1329.

Para una revisión detallada de los estudios que muestran tanto la correlación como la causalidad, consulta: Moïra Mikolajczak e Isabelle Roskam, "Parental Burnout: Moving the Focus from Children to Parents", *New Directions for Child and Adolescent Development* 2020, núm. 174 (2020): 7-13.

3. La ley de Parkinson es el viejo adagio de que el trabajo se expande para llenar el tiempo asignado para su realización. El término fue acuñado por primera vez por Cyril Northcote Parkinson en un ensayo humorístico que escribió para *The Economist* en 1955. Cuenta la historia de una mujer cuya única tarea en un día es enviar una postal, una tarea que a una persona ocupada le llevaría aproximadamente tres minutos. Sin embargo, la mujer pasa una hora buscando la tarjeta, otra media hora buscando sus gafas, noventa minutos escribiendo la tarjeta, veinte minutos decidiendo si lleva o no un paraguas cuando va al buzón… y así sucesivamente hasta que se le acaba el día.
4. Paul M. Leonardi y Diane E. Bailey, "Transformational Technologies and the Creation of New Work Practices: Making Implicit Knowledge Explicit in Task-Based Offshoring", *MIS Quarterly* 32, núm. 2 (2008): 411-436.
5. Como explicamos mis coautores y yo en un análisis más detallado, toda la especificación del mundo no podía eliminar la dificultad de intentar determinar si un modelo de simulación era exacto cuando las piezas físicas del vehículo en cuestión estaban a miles de kilómetros de distancia: Diane E. Bailey, Paul M. Leonardi y Stephen R. Barley, "The Lure of the Virtual", *Organization Science* 23, núm. 5 (2012): 1485-1504.
6. Moïra Mikolajczak *et al.*, "Exhausted Parents: Sociodemographic, Child-Related, Parent-Related, Parenting, and Family-Functioning Correlates of Parental Burnout", *Journal of Child and Family Studies* 27 (2018): 602-614.
7. Tal Eitan y Tali Gazit, "No Social Media for Six Hours The Emotional Experience of Meta's Global Outage According to FoMO,

JoMO, and Internet Intensity", *Computers in Human Behavior* 138 (2023): 107474.

8. Tal Eitan y Tali Gazit, "The 'Here and Now' Effect: JoMO, FoMO, and the Well-Being of Social Media Users", *Online Information Review* (2024).

9. Steven S. Chan *et al.*, "Social Media and Mindfulness: From the Fear of Missing Out (FOMO) to the Joy of Missing Out (JOMO)", *Journal of Consumer Affairs* 56, núm. 3 (2022): 1312-1331.

10. Este estudio, que analizamos en la Regla #3 sobre el trabajo por lotes, muestra que esta es una buena táctica para reducir el FOMO: Nicholas Fitz *et al.*, "Batching Smartphone Notifications Can Improve Well-Being", *Computers in Human Behavior* 101 (2019): 84-94.

11. Morten T. Hansen, "The Search-Transfer Problem: The Role of Weak Ties in Sharing Knowledge Across Organization Subunits", *Administrative Science Quarterly* 44, núm. 1 (1999): 82-111.

12. Jeffrey A. Hall *et al.*, "Social Bandwidth: When and Why Are Social Interactions Energy Intensive?", *Journal of Social and Personal Relationships* 40, núm. 8 (2023): 2614-2636.

13. Existen dos revisiones detalladas sobre este tema. Consulta Brandon T. McDaniel, "Parent Distraction with Phones, Reasons for Use, and Impacts on Parenting and Child Outcomes: A Review of the Emerging Research", *Human Behavior and Emerging Technologies* 1, núm. 2 (2019): 72-80; Cory A. Kildare y Wendy Middlemiss, "Impact of Parents' Mobile Device Use on Parent-Child Interaction: A Literature Review", *Computers in Human Behavior* 75 (2017): 579-593.

14. Xingchao Wang *et al.*, "Parental Phubbing and Children's Social Withdrawal and Aggression: A Moderated Mediation Model of Parenting Behaviors and Parents' Gender", *Journal of Interpersonal Violence* 37, núm. 21-22 (2022): 19395-19419.

15. Brandon T. McDaniel y Jenny S. Radesky, "Technoference: Longitudinal Associations Between Parent Technology Use, Parenting

Stress, and Child Behavior Problems", *Pediatric Research* 84, núm. 2 (2018): 210-218.

16. Genni Newsham, Michelle Drouin y Brandon T. McDaniel, "Problematic Phone Use, Depression, and Technology Interference Among Mothers", *Psychology of Popular Media* 9, núm. 2 (2020): 117-124.
17. Cory A. Kildare y Wendy Middlemiss, "Impact of Parents Mobile Device Use on Parent-Child Interaction: A Literature Review", *Computers in Human Behavior* 75 (2017): 579-593.
18. Citado en Keith Hamm, "Study Finds Parents' Phone Use in Front of Their Kids Can Harm Emotional Intelligence", *Current*, 10 de marzo, 2023, news.ucsb.edu/2023/020867/screen-time-concerns.
19. Lindsay Blackwell, Emma Gardiner y Sarita Schoenebeck, "Managing Expectations: Technology Tensions among Parents and Teens", en *Proceedings of the 19th ACM Conference on Computer-Supported Cooperative Work & Social Computing* (Association for Computing Machinery, 2016), 1390-1401. Este estudio también descubrió que los padres pensaban que su uso de la tecnología hacía que sus hijos pasaran más tiempo frente a la pantalla y se sentían culpables por ello: Lara N. Wolfers, Robin L. Nabi y Nathan Walter, "Too Much Screen Time or Too Much Guilt? How Child Screen Time and Parental Screen Guilt Affect Parental Stress and Relationship Satisfaction", *Media Psychology* (2024): 1-32.

CAPÍTULO 6: EL ARTIFICIO DE LA INTELIGENCIA: VIVIR Y TRABAJAR CON LA IA

1. Noam Chomsky, "The False Promise of ChatGPT", *The New York Times*, 8 de marzo de 2023, https://www.nytimes.com/2023/03/08/opinion/noam-chomsky-chatgpt-ai.html.
2. Jean Baudrillard, *The Transparency of Evil: Essays on Extreme Phenomena* (Verso Books, 2009), 58.
3. Para comprender por qué conviene pensar en la inteligencia artificial como una máquina predictiva, consulta Ajay Agrawal, Joshua

Gans y Avi Goldfarb, *Prediction Machines, Updated and Expanded: The Simple Economics of Artificial Intelligence* (Harvard Business Review Press, 2022).

4. Michal Kosinski, "Evaluating Large Language Models in Theory of Mind Tasks", *Computer Sciences* 121, núm. 45 (29 de octubre de 2024), https://www.pnas.org/doi/10.1073/pnas.2405460121.

5. Fabrizio Dell'Acqua *et al.*, "Navigating the Jagged Technological Frontier: Field Experimental Evidence of the Effects of AI on Knowledge Worker Productivity and Quality", documento de trabajo núm. 24-013 (Technology & Operations Management Unit, Harvard Business School, septiembre de 2023).

6. "¿Qué pueden enseñarnos los primeros usuarios de Copilot sobre la IA generativa en el trabajo?", *Work Trend Index Special Report, Microsoft,* 15 de noviembre de 2023, https://www.microsoft.com/en-us/worklab/work-trend-index/copilots-earliest-users-teach-us-about-generative-ai-at-work.

7. Tyna Eloundou *et al.*, "GPTs Are GPTs: An Early Look at the Labor Market Impact Potential of Large Language Models", preimpresión, arXiv, 17 de marzo de 2023, arXiv:2303.10130.

8. Europol Innovation Lab, *Facing Reality? Law Enforcement and the Challenge of Deepfakes* (Oficina de Publicaciones de la Unión Europea, 2022), https://www.europol.europa.eu/publications-events/publications/facing-reality-law-enforcement-and-challenge-of-deepfakes.

9. Rebecca Hinds *et al.*, *The State of AI at Work* (Asana Work Innovation Lab y Anthropic, 2024), https://asana.com/work-innovation-lab/state-of-ai-at-work.

10. "¿Qué pueden enseñarnos los primeros usuarios de Copilot sobre la IA generativa en el trabajo?".

11. Kevin Schaul, Szu Yu Chen y Nitasha Tiku, "Inside the Secret List of Websites That Make AI like ChatGPT Sound Smart", *Washington Post*, 19 de abril de 2023, https://www.washingtonpost.com/technology/interactive/2023/ai-chatbot-learning.

12. Ronald S. Burt, "Structural Holes and Good Ideas", *American Journal of Sociology* 110, núm. 2 (2004): 349-99.

13. Prasad Balkundi *et al.*, "Demographic Antecedents and Performance Consequences of Structural Holes in Work Teams", *Journal of Organizational Behavior: The International Journal of Industrial, Occupational and Organizational Psychology and Behavior* 28, núm. 2 (2007): 241-60; Akbar Zaheer y Giuseppe Soda, "The Evolution of Network Structure: Where Do Structural Holes Come From?", *Administrative Science Quarterly* 54, núm. 1 (2009): 1-31; Ronald S. Burt, "Network-Related Personality and the Agency Question: Multirole Evidence from a Virtual World", *American Journal of Sociology* 118, núm. 3 (2012): 543-591.

14. Paul M. Leonardi y Diane E. Bailey, "Recognizing and Selling Good Ideas: Network Articulation and the Making of an Offshore Innovation Hub", *Academy of Management Discoveries* 3, núm. 2 (2017): 116-144; Eric Quintane *et al.*, "Why Employees Who Work Across Silos Get Burned Out", *Harvard Business Review,* 13 de mayo de 2024, https://www.hbr.org/2024/05/why-employees-who-work-across-silos-get-burned-out.

15. Ethan Mollick, *Co-Intelligence: Living and Working with AI* (Penguin, 2024), 100.

16. Feng Shi y James Evans, "Surprising Combinations of Research Contents and Contexts Are Related to Impact and Emerge with Scientific Outsiders from Distant Disciplines", *Nature Communications* 14, núm. 1 (2023): 1641-1655.

17. Dell'Acqua *et al.*, "Navigating the Jagged Technological Frontier".

18. Un ejemplo de ello es el trabajo de Ilia Shumailov *et al.*, "The Curse of Recursion: Training on Generated Data Makes Models Forget", preimpresión, arXiv, 27 de mayo de 2023, arXiv:2305.17493; Matthias Gerstgrasser *et al.*, "Is Model Collapse Inevitable? Breaking the Curse of Recursion by Accumulating Real and Synthetic Data", preimpresión, arXiv, 1 de abril de 2024, arXiv:2404.01413.

19. Si quieres entender por qué el colapso de modelos es un problema importante, consulta a Ben Lutkevich. Ben Lutkevich, "Model

Collapse Explained: How Synthetic Training Data Breaks AI", *Informa TechTarget*, 7 de julio de 2023, https://www.techtarget.com/whatis/feature/Model-collapse-explained-How-synthetic-training-data-breaks-AI.

20. Para saber más sobre AlphaFold, consulta "Artificial Intelligence Is Taking Over Drug Development", *The Economist*, 27 de marzo de 2024, https://www.economist.com/technology-quarterly/2024/03/27/artificial-intelligence-is-taking-over-drug-development.

21. Steve Nouri, "Generative AI Drugs Are Coming", *Forbes*, 5 de septiembre de 2023, https://www.forbes.com/sites/forbestechcouncil/2023/09/05/generative-ai-drugs-are-coming.

22. Amil Merchant y Ekin Dogus Cubuk, "Millions of New Materials Discovered with Deep Learning", Google DeepMind, 29 de noviembre de 2023, https://deepmind.google/discover/blog/millions-of-new-materials-discovered-with-deep-learning.

23. Amil Merchant *et al.*, "Scaling Deep Learning for Materials Discovery", *Nature* 624, núm. 7990 (2023): 80-85.

24. Kyle Swanson *et al.*, "Generative AI for Designing and Validating Easily Synthesizable and Structurally Novel Antibiotics", *Nature Machine Intelligence* 6, núm. 3 (2024): 338-353; Radhika Rajkumar, "How AI Hallucinations Could Help Create Life-Saving Antibiotics", *ZDNET*, 24 de abril de 2024, https://www.zdnet.com/article/how-ai-hallucinations-could-help-create-life-saving-antibiotics.

25. Ethan Mollick, *Co-Intelligence: Living and Working with AI* (Penguin, 2024).

26. Rebecca Bellen, "How Maven's AI-run 'Serendipity Network' Can Make Social Media Interesting Again", Tech Crunch, 26 de mayo de 2024, https://techcrunch.com/ 2024/ 05/26/ how-mavens-ai-run-serendipity-network-can-make-social-media-interesting-again.

27. Thomas H. Davenport y Steven M. Miller, *Working with AI: Real Stories of Human-Machine Collaboration* (MIT Press, 2022).

28. "¿Qué pueden enseñarnos los primeros usuarios de Copilot sobre la IA generativa en el trabajo?".

29. Roger C. Mannell, Jiri Zuzanek y Reed Larson, "Leisure States and 'Flow' Experiences: Testing Perceived Freedom and Intrinsic Motivation Hypotheses", *Journal of Leisure Research* 20, núm. 4 (1988): 289-304.

30. Sandra C. Matz *et al.*, "The Potential of Generative AI for Personalized Persuasion at Scale", *Scientific Reports* 14, núm. 1 (2024): 4692.

31. Shotaro Doki *et al.*, "Comparison of Predicted Psychological Distress Among Workers Between Artificial Intelligence and Psychiatrists: A Cross-Sectional Study in Tsukuba Science City, Japan", *BMJ Open* 11, núm. 6 (2021): e046265.

32. Tao Tu *et al.*, "Towards Conversational Diagnostic AI", preimpreso, arXiv, 11 de enero de 2024, arXiv:2401.05654.

Esta obra se terminó de imprimir
en el mes de noviembre de 2025,
en los talleres de Diversidad Gráfica S.A. de C.V.
Ciudad de México